Benny Botsch

Modellbildung und Simulation in den Ingenieurwissenschaften

De Gruyter Studium

Weitere empfehlenswerte Titel

Mechatronische Systeme
Modellbildung und Simulation mit MATLAB®/SIMULINK®
Lutz Lambert, 2022
ISBN 978-3-11-073799-8, e-ISBN (PDF) 978-3-11-073801-8

MATLAB® Kompakt
Wolfgang Schweizer, 2022
ISBN 978-3-11-074170-4, e-ISBN (PDF) 978-3-11-074178-0

Modellbasierte Entwicklung Mechatronischer Systeme
mit Software- und Simulationsbeispielen für Autonomes Fahren
Frank Tränkle, 2021
ISBN 978-3-11-072346-5, e-ISBN (PDF) 978-3-11-072352-6

MATLAB® – Simulink® – Stateflow®
Grundlagen, Toolboxen, Beispiele
Anne Angermann, Michael Beuschel, Martin Rau, Ulrich Wohlfarth, 2020
ISBN 978-3-11-064107-3, e-ISBN (PDF) 978-3-11-063642-0

Maschinenelemente
Hubert Hinzen, 2022

Maschinenelemente 1: Betriebsfestigkeit, Federn, Verbindungselemente, Schrauben
ISBN 978-3-11-074630-3, e-ISBN (PDF) 978-3-11-074645-7

Maschinenelemente 2: Lager, Welle-Nabe-Verbindungen, Getriebe
ISBN 978-3-11-074698-3, e-ISBN (PDF) 978-3-11-074707-2

Maschinenelemente 3: Verspannung, Schlupf und Wirkungsgrad, Bremsen, Kupplungen, Antriebe
ISBN 978-3-11-074715-7, e-ISBN (PDF) 978-3-11-074739-3

Benny Botsch

Modellbildung und Simulation in den Ingenieurwissenschaften

Mit Beispielen in MATLAB® und Simulink®

DE GRUYTER
OLDENBOURG

Autor
Benny Botsch
Gesellschaft zur Förderung angewandter Informatik
Chemnitzer Str. 202
12621 Berlin
Deutschland
bennybotsch@gmail.com

MATLAB and Simulink are registered trademarks of The MathWorks, Inc. See,
www.mathworks.com/trademarks for a list of additional trademarks. The MathWorks Publisher Logo
identifies books that contain MATLAB and Simulink content. Used with permission. The MathWorks does
not warrant the accuracy of the text or exercises in this book. This book's use or discussion of MATLAB and
Simulink software or related products does not constitute endorsement or sponsorship by The MathWorks
of a particular use of the MATLAB and Simulink software or related products. For MATLAB® and Simulink®
product information, or information on other related products, please contact:

The MathWorks, Inc.
3 Apple Hill Drive
Natick, MA, 01760-2098 USA
Tel: 508-647-7000; Fax: 508-647-7001
E-mail: info@mathworks.com; Web: www.mathworks.com

ISBN 978-3-11-106856-5
e-ISBN (PDF) 978-3-11-106879-4
e-ISBN (EPUB) 978-3-11-106885-5

Library of Congress Control Number: 2023952305

Bibliografische Information der Deutschen Nationalbibliothek
Die Deutsche Nationalbibliothek verzeichnet diese Publikation in der Deutschen Nationalbibliografie;
detaillierte bibliografische Daten sind im Internet über
http://dnb.dnb.de abrufbar.

© 2024 Walter de Gruyter GmbH, Berlin/Boston
Coverabbildung: Unveränderte Abbildung von: https://pixabay.com/
Satz: VTeX UAB, Lithuania
Druck und Bindung: CPI books GmbH, Leck

www.degruyter.com

Inhalt

1 Einführung

Die Modellierung und Simulation von technischen und naturwissenschaftlichen Systemen sind in vielen Forschungsbereichen unverzichtbar geworden. Die fortschreitende
Digitalisierung ermöglicht es uns, komplexe Modelle zu erstellen und das Verhalten
von Systemen vorherzusagen. MATLAB und Simulink sind dabei zwei leistungsfähige
Werkzeuge, die häufig in der Modellierung und Simulation eingesetzt werden. MATLAB
ist eine weitverbreitete Programmiersprache und Entwicklungsumgebung, die in vielen Bereichen der Ingenieurwissenschaften, Physik und Mathematik eingesetzt wird.
Simulink ist eine grafische Simulationsumgebung, die eine intuitive Modellierung von
Systemen ermöglicht.

In den folgenden Kapiteln werden die Grundlagen von MATLAB und Simulink vorgestellt. Dabei werden zunächst die wichtigsten Funktionen und Befehle von MATLAB
erläutert. Anschließend wird auf die Modellbildung mit Simulink eingegangen, wobei
die verschiedenen Blocktypen und deren Verwendung erklärt werden. Die Simulation von Modellen wird anhand von einfachen Beispielen demonstriert, wobei auch auf
verschiedene Simulationsmethoden eingegangen wird. Schließlich wird die Validierung
von Modellen behandelt, wobei verschiedene Verfahren zur Überprüfung der Modellgenauigkeit vorgestellt werden.

1.1 Einführung in MATLAB

MATLAB wurde ursprünglich für Matrix-Berechnungen entwickelt, die Bezeichnung
entspricht hierbei **Mat**rix **Lab**oratory. MATLAB bietet eine ganze Reihe zusätzlicher
Funktionalität an. Es können beispielsweise Toolboxes wie Signal Processing Toolbox,
Deep Learning Toolbox oder auch Control Fitting Toolbox hinzugefügt werden. Grund-
sätzlich wird der Programmcode in diesem Buch mit der MATLAB-Version R2020b
Update 8 erstellt.

1.1.1 Erzeugen von Variablen

Nachdem Sie MATLAB gestartet haben, wird zunächst die Benutzeroberfläche angezeigt,
die Ihnen als integrierte Entwicklungsumgebung dient. Ein Bestandteil dieser Benutzeroberfläche ist das Command Window, in dem die Befehlseingaben erfolgen. Variablen
können nun darüber erzeugt werden. Die Anweisung $x = 4$; weist der Variablen x den
Wert 4 zu. Das Semikolon unterdrückt dabei die Ausgabe im Command Window. String-
Variablen werden mit Hochkommas erzeugt (s = 'string'). Matrizen werden mit eckigen
Klammern erzeugt.

```
>> A = [1 2 3; 4 5 6; 7 8 9]
```

https://doi.org/10.1515/9783111068794-001

```
A =
     1    2    3
     4    5    6
     7    8    9
>> A(:,2) % eine Spalte
ans =
     2
     5
     8
>> A(1,:) % eine Zeile
ans =
     1    2    3
```

Spalten werden durch Leerzeichen oder Kommas getrennt, Zeilen durch ein Semikolon. Bei einer Matrix bestimmt der erste Index die Zeile und der zweite die Spalte. MATLAB erlaubt zusätzlich eine logische Indizierung. Dabei steht die 0 für falsch und alle wahren Elemente werden zurückgegeben.

```
>> A = [1 2 3; 4 5 6; 7 8 9]
A =
     1    2    3
     4    5    6
     7    8    9
>> A>=5
ans =
     0    0    0
     0    1    1
     1    1    1
```

MATLAB unterscheidet ebenso zwischen der elementweisen Punktoperation und der Matrixoperation. Beispielsweise ist die Matrixmultiplikation über C = A ∗ B definiert und die elementweise Multiplikation über C = A. ∗ B. Gleiches gilt für das Teilen und Potenzieren. Darüber hinaus gibt es neben den Matrizen sogenannte Zell-, Struktur- und Tabellenvariablen (cell, structure, table). Ein Vorteil dieser Variablen ist die gleichzeitige Verwaltung unterschiedlicher Datentypen.

```
>> Zelle = {1:4,'Variable',A}
Zelle =
    {1×4 double}    {'Variable'}    {3×3 double}
>> Str.name = 'Variable';
>> Str.vek = 1:4;
>> Str.A = A;
```

```
>> Str
Str =
    name: 'Variable'
     vek: [1 2 3 4]
       A: [3×3 double]
```

1.1.2 Grafiken erstellen

MATLAB bietet ebenfalls die Möglichkeit, benutzerdefinierte Grafiken zu erstellen. Betrachten wir dazu ein kleines Beispiel. Die folgende Gleichung beschreibt eine gedämpfte Schwingung:

$$y(t) = \exp(-\kappa t)\sin(\omega t + \Phi) \quad \text{mit } \omega = \sqrt{\omega_0^2 - \kappa^2}. \tag{1.1}$$

Die Dämpfung wird durch die Variable κ variiert. ω_0 stellt die dämpfungsfreie Eigenfrequenz dar und Φ die Phasenverschiebung. Anstatt nun weiter im Command Window Befehle einzugeben, können Sie stattdessen ein Skript erstellen, das immer wieder ausgeführt werden kann. In diesem Skript geben Sie den Beispielcode aus Listing 1.1 ein.

Listing 1.1: Berechnung verschiedener Schwingungsfälle.

```
1  omega0=1;
2  k=[0.2 1 3];
3  n=0;
4  for kappa=k
5      n=n+1;
6      omega=sqrt(omega0^2-kappa^2);
7      t=0:0.01:8*pi;
8      if(omega==0)
9          y=exp(-kappa.*t).*t;
10     else
11         y=exp(-kappa.*t).*sin(omega*t)/omega;
12     end
13     if(n==1)
14         subplot(2,2,1:2)
15     else
16         subplot(2,2,n+1)
17     end
18     plot(t,y)
19     axis tight
20     legend(['\kappa = ',num2str(kappa)])
21 end
```

Der vorliegende Code in Listing 1.1 dient der Berechnung und grafischen Darstellung verschiedener Schwingungsfälle. Hierzu wird die Bewegungsgleichung eines gedämpften harmonischen Oszillators betrachtet. Der Oszillator besitzt eine Eigenfrequenz von $\omega_0 = 1$, wobei die Dämpfung durch den Parameter κ beschrieben wird. Es werden drei verschiedene Dämpfungskonstanten betrachtet, die in einem Vektor $k = [0,2,1,3]$ gespeichert sind. Der Code durchläuft nun eine Schleife, in der die Schwingungskurve für jede Dämpfungskonstante berechnet und geplottet wird. Die Variable n wird hierbei als Laufvariable verwendet und dient der Anordnung der Plots in einem 2×2-Raster (siehe Abb. 1.1). In jeder Iteration der Schleife wird zuerst die Eigenfrequenz des Oszillators unter Berücksichtigung der Dämpfung berechnet. Anschließend wird ein Zeitintervall von 0 bis 8π in Schritten von 0,01 erzeugt, auf dem die Schwingungskurve berechnet wird. Die Berechnung erfolgt dabei durch die Lösung der Bewegungsgleichung unter Berücksichtigung der Anfangsbedingungen. Für den Fall $\omega = 0$ wird eine besondere Lösung verwendet. In beiden Fällen wird die Schwingungskurve in der Variable y gespeichert. Abschließend wird der Plot in einem 2×2-Raster angeordnet. Hierbei wird für den ersten Plot ($n = 1$) die ersten beiden Plots des Rasters genutzt. Für alle anderen Plots wird die Variable n verwendet, um den entsprechenden Subplot zu bestimmen. In jedem Plot wird die Schwingungskurve gegen die Zeit aufgetragen und die Achsen werden automatisch angepasst. Zusätzlich wird eine Legende mit der aktuellen Dämpfungskonstante angezeigt.

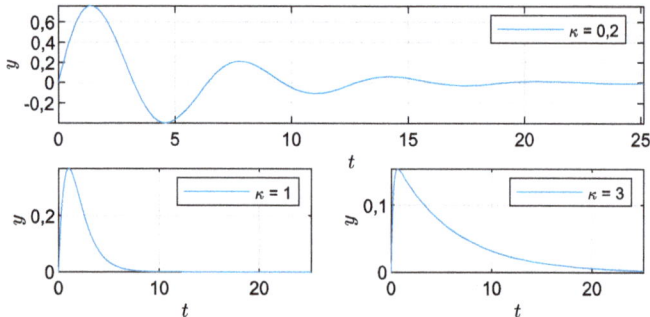

Abb. 1.1: Die obere Abbildung stellt den Schwingungsfall dar, links unten der aperiodische Grenzfall und rechts unten der Kriechfall.

1.1.3 Tabellarische Übersicht verschiedener MATLAB-Befehle

Das vorliegende Kapitel beschäftigt sich mit den MATLAB-Befehlen und deren praktischer Anwendung. Hierzu werden die wichtigsten Befehle in Tabellenform dargestellt und erläutert. Die Tabellen umfassen die Syntax des jeweiligen Befehls sowie eine Beschreibung der Parameter und deren Bedeutung. Die Tabellen dienen als nützliches Nachschlagewerk für MATLAB-Nutzer und ermöglicht es ihnen, die benötigten Befehle schnell und effektiv zu finden und anzuwenden. Durch die präzise Darstellung der Syntax und Parameter wird zudem eine fehlerfreie Anwendung der Befehle gewährleistet.

In Tabelle 1.1 sind einige der wichtigsten Matrix- und Array-Operationen in MATLAB aufgelistet. Einsteigern in die MATLAB-Programmierung können diese Befehle als nützliches Referenzwerkzeug dienen. Die Tabelle zeigt die Unterschiede in der Syntax zwischen Matrix- und Array-Operationen auf. Die wichtigsten MATLAB-Befehle sind in drei Spalten aufgeführt: Matrix, Array und Kurzbeschreibung. Die Matrixspalte zeigt die grundlegenden Operationen, die mit Matrizen durchgeführt werden können, wie Addition und Subtraktion mit + und −. Die ∗-Operation zeigt die Matrixmultiplikation. Die ∧-Operation zeigt das Potenzieren von Matrizen. Der \-Operator zeigt die Linksinverse von Matrizen, während der ./-Operator die Rechtsinverse von Matrizen darstellt. Der '-Operator zeigt die Transponierung von Matrizen. Die Arrayspalte zeigt, wie diese Operationen auf Arrays angewendet werden. Die .-Operatoren sind wichtig, um sicherzustellen, dass MATLAB eine Operation elementweise durchführt, anstatt eine Matrixoperation durchzuführen.

Tab. 1.1: Matrix- und Array-Operationen.

Matrix	Array	Kurzbeschreibung
+, −	+, −	Addition und Subtraktion
∗	.∗	Multiplikation
∧	.∧	Potenzieren
\	.\	Linksinverse
./	./	Rechtsinverse
'	.'	Transponieren

In Tabelle 1.2 sind einige allgemeine Befehle für die Programmierung mit MATLAB aufgelistet. Der Befehl `clear` dient zum Löschen von Variablen, während `clc` das Command Window löscht. Mit `dir` kann man das Verzeichnis auflisten, während `doc` zur Dokumentation führt und `edit` den Editor öffnet. Der Befehl `help` ruft das Hilfefenster auf, `load` lädt Variablen und `save` speichert sie. `whos` gibt eine Übersicht über alle definierten Variablen.

Tabelle 1.3 listet einige der am häufigsten genutzten Matrixfunktionen in MATLAB auf, die bei der Arbeit mit Matrizen und linearen Gleichungssystemen von entscheidender Bedeutung sind. Die Choleski-Zerlegung, die LU-Zerlegung und die QR-Zerlegung sind Verfahren zur Zerlegung einer Matrix in Faktoren, um das Lösen von Gleichungssystemen zu erleichtern. Die Funktionen `det` und `rank` berechnen die Determinante und den Rang einer Matrix, während `eig` Eigenwerte einer Matrix berechnet. Die Funktion `svd` liefert die Singulärwertzerlegung einer Matrix, die in vielen Anwendungen von großer Bedeutung ist. Die Funktion `norm` berechnet die Norm eines Vektors oder einer

Tab. 1.2: Allgemeine MATLAB-Befehle.

Funktion	Kurzbeschreibung
clear	Löschen von Variablen
clc	Löschen des Command Window
dir	Auflisten des Verzeichnisses
doc	Aufruf der Dokumentation
edit	Aufruf des Editors
help	Hilfeaufruf
load	Laden von Variablen
save	Speichern der Variablen
whos	Übersicht der Variablen

Matrix und die Funktion `inv` die Inverse einer Matrix. Die `reshape`-Funktion wird verwendet, um eine Matrix in eine andere Form umzuordnen. Diese Matrixfunktionen sind unverzichtbare Werkzeuge für Ingenieure, Physiker und Mathematiker bei der Lösung von Problemen in verschiedenen Bereichen wie Signalverarbeitung, Steuerungstechnik und numerischer Analysis.

Tab. 1.3: Matrixfunktionen.

Funktion	Kurzbeschreibung
chol	Choleski-Zerlegung
det	Determinante einer Matrix
eig	Eigenwerte berechnen
inv	Inverse berechnen
lu	LU-Zerlegung
norm	Vektor- und Matrixnorm
qr	QR-Zerlegung
rank	Rang einer Matrix
reshape	Umordnen einer Matrix
svd	Singulärwertzerlegung

Die Lösung von Differentialgleichungen ist ein zentraler Bestandteil vieler Bereiche der Mathematik und Ingenieurwissenschaften. MATLAB bietet eine Vielzahl von Funktionen, die bei der Lösung von Differentialgleichungen helfen können. In Tabelle 1.4 sind einige der gebräuchlichsten Funktionen zur Lösung von Differentialgleichungen aufgelistet. Der ode45-Solver ist der am häufigsten verwendete Solver und liefert in den meisten Fällen gute Ergebnisse.

Tab. 1.4: Differentialgleichungen.

Funktion	Kurzbeschreibung
ode45	In den meisten Fällen liefert der ode45-Solver gute Ergebnisse.
ode23	Bei Problemen mit groben Toleranzen oder mäßiger Steifheit kann der ode23 effizienter sein.
ode113	ode113 kann bei Problemen mit strengen Fehlertoleranzen oder wenn die Auswertung der ODE-Funktion teuer ist, effizienter sein.
ode15s	Probieren Sie ode15s aus, wenn ode45 fehlschlägt oder ineffizient ist und Sie vermuten, dass das Problem steif ist. Verwenden Sie ode15s auch beim Lösen von differenziellen algebraischen Gleichungen (DAEs).
ode23t	Verwenden Sie ode23t, wenn das Problem nur mäßig steif ist und Sie eine Lösung ohne numerische Dämpfung benötigen. ode23t kann Differentialalgebraische Gleichungen (DAEs) lösen.

1.2 Einführung in Simulink

Simulink ist eine umfassende Simulationsumgebung für technische und wissenschaftliche Anwendungen. Sie wird häufig von Ingenieuren und Wissenschaftlern verwendet, um Modelle von Systemen zu erstellen und zu simulieren, die in vielen verschiedenen Bereichen eingesetzt werden, wie z. B. Signalverarbeitung, Regelungstechnik, Bildverarbeitung, Kommunikationstechnologie und Maschinenbau. Simulink bietet eine intuitive grafische Benutzeroberfläche, mit der Modelle aufgebaut und konfiguriert werden können. Modelle können aus verschiedenen Modulen, sogenannten Blöcken, bestehen, die Funktionen wie Signalgenerierung, Signalverarbeitung und Systemsteuerung ausführen können. Diese Blöcke können miteinander verbunden werden, um ein Gesamtsystem zu modellieren. Simulink ist sehr flexibel und anpassbar. Es bietet eine Vielzahl von integrierten Blöcken sowie die Möglichkeit, eigene Blöcke zu erstellen und zu integrieren. Simulink ist ebenso ein leistungsstarkes Analysewerkzeug. Es ermöglicht die Analyse von Modellen auf verschiedenen Ebenen, von der Systemebene bis zur Blockebene. Eine Vielzahl von Analysefunktionen ist in Simulink integriert, darunter Signal- und Spektrumanalysatoren, Fehlersuchwerkzeuge, Optimierungswerkzeuge und statische und dynamische Visualisierungswerkzeuge. In vielen Fällen ist Simulink auch in der Lage, automatisch optimierte Modelle zu generieren. Diese Funktion kann sehr nützlich sein, wenn ein Modell sehr komplex ist oder wenn der Benutzer nicht über ausreichende Fachkenntnisse verfügt, um das Modell manuell zu optimieren.

1.2.1 Simulink Library

Die Simulink Library ist eine Sammlung von vordefinierten Blöcken, die von der Simulink-Software bereitgestellt werden (siehe Abb. 1.2). Diese Blöcke können von Benutzern in Simulink-Modellen verwendet werden, um komplexe Systeme zu modellieren und zu simulieren. Die Bibliothek ist in verschiedene Kategorien unterteilt, wie z. B. Signalverarbeitung, Regelungstechnik, Elektrotechnik und Maschinenbau, um nur einige zu nennen. Jede Kategorie enthält eine Vielzahl von Blöcken, die speziell für diesen Bereich entwickelt wurden. Zum Beispiel enthält die Regelungstechnik-Kategorie Blöcke für Regler, Störgrößen, Zustandsraum-Systeme und mehr. Die Kategorie Signalverarbeitung enthält Blöcke für digitale Signalverarbeitung, Filterung, Fourier-Analyse und vieles mehr. Die Blöcke der Simulink Library sind sehr flexibel und individualisierbar. Benutzer können die Parameter der Blöcke an ihre spezifischen Anforderungen anpassen und eigene Blöcke erstellen, indem sie vorhandene Blöcke kombinieren oder eigene Blöcke in MATLAB programmieren. Diese Flexibilität ermöglicht es Benutzern, Modelle sehr schnell zu erstellen und sie auf ihre spezifischen Anforderungen zuzuschneiden. Ein weiterer Vorteil der Simulink Library ist die Fähigkeit, auf externe Bibliotheken zuzugreifen. Benutzer können eigene Blöcke und Funktionen erstellen, die auf externen Bibliotheken basieren, wie z. B. C/C++-Bibliotheken, die über eine MATLAB-Schnittstelle verfügbar sind. Dadurch können Benutzer Simulink-Modelle erstellen, die sehr spezialisierte Funktionen und Algorithmen verwenden.

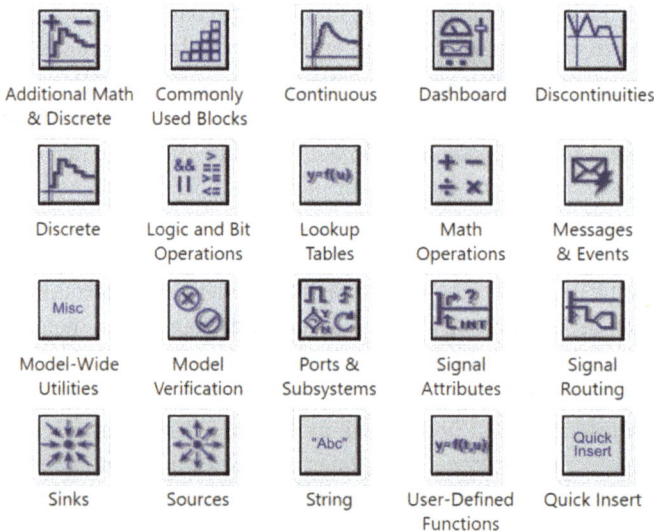

Abb. 1.2: Darstellung der Simulink Library.

1.2.2 Erstellen eines Simulink-Modells

In diesem Kapitel werden wir ein einfaches Simulink-Modell erstellen, welches die nachfolgende Differentialgleichung löst:

$$\dot{x} = -0{,}5x + 5. \tag{1.2}$$

Dazu starten Sie zunächst den Simulink-Editor. Anschließend erstellen Sie ein leeres
Modell (Blank Model). Nun können aus der Modell-Library Funktionsblöcke in das lee-
re Modell gezogen werden. Wir benötigen für das Beispiel einen Constant-Block, einen
Sum-Block, einen Integrator-Block und ein Gain-Block (siehe Abb. 1.3). Der Integrator-
Block wird zur Integration von $\dot{x}$ benötigt. Für die rechte Seite der Differentialgleichung
werden die restlichen Blöcke verwendet. Die Konstante 5 wird mit dem Constant-Block
und die Verstärkung von 0,5 mit dem Gain-Block realisiert.

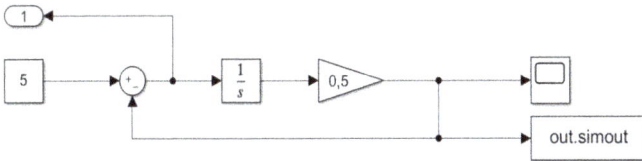

Abb. 1.3: Beispiel eines einfachen Block-Modells.

Neben den bereits genannten Blöcken, wurde zusätzlich ein Scope-Block hinzugefügt. Simulink-Scopes bieten mehrere Methoden zum Anzeigen von Simulationsdaten
und zum Erfassen der Daten für eine spätere Analyse. Darüber hinaus kann im Scope
die Simulation gestartet werden.

    Es gibt nun mehrere Möglichkeiten, ein Simulink-Modell zu laden. Eine davon ist es,
den Befehl `open_system` zu verwenden und den Dateinamen des Modells als Argument
anzugeben. Das Modell durch die Benutzeroberfläche von MATLAB zu öffnen, indem
Sie auf `File` gehen und dann `Open` auswählen, stellt eine weitere Variante dar. Wählen
Sie dann das Simulink-Modell aus, das Sie ausführen möchten. Nachdem das Simulink-
Modell geladen wurde, müssen Sie es konfigurieren, um es auszuführen. Dazu müssen
Sie zuerst das `Configuration Parameters`-Fenster öffnen. Dies kann über das Menü
`Simulation` und dann `Configuration Parameters` erfolgen. In diesem Fenster können
Sie verschiedene Parameter festlegen, wie z. B. die Solver-Einstellungen, die Start- und
Stop-Zeiten der Simulation, die Ausgabeoptionen und andere Einstellungen. Nachdem
Sie die Konfiguration abgeschlossen haben, können Sie die Simulation starten, indem
Sie auf die Schaltfläche `Run` in der Simulink-Benutzeroberfläche klicken. Das Simulink-
Modell wird dann ausgeführt und zeigt die Ergebnisse in Echtzeit an (siehe Abb. 1.4).

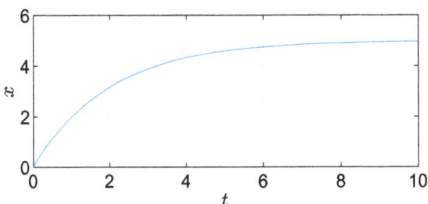

Abb. 1.4: Simulationsergebnisse des einfachen Block-Modells.

1.3 Modellbildung

Ingenieurwissenschaften beschäftigen sich mit der Anwendung von Naturwissenschaften und Mathematik auf praktische Probleme und Aufgaben. Die Modellierung ist dabei eine wichtige Methode, um komplexe Systeme zu verstehen und zu analysieren. Ein Modell ist eine vereinfachte Darstellung eines realen Systems, die die relevanten Eigenschaften und Parameter berücksichtigt. In diesem Kapitel werden wir uns mit der Modellbildung in den Ingenieurwissenschaften befassen und verschiedene Methoden und Anwendungen diskutieren.

Mathematische Modelle sind eine der häufigsten Methoden zur Modellierung von Systemen in den Ingenieurwissenschaften. Ein mathematisches Modell besteht aus einer Sammlung von Gleichungen, die die Beziehungen zwischen den relevanten Variablen beschreiben. Diese Variablen können physikalische Größen wie Geschwindigkeit, Kraft, Druck oder Temperatur sein. Mathematische Modelle können sehr einfach oder sehr komplex sein, abhängig von der Komplexität des Systems, das sie beschreiben sollen. Ein einfaches mathematisches Modell kann beispielsweise eine lineare Gleichung sein, die die Beziehung zwischen zwei Variablen beschreibt. Ein komplexes mathematisches Modell kann dagegen Hunderte oder Tausende von Gleichungen enthalten, die die Beziehungen zwischen vielen verschiedenen Variablen beschreiben. Ein wichtiger Aspekt von mathematischen Modellen ist die Validierung. Es ist entscheidend, sicherzustellen, dass ein mathematisches Modell die realen Systeme, die es beschreibt, korrekt darstellt. Die Validierung erfolgt normalerweise durch den Vergleich von Modellvorhersagen mit experimentellen Daten.

Neben mathematischen Modellen sind auch physikalische Modelle ein bedeutender Bestandteil der Modellbildung in den Ingenieurwissenschaften. Physikalische Modelle sind physische Nachbildungen von realen Systemen, die dazu dienen, das Verhalten dieser Systeme zu studieren und zu analysieren. Diese Modelle können in verschiedenen Größen und Maßstäben gebaut werden, je nach den Anforderungen des jeweiligen Systems. Ein einfaches Beispiel für ein physikalisches Modell ist ein Windkanal, der verwendet wird, um die aerodynamischen Eigenschaften von Flugzeugen und Fahrzeugen zu testen. Ein Windkanal ist ein physisches Modell, das eine verkleinerte Nachbildung eines realen Systems darstellt. In diesem Fall wird Luft durch den Kanal geblasen, um den Luftwiderstand und die Strömungseigenschaften des Modells zu messen. Ein weiteres Beispiel für ein physikalisches Modell ist ein Modell eines Gebäudes, das verwendet wird, um seine Struktur und seine Verhaltensweisen bei verschiedenen Belastungen zu untersuchen. Diese Modelle werden oft im Bauwesen eingesetzt, um die Reaktion von Gebäuden auf Erdbeben oder andere Naturkatastrophen zu analysieren. Die Entwicklung von physikalischen Modellen erfordert häufig die Zusammenarbeit von verschiedenen Fachbereichen, einschließlich Ingenieuren, Architekten und Physikern. Es ist auch wichtig, sicherzustellen, dass das physische Modell die relevanten Eigenschaften und Parameter des realen Systems berücksichtigt, um aussagekräftige Ergebnisse zu erhalten.

Physikalische und mathematische Modelle haben jeweils ihre Vor- und Nachteile und werden oft gemeinsam verwendet, um ein umfassenderes Verständnis eines Systems zu erlangen. Physikalische Modelle können beispielsweise dazu beitragen, die Eigenschaften und Verhaltensweisen eines Systems visuell darzustellen und zu demonstrieren. Mathematische Modelle bieten dagegen eine präzisere quantitative Analyse und Vorhersage von Systemverhalten. Ein weiterer Vorteil von mathematischen Modellen ist ihre Flexibilität. Mathematische Modelle können schnell und einfach angepasst werden, um verschiedene Szenarien zu simulieren oder verschiedene Parameter zu ändern. Physikalische Modelle erfordern dagegen häufig aufwendige Umbauten oder Anpassungen, um Änderungen an den Modellparametern vorzunehmen. Ein Nachteil von mathematischen Modellen ist, dass sie auf Annahmen und Vereinfachungen basieren, um komplexe Systeme zu beschreiben. Wenn diese Annahmen nicht korrekt sind oder wichtige Parameter nicht berücksichtigt werden, kann das Modell ungenau sein. Physikalische Modelle sind dagegen weniger anfällig für solche Ungenauigkeiten, da sie das System direkt darstellen.

1.3.1 Physikalische Modellierung

Die physikalische Modellierung wird eingesetzt, um das Verhalten von komplexen Systemen zu verstehen und vorherzusagen. Sie basiert dabei auf der Anwendung der physikalischen Gesetze. In diesem Kapitel werden die Grundlagen der physikalischen Modellierung und ihre Anwendung in den Ingenieurswissenschaften erläutert.

Die physikalische Modellierung verwendet die Grundprinzipien der Physik, um das Verhalten eines Systems zu beschreiben. Sie beruht auf der Annahme, dass das Verhalten eines Systems durch physikalische Gesetze beschrieben werden kann. Diese Gesetze werden in Form von mathematischen Gleichungen ausgedrückt und in einem Modell dargestellt. Bekannte physikalische Gesetzmäßigkeiten sind beispielsweise:

– die Erhaltungssätze für Energie und Impuls,
– der Maschensatz und die Kettenregel,
– das Prinzip von d'Alembert,
– die Lagrange'sche Gleichungen zweiter Art.

Ein Beispiel für die physikalische Modellierung ist die Modellierung eines Feder-Masse-Systems. Ein Feder-Masse-System besteht aus einer Masse, die an einer Feder aufgehängt ist. Wenn die Masse aus ihrer Ruhelage ausgelenkt wird, übt die Feder eine Rückstellkraft auf die Masse aus, die sie wieder in die Ruhelage zurückführt. Die Bewegung der Masse kann durch die Differentialgleichung 2. Ordnung beschrieben werden.

$$m\frac{d^2x}{dt^2} + kx = 0 \qquad (1.3)$$

Dabei ist m die Masse der Masse, k die Federkonstante und x die Auslenkung der Masse aus ihrer Ruhelage. Diese Gleichung beschreibt das Verhalten des Systems und kann verwendet werden, um Vorhersagen über das Verhalten des Systems zu treffen.

Die physikalische Modellierung wird in den Ingenieurswissenschaften auf vielfältige Weise eingesetzt. Ein wichtiges Anwendungsgebiet ist die Strömungsmechanik. Hier werden physikalische Modelle verwendet, um das Verhalten von Fluiden in verschiedenen Systemen zu beschreiben, wie beispielsweise in Rohrleitungen oder Turbinen. Ein weiteres Anwendungsgebiet ist die Materialwissenschaft. Hier werden physikalische Modelle verwendet, um das Verhalten von Materialien unter verschiedenen Bedingungen zu beschreiben, wie beispielsweise unter verschiedenen Temperaturen oder Belastungen. Dieses Verständnis des Materialverhaltens ist entscheidend für die Entwicklung von neuen Materialien und Technologien. Ein weiteres Anwendungsgebiet der physikalischen Modellierung ist die Elektrotechnik. Hier werden physikalische Modelle verwendet, um das Verhalten von elektrischen Systemen zu beschreiben, wie beispielsweise in Schaltkreisen oder in der Signalübertragung.

Beispiel 1.1 (Pendel). In diesem Beispiel betrachten wir ein vereinfachtes Pendel (siehe Abb. 1.5). Dieses Pendel besitzt die Länge L und die Masse m. Zum Zeitpunkt $t_0 = 0$ ist das Pendel mit einem Anfangswinkel ϕ_0 ausgelenkt. Da wir nur ein vereinfachtes Pendel betrachten, werden wir für die Modellierung einige Annahmen treffen. Beispielsweise wird die Masse des Pendelstabs vernachlässigt. Ebenso werden Reibungskräfte am Drehpunkt bzw. der Luftwiderstand nicht betrachtet. Zur Modellierung des Pendels wird der Energieerhaltungssatz verwendet

$$\frac{d}{dt}E(t) = \frac{d}{dt}E_{kin}(t) + \frac{d}{dt}E_{pot}(t) = 0 \tag{1.4}$$

Die potentielle Energie ergibt sich durch die Arbeit, die verrichtet werden muss, um das Pendel in die Position mit der Auslenkung $\phi(t)$ zu bringen.

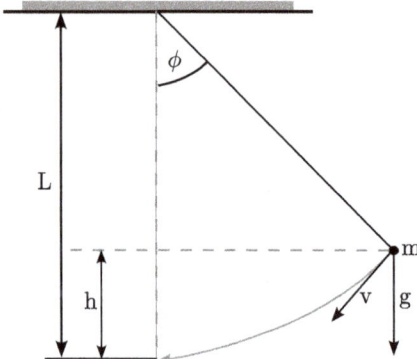

Abb. 1.5: Schematische Darstellung eines Pendels.

$$E_{\text{pot}}(t) = mgh(t) = mgL(1 - \cos(\phi(t))) \tag{1.5}$$

Die kinetische Energie ergibt sich aus der Geschwindigkeit $v(t)$ des Massenpunktes m.

$$E_{\text{kin}}(t) = \frac{mv(t)^2}{2} = \frac{m(L\dot{\phi}(t))^2}{2} \tag{1.6}$$

Damit ergibt sich Gleichung (1.4) zu

$$\frac{d}{dt}E(t) = mgL\sin(\phi(t))\dot{\phi}(t) + mL^2\ddot{\phi}(t)\dot{\phi}(t) = 0. \tag{1.7}$$

Stellt man nun die Gleichung nach $\ddot{\phi}(t)$ um, erhält man die gesuchte Modellgleichung für die Zustandsgröße $\phi(t)$.

$$\ddot{\phi}(t) = -\frac{g}{L}\sin(\phi(t)) \tag{1.8}$$

1.3.2 Mathematische Modellierung

Mathematische Modellierung ist ein wichtiges Instrument in den Ingenieurwissenschaften, um komplexe Systeme zu verstehen, zu analysieren und zu optimieren. Es ist ein Prozess, bei dem die realen Phänomene in mathematische Gleichungen übersetzt werden, die dann dazu verwendet werden können, Vorhersagen über das System zu treffen. In der mathematischen Modellierung werden die spezifischen Eigenschaften des Systems berücksichtigt und in Gleichungen umgewandelt. Diese Gleichungen können dann numerisch oder analytisch gelöst werden, um das Verhalten des Systems zu simulieren. Ein wichtiger Schritt bei der mathematischen Modellierung ist die Auswahl des richtigen Modells. Hierbei müssen die relevanten Variablen identifiziert werden und es muss entschieden werden, welche Aspekte des Systems modelliert werden sollen. Es ist auch wichtig, dass das Modell ausreichend genau ist, um eine Vorhersage zu treffen, aber nicht so komplex, dass es schwer zu lösen ist.

Ein wichtiger Unterschied zwischen physikalischen und mathematischen Modellen besteht darin, dass physikalische Modelle oft eine physische Größe haben, während mathematische Modelle nur numerische Größen verwenden. Beispielsweise kann ein physikalisches Modell eines Gebäudes durch eine bestimmte Größe, Gewicht und Materialien charakterisiert sein, während in einem mathematischen Modell eines Gebäudes nur numerische Werte wie die Höhe, Breite, Länge und das Gewicht zur Anwendung kommen. In der Praxis werden oft sowohl physikalische als auch mathematische Modelle verwendet, um ein reales System zu beschreiben und zu analysieren. Physikalische Modelle können dabei helfen, das Verständnis des Systems zu verbessern und wichtige Informationen zu liefern, die in mathematischen Modellen eingesetzt werden können. Mathematische Modelle können auch dazu dienen, um Vorhersagen zu treffen und

Szenarien zu simulieren, die in physikalischen Modellen schwierig oder unmöglich zu realisieren sind.

Beispiel 1.2 (Optimierung von Produktionsprozessen). Ein einfaches Beispiel für ein mathematisches Modell im Ingenieursbereich ist ein Modell für die Optimierung von Produktionsprozessen in der Fertigung. Eine gängige Methode im Rahmen dieser Optimierung ist die Verwendung von statistischen Prozesskontroll-Tools, die eine Reihe von Daten über den Produktionsprozess sammeln und analysieren. Das Ziel ist dann, die Prozessparameter so einzustellen, dass die Ausbeute maximiert und die Ausschussrate minimiert wird. Ein einfaches mathematisches Modell für die Optimierung eines Produktionsprozesses kann durch die folgende Gleichung beschrieben werden:

$$y = f(x_1, x_2, \ldots, x_n), \tag{1.9}$$

wobei y die Ausbeute des Produktionsprozesses ist und $x_1, x_2, \ldots, x_n$ die Prozessparameter sind, die eingestellt werden können, um die Ausbeute zu optimieren. Die Funktion f beschreibt die Beziehung zwischen den Prozessparametern und der Ausbeute. Dieses Modell kann verwendet werden, um die optimale Einstellung der Prozessparameter zu finden, indem verschiedene Kombinationen von $x_1, x_2, \ldots, x_n$ getestet werden, um die höchstmögliche Ausbeute zu erzielen.

1.3.3 Systemidentifikation

Systemidentifikation ist ein Bereich der Ingenieurswissenschaften, der sich mit der Modellierung und Analyse von Systemen befasst. In der Regel werden Systeme durch mathematische Modelle beschrieben, die durch Messungen und Datenanalyse identifiziert werden. Ziel der Systemidentifikation ist es, ein genaues mathematisches Modell eines Systems zu entwickeln, um dessen Verhalten und Leistung besser zu verstehen und zu optimieren. In der Praxis umfasst die Systemidentifikation eine Vielzahl von Techniken und Methoden. Eine der grundlegenden Methoden ist die Zeitbereichsanalyse, die auf der Analyse der Antwort eines Systems auf einen Impuls oder einer Sprungantwort beruht. Durch die Messung und Analyse dieser Antworten können die Systemparameter identifiziert werden. Ein weiterer Ansatz zur Systemidentifikation ist die Frequenzbereichsanalyse. Hierbei wird das System durch Messung seiner Übertragungsfunktion charakterisiert, die das Verhältnis zwischen Eingangs- und Ausgangssignal beschreibt. Durch die Analyse der Übertragungsfunktion können die Systemparameter identifiziert werden. Eine wichtige Anwendung der Systemidentifikation ist die Regelungstechnik. Regelungssysteme werden häufig verwendet, um die Leistung von Systemen zu verbessern, indem sie Fehler minimieren und Prozesse stabilisieren. Durch die Identifikation der Systemparameter kann das Regelungssystem so konfiguriert werden, dass es optimal auf das System reagiert. Ein weiteres wichtiges Anwendungsgebiet der Systemidentifikation ist die Prozessüberwachung und -kontrolle. Hierbei werden mathematische

Modelle des Prozesses entwickelt, um Abweichungen von der idealen Leistung des Systems zu erkennen und Korrekturen vorzunehmen.

Die Systemidentifikation kann als ein sequentieller Vorgang betrachtet werden [1]. Im Nachfolgenden werden die einzelnen Schritte ausführlich beschrieben.

1. Versuchsplanung

Die Versuchsplanung ist ein entscheidender Schritt der Systemidentifikation, der es ermöglicht, Informationen über ein unbekanntes System zu gewinnen. Dabei werden bestimmte Eingangs- und Ausgangsgrößen des Systems gemessen und analysiert, um dessen Verhalten zu verstehen. Ein wichtiger Aspekt bei der Versuchsplanung ist die Wahl der Testsignale $u(t)$. Diese sollten so gewählt werden, dass sie eine möglichst große Bandbreite im Frequenzbereich abdecken. Durch die Verwendung verschiedener Testsignale können die Eigenschaften des Systems in verschiedenen Frequenzbereichen ermittelt werden, was zur genaueren Identifikation beiträgt. Ein weiterer wichtiger Aspekt bei der Versuchsplanung ist das Abtasttheorem. Dieses besagt, dass die Abtastfrequenz f_s mindestens doppelt so hoch sein muss wie die höchste Frequenz im zu messenden Signal, um eine genaue Wiedergabe des Signals zu gewährleisten [2]. Bei der Wahl der Abtastfrequenz sollte daher darauf geachtet werden, dass sie ausreichend hoch ist, um das Signal genau aufnehmen zu können. Um die Versuchsplanung erfolgreich durchzuführen, ist es wichtig, eine genaue Analyse der zu messenden Eingangs- und Ausgangsgrößen vorzunehmen. Hierbei sollten auch mögliche Störquellen berücksichtigt werden, um eine möglichst genaue Messung zu gewährleisten.

2. Datenerfassung

Ein wichtiger Aspekt der Datenerfassung ist die Wahl des Testsignals $u(t)$. Es sollte so gewählt werden, dass es die für das System relevanten Dynamiken und Eigenschaften aufzeigt. Dabei können verschiedene Testsignale wie Sprung-, Rampen- oder Sinusfunktionen eingesetzt werden. Wichtig ist, dass das Testsignal den gesamten Arbeitsbereich des Systems abdeckt. Ein weiterer Faktor ist die Abtastzeit T_s. Diese gibt an, in welchem Zeitintervall Messwerte erfasst werden. Eine zu geringe Abtastzeit führt dazu, dass schnelle Systemdynamiken nicht erfasst werden können und somit das Modell unvollständig ist. Eine zu hohe Abtastzeit hingegen führt zu einer geringeren Auflösung der Messdaten und somit auch zu einer schlechteren Modellqualität. Neben der Abtastzeit spielt auch die Messzeit T_M eine wichtige Rolle. Diese gibt an, wie lange das System beobachtet wird. Eine zu kurze Messzeit führt dazu, dass nicht alle Systemdynamiken erfasst werden können. Eine zu lange Messzeit hingegen kann dazu führen, dass sich das Systemverhalten verändert und somit das Modell falsch ist. Um Störungen und Rauschen zu reduzieren, wird oft ein Tiefpass-Filter eingesetzt. Dieser filtert hohe Frequenzen aus den Messdaten heraus, die aufgrund von Störungen oder Rauschen auftreten können. Durch den Einsatz des Filters können die Messdaten präziser erfasst werden, was zu einer höheren Modellqualität führt.

3. Wahl des Identifikationsverfahrens

Die Wahl des Identifikationsverfahrens ist ein wichtiger Schritt in der Systemidentifikation. Hierbei geht es darum, aus gemessenen Daten ein mathematisches Modell zu erstellen, welches das zu untersuchende System möglichst genau abbildet. Die Wahl des Verfahrens hängt dabei von verschiedenen Faktoren ab, wie beispielsweise der Art des zu untersuchenden Systems, der verfügbaren Messdaten und den Zielen der Identifikation. Es gibt verschiedene Modelltypen, die in der Systemidentifikation verwendet werden können. Einfache Modelle wie lineare Regression oder ARMA-Modelle eignen sich gut für Systeme mit wenigen Variablen und klaren Zusammenhängen zwischen den Variablen. Komplexere Modelle wie neuronale Netze oder Zustandsraummodelle können hingegen Systeme mit vielen Variablen und nichtlinearen Zusammenhängen abbilden. Die Wahl der Modellstruktur hängt ebenfalls von verschiedenen Faktoren ab. Hierbei geht es darum, zu entscheiden, welche Art von mathematischem Modell verwendet werden soll, um das zu untersuchende System zu beschreiben. Dies kann beispielsweise ein lineares Modell oder ein nichtlineares Modell sein. Die Modellstruktur sollte so gewählt werden, dass sie das zu untersuchende System möglichst genau abbildet, aber auch nicht zu komplex wird, da dies zu Überanpassung und schlechter Generalisierung führen kann. Die Parameterschätzung ist ein weiterer wichtiger Aspekt bei der Wahl des Identifikationsverfahrens. Hierbei geht es darum, die Parameter des gewählten Modells aus den Messdaten zu schätzen. Die Wahl des Verfahrens hängt dabei von der Art des Modells ab. Lineare Modelle können zum Beispiel durch die Methode der kleinsten Quadrate geschätzt werden, während für nichtlineare Modelle iterative Verfahren wie das Levenberg-Marquardt-Verfahren verwendet werden können.

4. Validierung des ermittelten Modells

Bei der Validierung des ermittelten Modells geht es darum, sicherzustellen, dass das erstellte mathematische Modell das zu untersuchende System möglichst genau abbildet und zuverlässige Vorhersagen treffen kann. Die Validierung kann durch verschiedene Tests und Maßnahmen durchgeführt werden. Ein Aspekt bei der Validierung des Modells ist die Bewertung der Modellgenauigkeit. Hierbei wird das Modell mit neuen Daten getestet, die nicht bei der Erstellung des Modells verwendet wurden. Durch den Vergleich der Vorhersagen des Modells mit den tatsächlichen Werten der neuen Daten kann die Genauigkeit des Modells bewertet werden. Ein gängiges Maß für die Modellgenauigkeit ist beispielsweise der mittlere quadratische Fehler (MSE). Neben der Bewertung der Modellgenauigkeit können auch verschiedene Tests durchgeführt werden, um sicherzustellen, dass das Modell zuverlässige Vorhersagen treffen kann. Hierzu zählen beispielsweise Vorhersageintervalltests, die die Fähigkeit des Modells bewerten, Vorhersagen innerhalb eines bestimmten Intervalls zu treffen. Auch Sensitivitätstests, bei denen das Modell auf veränderte Bedingungen getestet wird, können durchgeführt werden, um die Zuverlässigkeit des Modells zu bewerten.

Beispiel 1.3 (Systemidentifikation mittels Least Squares). Gegeben sei eine statische nicht-lineare Kennlinie. Diese soll durch eine experimentelle Systemidentifikation bestimmt werden. Es wird angenommen, dass sowohl das wahre System als auch das Modell die Form

$$y(k) = \theta_1 u(k)^2 + \theta_2 \sin(3u(k)) + \theta_3 u(k) + \theta_4 + \zeta(k) \tag{1.10}$$

besitzt. Hierbei sind $y(k)$ der Ausgang, $u(k)$ der Eingang, $\zeta(k)$ ein mittelwertfreies Rauschen und θ_i die unbekannten Parameter. Wird als Gütekriterium der mittlere quadratische Fehler (MSE) verwendet, ergibt sich der optimale Parametervektor durch

$$\boldsymbol{\theta} = (\mathbf{X}^T\mathbf{X})^{-1}\mathbf{X}\mathbf{y} \tag{1.11}$$

mit

$$\boldsymbol{\theta} = [\theta_1, \theta_2, \theta_3, \theta_4]^T. \tag{1.12}$$

In Listing 1.2 ist die Implementierung dieses Beispiels dargestellt. Zunächst werden die Daten in die Variable data geladen. Die erste Spalte enthält die unabhängige Variable u1 und die zweite Spalte die abhängige Variable y1. Anschließend wird ein Streudiagramm erstellt, um die Verteilung der Daten zu visualisieren. In der nächsten Zeile wird eine Matrix X erstellt, die aus den unabhängigen Variablen u1 und zwei zusätzlichen Termen besteht. Der erste Term enthält das Quadrat der unabhängigen Variable, der zweite Term enthält die Sinusfunktion des Dreifachen der unabhängigen Variable, und der letzte Term ist eine Spalte mit Einsen. Diese Matrix wird verwendet, um die Parameter zu schätzen, die das Modell am besten an die Daten anpassen.

Listing 1.2: Systemidentifikation mittels des Least-Squares-Verfahrens.

```
1  % load data
2  data=load('data_0_6.txt');
3  u1=data(:,1);
4  y1=data(:,2);
5  % create figure
6  figure(1);
7  plot(u1,y1,'bx');
8  hold on;
9  grid on;
10 X=[u1.^2 sin(u1*3) u1 ones(size(u1))];
11 % parameter estimation
12 Theta1_hat=X\y1;
13 var_noise1=(y1-X*Theta1_hat)'*(y1-X*Theta1_hat)/(length(
       u1)-4);
```

```
14  P1=inv(X'*X)*var_noise1;
15
16  u=(-3:0.1:15)';
17  y_without_noise=0.3*u.^2+2*sin(u*3)+.5*u+2;
18  X=[u.^2 sin(3*u) u ones(size(u))];
19  P1_y_hat=X*P1*X';
20  band=1.96*sqrt(diag(P1_y_hat));
21  yhat=X*Theta1_hat;
22  plot(u,y_without_noise,'r');
23  plot(u,yhat,'b')
24  plot(u,yhat-band,'b.')
25  plot(u,yhat+band,'b--');
26  ylim([-10 70]);
27  xlim([-3 15]);
28  ylabel('$y$','interpreter','latex');
29  xlabel('$u$','interpreter','latex');
30  legend('Messungen','wahre Kennlinie','Praediktion','
        Untere Grenze KI','Obere Grenze KI','Location','
        northwest');
```

Die Variable Theta1_hat enthält die geschätzten Parameter. var_noise1 beinhaltet die Varianz des Rauschens im Modell. Die Matrix P1 enthält die Varianz-Kovarianz-Matrix der geschätzten Parameter. Die Varianz-Kovarianz-Matrix wird verwendet, um Vorhersagen über die abhängige Variable in Abhängigkeit von der unabhängigen Variable zu treffen. Anschließend wird eine neue unabhängige Variable u erstellt, die als Vektor von –3 bis 15 mit einer Schrittweite von 0,1 definiert ist. Die Variable y_without_noise dient als wahre Kennlinie, um die Vorhersagen des Modells zu vergleichen. Die Matrix X wird daraufhin erneut definiert, um die neue unabhängige Variable u zu verwenden. Die Vorhersagen yhat des Modells werden berechnet, indem die geschätzten Parameter Theta1_hat mit der Matrix X multipliziert werden. Die Varianz-Kovarianz-Matrix P1 wird verwendet, um das Konfidenzintervall der Vorhersage zu berechnen, das als Bänder um die Vorhersage geplottet wird. Schließlich werden das wahre Modell, die Vorhersage des Modells und das Konfidenzintervall des Modells in einem Diagramm dargestellt (siehe Abb. 1.6).

1.4 Simulation

Simulation ist ein wichtiger Bestandteil der Ingenieurswissenschaften und ermöglicht es, komplexe Systeme zu analysieren und zu verstehen, ohne sie physisch bauen zu müssen. Dabei wird ein mathematisches Modell des Systems erstellt, das die physikalischen

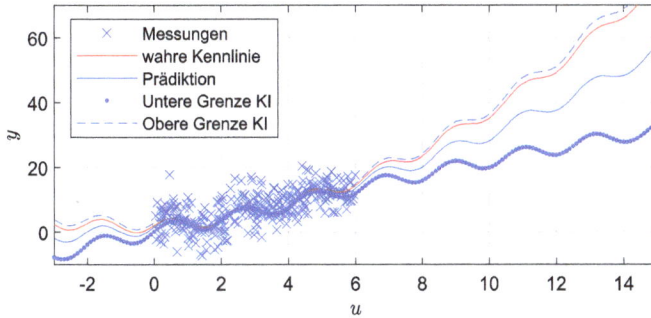

Abb. 1.6: Ergebnisse der Systemidentifikation.

Gesetze und Zusammenhänge beschreibt. Durch die numerische Lösung dieser Modelle können Vorhersagen über das Verhalten des Systems getroffen werden.

Die Numerik spielt dabei eine zentrale Rolle, da die meisten Simulationen auf der Lösung von Differentialgleichungen beruhen. Diese Gleichungen beschreiben den Zusammenhang zwischen einer Funktion und ihren Ableitungen und sind eine grundlegende Methode zur Beschreibung von physikalischen Phänomenen. Die numerische Lösung dieser Gleichungen erfolgt durch die Diskretisierung des Modells, d. h. durch die Aufteilung des Systems in kleine Elemente. Diese Elemente werden dann durch Algorithmen berechnet, die auf dem Computer ausgeführt werden. Eine wichtige Methode zur numerischen Lösung von Differentialgleichungen ist das Finite-Elemente-Verfahren (FE-Verfahren). Dabei wird das System in eine endliche Anzahl von kleinen Elementen unterteilt, die durch eine lokale Funktion approximiert werden. Die Gesamtlösung des Systems wird dann als Linearkombination der lokalen Funktionen dargestellt. Durch die Wahl von geeigneten Basisfunktionen und Integrationsverfahren kann die Genauigkeit der Lösung verbessert werden. Eine weitere Methode zur numerischen Simulation ist die Finite-Differenzen-Methode (FD-Verfahren). Dabei wird das System in eine endliche Anzahl von diskreten Punkten unterteilt, an denen die Funktion approximiert wird. Die Ableitungen der Funktion werden durch Differenzenquotienten approximiert, wodurch das System in ein System von linearen Gleichungen umgewandelt wird. Diese Gleichungen können dann numerisch gelöst werden. Eine weitere Methode ist die Monte-Carlo-Simulation. Dabei werden zufällige Ereignisse simuliert, um statistische Eigenschaften des Systems zu untersuchen. Dies ist besonders nützlich bei der Untersuchung von komplexen Systemen, bei denen die genaue Lösung nicht möglich ist.

Die Simulation ist ein unverzichtbares Werkzeug in den Ingenieurwissenschaften und wird in vielen Bereichen eingesetzt, wie z. B. der Strömungsdynamik, der Festkörpermechanik, der Elektrotechnik und der Chemie. Die Numerik ist dabei ein wichtiger Bestandteil der Simulation und ermöglicht es, komplexe Modelle effektiv zu lösen. Durch die ständige Weiterentwicklung der Computertechnologie wird die Simulation immer leistungsfähiger und kann immer komplexere Probleme lösen.

1.4.1 Numerische Differentiation

Die numerische Differentiation ist ein Bestandteil der Simulation und ermöglicht es, Ableitungen von Funktionen zu approximieren. Die Approximation von Ableitungen ist besonders in der Ingenieurswissenschaft von Bedeutung, da viele physikalische Gesetze durch Differentialgleichungen beschrieben werden, die Ableitungen beinhalten. Die numerische Differentiation ermöglicht es, diese Ableitungen zu approximieren und somit die Lösung von Differentialgleichungen zu verbessern.

Es gibt verschiedene Methoden zur numerischen Differentiation, wie zum Beispiel die Vorwärts-, Rückwärts- und zentrale Differenz. Bei der Vorwärtsdifferenz wird die Ableitung durch den Unterschied zwischen zwei aufeinanderfolgenden Funktionswerten approximiert.

$$\dot{y}(t) = \frac{\Delta y(t)}{\Delta t} = \frac{y(t+h) - y(t)}{(t+h) - t} \tag{1.13}$$

Die Rückwärtsdifferenz funktioniert ähnlich, verwendet jedoch die Differenz zwischen den vorherigen und aktuellen Funktionswerten.

$$\dot{y}(t) = \frac{\Delta y(t)}{\Delta t} = \frac{y(t) - y(t-h)}{(t+h) - t} \tag{1.14}$$

Die zentrale Differenz verwendet die Differenz zwischen den Werten auf beiden Seiten des Punktes, an dem die Ableitung approximiert wird.

$$\dot{y}(t) = \frac{\Delta y(t)}{\Delta t} = \frac{1}{2} \frac{y(t+h) - y(t-h)}{(t+h) - t} \tag{1.15}$$

Beispiel 1.4 (Numerische Lösung einer Differentialgleichung mit dem Euler-Verfahren). Für diese Beispiel betrachten wir die folgende Differentialgleichung:

$$\dot{y}(t) = f(t) = t^3 \quad \text{mit } t_k = t_0 + kh. \tag{1.16}$$

Wir setzen nun für $\dot{y}(t)$ den Vorwärts-Differenzenquotienten ein und erhalten die explizite Differenzengleichung:

$$\frac{y_{k+1} - y_k}{h} = f(t_k) \quad \Rightarrow \quad y_{k+1} = y_k + hf(t_k). \tag{1.17}$$

Diese Vorgehensweise kann analog für den Rückwärts- und den zentralen Differenzenquotienten durchgeführt werden. In Listing 1.3 sind die drei diskutierten Differenzenverfahren implementiert. Die Funktion differenceProcedures() führt die Berechnungen der verschiedenen Differenzenverfahren durch. Es wird jeweils ein Bereich zwischen $0 \le t \le 1$ mit einer Schrittweite von $h = 0{,}2$ betrachtet.

Listing 1.3: Lösung einer Differentialgleichung mittels Differenzenverfahren.

```
 1  function difference_procedures()
 2  clear all
 3  close all
 4  clc
 5  %% parameter
 6  a=0;
 7  b=1.0;
 8  h=0.2;
 9
10  %% initialization
11  n=(b-a)/h;
12  t=zeros(1,n+2);
13  y=zeros(3,n+2);
14  for i=2:n+2
15      t(i+1)=t(i)+h;
16      y(1,i+1)=y(1,i)+h*f(t(i));
17      y(2,i+1)=y(2,i)+h*f(t(i+1));
18      y(3,i+1)=y(3,i-1)+h*2*f(t(i));
19  end
20
21  %% exact solution
22  t_exact=a:h/10:b;
23  y_exact=F(t_exact);
24
25  %% visualization
26  figure
27  hold on
28  grid on;
29  plot(t,y(1,:),'.r','MarkerSize',20)
30  plot(t,y(2,:),'.b','MarkerSize',20)
31  plot(t,y(3,:),'.m','MarkerSize',20)
32  plot(t_exact, y_exact,'-k')
33  xlim([a b]);
34  xlabel('$t$','interpreter','latex')
35  ylabel('$y$','interpreter','latex')
36  legend( 'Vorwaerts-Differenzenquotient',...
37          'Rueckwaerts-Differenzenquotient',...
38          'Zentrale Differenzenquotient',...
39          'exakte Loesung',...
40          'Location','northwest')
```

```
41  end
42  function y=f(t)
43  y =t^3;
44  end
45  function solution=F(t)
46  n=length(t);
47  solution=zeros(1,n);
48  for i=2:n
49        solution(i)=t(i)^4/4;
50  end
51  end
```

Es werden zunächst die benötigten Variablen n, t und y initialisiert, wobei t und y mit Nullen besetzt werden. Anschließend werden die Differenzengleichungen in der for-Schleife berechnet. Die exakte Lösung der Differentialgleichung (1.16) erhält man durch eine Integration, diese ist in der Funktion F(t) umgesetzt. Die Ergebnisse sind in Abbildung 1.7 dargestellt.

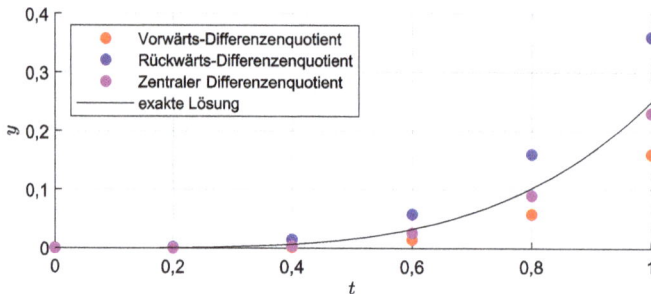

Abb. 1.7: Ergebnisse der Lösung der Differenzialgleichung (1.16).

Eine weitere Methode zur numerischen Differentiation ist die Finite-Differenzen-Methode (FD-Methode). Dabei wird die Ableitung durch die Differenz von Funktionswerten an verschiedenen Punkten approximiert. Die Genauigkeit der Approximation hängt dabei von der Wahl der Differenzschritte und der Anzahl der verwendeten Punkte ab.

Beispiel 1.5 (Finite-Differenzen-Methode einer Differentialgleichung 2. Ordnung). In diesem Beispiel betrachten wir eine Differentialgleichung 2. Ordnung

$$\ddot{u}(t) = g(t) = 2 \quad \text{für } 0 \leq t \leq 1 \tag{1.18}$$

mit den Randbedingungen

$$u(0) = u(1) = 3. \tag{1.19}$$

Mit den beiden Randbedingungen erhält man somit für diese Differentialgleichung Eindeutigkeit. Die numerische Lösung der Differentialgleichung erfolgt durch ein Differenzengleichungssystem. Dazu werden sogenannte Stützpunkte (Gitterpunkte) gewählt. Wir betrachten dazu ein äquidistantes Gitter mit n inneren Stützpunkten und $n + 1$ Intervallen. Die Gitterschrittweite ergibt sich durch

$$h = \frac{b - a}{n + 1} = \frac{1 - 0}{n + 1} \quad \text{mit } t_i = a + ih, \ i = 0, \dots, n + 1. \tag{1.20}$$

Die zweite Ableitung kann durch einen Differenzenquotienten mit mindestens drei Gitterpunkten approximiert werden.

$$\ddot{u}(t) \approx \frac{u(t - h) - 2u(t) + u(t + h)}{h^2} \tag{1.21}$$

Für die inneren Stützstellen folgen daraus die Differenzengleichungen

$$\frac{u_{i-1} - 2u_i + u_{i+1}}{h^2} = g_i \quad \text{mit } i = 1, \dots, n. \tag{1.22}$$

Es entsteht somit ein lineares Gleichungssystem mit der Ordnung n. Da wir Randbedingungen mit $u(0) = u(1) = 3$ festgelegt haben, handelt es sich hier um ein Randwertproblem. Die sogenannten Ränder sind die erste und die letzte Stützstelle, die das t-Intervall links und rechts abgrenzen. Man setzt nun die Randbedingungen in die Gleichung (1.22) ein und erhält

$$\frac{1}{h^2}(u(0) - 2u_1 + u_2) = g_1 \quad \Rightarrow \quad \frac{1}{h^2}(-2u_1 + u_2) = g_1 - \frac{1}{h^2}u(0) \tag{1.23}$$

für die erste Stützstelle und

$$\frac{1}{h^2}(u_{n-1} - 2u_n + u(1)) = g_n \quad \Rightarrow \quad \frac{1}{h^2}(u_{n-1} - 2u_n) = g_n - \frac{1}{h^2}u(1) \tag{1.24}$$

für die letzte Stützstelle. Die Differenzengleichungen können nun in Matrixform dargestellt werden, wobei die Differenzengleichungen zusätzlich mit dem Faktor $-h^2$ multipliziert werden.

$$\underbrace{\begin{bmatrix} 2 & -1 & 0 & \cdots & 0 \\ -1 & 2 & -1 & \ddots & \vdots \\ 0 & -1 & \ddots & \ddots & 0 \\ \vdots & \ddots & \ddots & \ddots & -1 \\ 0 & \cdots & 0 & -1 & 2 \end{bmatrix}}_{A} \underbrace{\begin{bmatrix} u_1 \\ u_2 \\ u_3 \\ \vdots \\ u_n \end{bmatrix}}_{\mathbf{u}} = -h^2 \underbrace{\begin{bmatrix} g_1 - \frac{1}{h^2}u(0) \\ g_2 \\ g_3 \\ \vdots \\ g_n - \frac{1}{h^2}u(1) \end{bmatrix}}_{\mathbf{g}} \tag{1.25}$$

Die Matrix **A** ist eine sogenannte Tridiagonalmatrix und heißt Koeffizientenmatrix. Die Lösung dieses Gleichungssystems erfolgt durch

$$\mathbf{u} = -h^2 \mathbf{A}^{-1} \mathbf{g}. \tag{1.26}$$

Die Implementierung der Finite-Differenzen-Methode ist in Listing 1.4 dargestellt. In der Funktion `finite_differences()` werden zwei Durchläufe ausgeführt. Dabei wird die Lösung einmal mit drei und einmal mit vier Intervallen approximiert.

Listing 1.4: Lösung einer Differentialgleichung mittels der Finite-Differenzen-Methode.

```
1   function finite_differences()
2   clear all
3   close all
4   clc
5   %% parameter
6   N = [2,3];
7   coeff1 = 2;
8   coeff2 = -1;
9   coeff3 = -1;
10  a = 0;
11  b = 1;
12  linetypes = ["--.r" "--.b"];
13  figure
14  hold on
15  grid on;
16  %% system of equations
17  for i=1:2
18      h = (b-a)/(N(i)+1);
19      A = diag(coeff1*ones(1,N(i))) + ...
20          diag(coeff2*ones(1,N(i)-1),1) + ...
21          diag(coeff3*ones(1,N(i)-1),-1);
22      g = ones(N(i),1)*2;
23      g(1) = g(1)-3/(h^2);
24      g(end) = g(end)-3/(h^2);
25      g = g*(-h^2);
26      u = inv(A)*g;
27      u = [3; u; 3];
28      t = a:h:b;
29      plot_results(t,u,linetypes(i),N(i)+2)
30  end
31  %% exact solution
```

```
32  t_exact=a:h/10:b;
33  u_exact=solution(t_exact);
34  plot(t_exact, u_exact,'-k','DisplayName',['exakte Loesung
        '])
35  %% visualization
36  xlim([a b]);
37  xlabel('$t$','interpreter','latex')
38  ylabel('$u$','interpreter','latex')
39  legend('Location','north')
40  end
41  function u=solution(t)
42  n=length(t);
43  u=zeros(1,n);
44  for i=1:n
45      u(i)=3+t(i)*(t(i)-1);
46  end
47  end
48  function plot_results(t,y,linetype,support_points)
49  plot(t,y,linetype,'MarkerSize',18,...
50      'DisplayName',[num2str(support_points) '
        Stuetzstellen'])
51  end
```

In Abbildung 1.8 sind die Ergebnisse von Listing 1.4 dargestellt. Wie man sehen kann, nährt sich die Approximation mit steigender Anzahl an Stützstellen der exakten Lösung an.

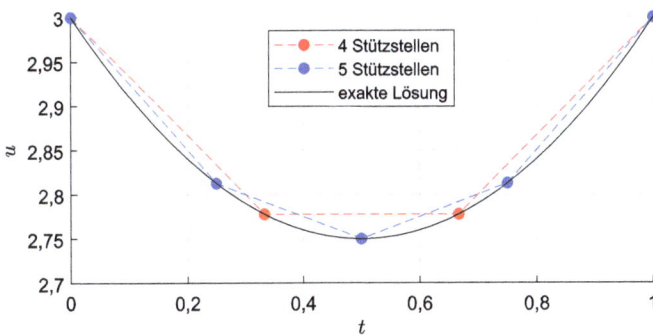

Abb. 1.8: Ergebnisse der Lösung der Differenzialgleichung (1.18) mithilfe der Finite-Differenzen-Methode.

Die Finite-Elemente-Methode (FE-Methode) ist eine weitere Methode zur numerischen Differentiation. Dabei wird das System in kleine Elemente unterteilt und die Ableitungen werden durch lokale Funktionen approximiert. Die Ableitungen werden dann durch die Integration über die lokalen Funktionen berechnet.

Eine Herausforderung bei der numerischen Differentiation ist die Wahl der Schrittweite und der Anzahl der verwendeten Punkte oder Elemente. Eine zu große Schrittweite kann zu einer ungenauen Approximation führen, während eine zu kleine Schrittweite zu einer höheren Rechenzeit und einer größeren Anzahl von Punkten oder Elementen führen kann. Die Wahl der geeigneten Schrittweite hängt von der spezifischen Anwendung und der Genauigkeit, die benötigt wird, ab.

In der Simulation ist die numerische Differentiation ein unverzichtbares Werkzeug zur Lösung von Differentialgleichungen und zur Approximation von Ableitungen. Sie ist in vielen Bereichen der Ingenieurswissenschaften wie der Strömungsdynamik, der Festkörpermechanik und der Elektrotechnik von Bedeutung. Durch die ständige Weiterentwicklung der Computertechnologie und der numerischen Methoden wird die numerische Differentiation immer effektiver und leistungsfähiger, was zu immer genaueren Simulationen führt.

1.4.2 Numerische Integration

Die numerische Integration beschreibt den Prozess der Berechnung von Integralen durch numerische Methoden. Die numerische Integration ist von zentraler Bedeutung, wenn analytische Lösungen nicht möglich oder nicht praktikabel sind.

Es gibt eine Vielzahl von numerischen Integrationsmethoden, darunter die Trapezregel, die Simpson'sche Regel und die Gauß-Quadratur. Jede dieser Methoden basiert auf der Approximation des zu integrierenden Funktionals durch eine Funktion, die einfacher zu integrieren ist. Die Trapezregel ist eine Methode zur Approximation von Integralen durch die Berechnung der Fläche unter einer Kurve. Sie basiert auf der Idee, dass die Fläche unter einer Kurve durch die Summierung von Trapezen approximiert werden kann. Dabei wird die Kurve in eine Reihe von Trapezen unterteilt. Es wird anschließend die Fläche jedes einzelnen Trapezes berechnet, um die Gesamtfläche unter der Kurve zu approximieren.

$$\int_{a}^{b} f(t)dt \approx \frac{b-a}{2}(f(a)+f(b)) \tag{1.27}$$

Um das Integral zu approximieren, wird die Summe der Flächen aller Trapeze berechnet, wobei die Breite jedes Trapezes durch die Schrittweite des Verfahrens bestimmt wird. Diese Schrittweite wird häufig als $h = b - a$ bezeichnet. Die Genauigkeit der Trapezmethode hängt von der Schrittweite h ab, wobei kleinere Schrittweiten zu genaueren

Ergebnissen führen. Die Näherungsformel ergibt sich aus den n Trapezregeln mit den Teilintervallen $[t_{k-1}, t_k]$:

$$T(h) = \frac{h}{2}[f(t_0) + 2f(t_1) + \cdots + 2f(t_{n-1}) + f(t_n)]. \qquad (1.28)$$

Eine visuelle Darstellung der Trapezregel ist in Abbildung 1.9 zu finden. In der Praxis wird die Trapezmethode oft zusammen mit anderen numerischen Integrationstechniken wie der Simpson'schen Regel verwendet, um die Genauigkeit der Approximation zu erhöhen. Es ist auch möglich, die Trapezmethode auf mehrdimensionale Integrationen zu erweitern, um die Fläche unter einer Oberfläche zu approximieren.

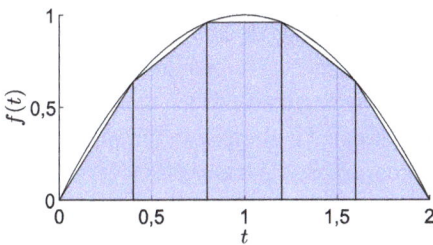

Abb. 1.9: Ergebnis der Trapezregel für die Funktion $f(t) = -t^2 + 2t$ im Intervall $a \leq t \leq b$ mit einer Schrittweite von $h = 0,4$. Mit der Trapezregel ergibt sich die Integration zu $T_n = 1,088$. Die analytische Lösung erhält man durch eine Integration der Funktion $f(t)$. Damit ergibt sich die analytische Lösung zu $T_n = 1,333$.

Die Wahl der numerischen Integrationsmethode hängt von verschiedenen Faktoren ab, wie der Genauigkeit, der Geschwindigkeit und der Komplexität. In der Regel ist die Wahl der Methode ein Kompromiss zwischen diesen Faktoren. In der Praxis werden oft adaptive Integrationsmethoden verwendet, die die Schrittweite der Integration anpassen, um die Genauigkeit zu maximieren und die Rechenzeit zu minimieren.

Die numerische Integration wird in vielen Bereichen der Wissenschaft eingesetzt, wie zum Beispiel in der Physik, der Chemie, der Ingenieurwissenschaft und der Finanzmathematik. In der Physik werden numerische Integrationsmethoden verwendet, um Differentialgleichungen zu lösen, die Bewegungen von Teilchen oder Feldern beschreiben. In der Ingenieurwissenschaft werden sie beispielsweise für die Berechnung von Spannungen und Dehnungen von Strukturen eingesetzt.

1.5 Validierung

Validierung bezeichnet den Prozess, bei dem ein Modell oder eine Simulation auf seine Genauigkeit überprüft wird. Dabei wird untersucht, ob die Ergebnisse des Modells oder der Simulation mit den tatsächlichen Messwerten übereinstimmen. Die Validierung ist ein wichtiger Schritt, um sicherzustellen, dass das Modell oder die Simulation die Realität korrekt abbildet. Eine Validierung ist nötig, um zu prüfen, ob das Modell oder die Simulation vertrauenswürdig ist und für die Entscheidungsfindung verwendet werden kann. Wenn das Modell oder die Simulation nicht validiert wird, kann es zu Fehlern kommen, die zu falschen Entscheidungen führen können. Die Validierung ist daher unerlässlich, um die Genauigkeit und Zuverlässigkeit des Modells oder der Simulation zu gewährleisten. Die Validierung kann auf verschiedene Weise durchgeführt werden. Eine Möglichkeit besteht darin, das Modell oder die Simulation mit realen Messungen zu vergleichen [3]. Dabei werden die Ergebnisse des Modells oder der Simulation mit den tatsächlichen Messwerten verglichen, um festzustellen, ob sie übereinstimmen. Eine andere Möglichkeit besteht darin, das Modell oder die Simulation mit anderen Modellen oder Simulationen zu vergleichen, die für das gleiche System entwickelt wurden.

In den Ingenieurwissenschaften werden Modelle häufig verwendet, um komplexe Systeme zu verstehen und zu optimieren. Beispiele für solche Systeme sind Stromnetze, Verkehrsnetze, Flugzeugflügel oder Kraftwerke. Um sicherzustellen, dass das Modell die Realität korrekt widerspiegelt, muss es validiert werden. Ein Beispiel ist die Validierung von Computermodellen für die Strömungssimulation. Diese Modelle werden verwendet, um die Strömung von Flüssigkeiten oder Gasen in Rohren oder Kanälen zu simulieren. Um zu prüfen, ob die Modelle die Realität korrekt abbilden, werden sie realen Messungen gegenübergestellt. Dazu werden beispielsweise Strömungssonden in den Rohren oder Kanälen platziert, um die Strömungsgeschwindigkeit zu messen. Die Ergebnisse der Computermodelle werden dann mit den tatsächlichen Messwerten verglichen, um festzustellen, ob sie übereinstimmen.

2 Mechanik

Die Mechanik ist ein zentrales Fachgebiet der Ingenieurwissenschaften und beschäftigt sich mit der Beschreibung und Analyse von Kräften, Bewegungen und Deformationen von Körpern. Sie ist eine der ältesten und grundlegendsten Disziplinen der Physik und bildet die Basis für viele weitere Fachgebiete wie beispielsweise die Statik, die Dynamik oder die Festigkeitslehre. In der Mechanik werden die Bewegungen und Kräfte von Objekten und Systemen untersucht und mathematisch beschrieben. Dabei spielen Gesetze wie die Newton'schen Gesetze eine zentrale Rolle, die die Beziehung zwischen Kraft, Masse und Beschleunigung beschreiben. Auch die Erhaltungssätze, wie etwa der Energieerhaltungssatz oder der Impulserhaltungssatz, sind in der Mechanik von großer Bedeutung. Die Herausforderungen, denen sich Ingenieure in der Mechanik stellen müssen, sind dabei sehr vielfältig. Es gilt, komplexe Bewegungsabläufe und Belastungen zu analysieren und passende Lösungen zu finden, um ein bestimmtes Ziel zu erreichen. Dabei müssen nicht nur physikalische Gesetzmäßigkeiten, sondern auch ökonomische, ökologische und gesellschaftliche Aspekte berücksichtigt werden.

2.1 Statik starrer Körper

Die Statik beschäftigt sich mit der Lehre vom Gleichgewicht am starren Körper bzw. an Systemen von starren Körpern. Man spricht von Gleichgewicht, wenn sich ein Körper in Ruhe oder in gleichförmiger gradliniger Bewegung befindet. Ist die Deformation so klein, dass die Kraftangriffspunkte vernachlässigbar kleine Verschiebungen erfahren, dann werden Körper als starr bezeichnet [4].

In der Mechanik wird zwischen verschiedenen Arten von Kräften unterschieden. Die Gewichtskraft beispielsweise ist eine Kraft, die aufgrund der Gravitation auf einen Körper wirkt und ihn nach unten zieht. Die Reibungskraft hingegen entsteht durch die Berührung zweier Körper und wirkt entgegen der Bewegungsrichtung. Eine besondere Bedeutung haben die Newton'schen Gesetze, die die Beziehung zwischen Kraft, Masse und Beschleunigung beschreiben. Das erste Newton'sche Gesetz besagt, dass ein Körper in Ruhe verharrt oder sich mit konstanter Geschwindigkeit bewegt, solange keine äußere Kraft auf ihn einwirkt. Das zweite Newton'sche Gesetz gibt an, dass die Beschleunigung eines Körpers proportional zur auf ihn wirkenden Kraft und invers proportional zu seiner Masse ist. Das dritte Newton'sche Gesetz besagt schließlich, dass auf jede Kraft eine gleich große, entgegengesetzte Kraft wirkt. Bei der Analyse von Kräften müssen auch die verschiedenen Komponenten einer Kraft berücksichtigt werden. So kann eine Kraft in verschiedene Richtungen wirken. Eine Kraft kann auch in eine Komponente senkrecht zur Bewegungsrichtung und eine parallele zur Bewegungsrichtung zerlegt werden, um eine genauere Analyse zu ermöglichen (siehe Abb. 2.1).

$$\mathbf{F} = \mathbf{F}_x + \mathbf{F}_y + \mathbf{F}_z = (F \cos \alpha)\mathbf{e}_x + (F \cos \beta)\mathbf{e}_y + (F \cos \gamma)\mathbf{e}_z \tag{2.1}$$

https://doi.org/10.1515/9783111068794-002

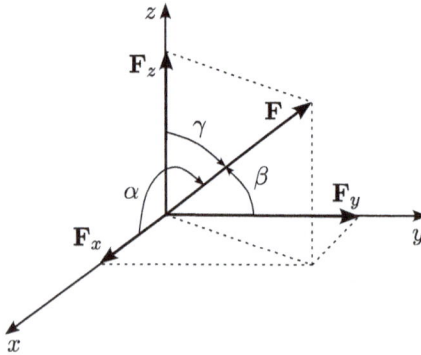

Vektordarstellung einer Kraft **F**.

Die Größe der Kraft wird durch

$$F = |\mathbf{F}| = \sqrt{F_x^2 + F_y^2 + F_z^2} \tag{2.2}$$

berechnet.

Momente sind ebenfalls wichtige Größen in der Mechanik und spielen eine bedeutende Rolle in der Berechnung von Bewegungen und Kräften. Ein Moment ist definiert als die Wirkung einer Kraft auf einen Körper in Bezug auf einen Punkt oder eine Achse. Momentenberechnungen werden in vielen Anwendungen wie der Statik, Dynamik und Festigkeitslehre benötigt. In der Statik beschäftigt man sich mit der Gleichgewichtslage von Kräften und Momenten an einem Körper. Eine Kraft kann in verschiedene Richtungen wirken und wenn sie nicht entlang der Achse des Körpers angreift, kann sie ein (Dreh-)Moment erzeugen. Das Drehmoment einer Kraft wird berechnet, indem die Kraft mit dem Abstand zur Achse des Körpers multipliziert wird. Ein Moment wird als positiv oder negativ definiert, je nachdem, ob es im Uhrzeigersinn oder gegen den Uhrzeigersinn dreht.

$$\mathbf{M} = \mathbf{r} \times \mathbf{F} = \mathbf{M}_x + \mathbf{M}_y + \mathbf{M}_z = M_x \mathbf{e}_x + M_y \mathbf{e}_y + M_z \mathbf{e}_z \tag{2.3}$$

M ist die Größe bzw. Betrag des Moments und wird durch

$$M = |\mathbf{M}| = |\mathbf{r}| \cdot |\mathbf{F}| \cdot \sin \varphi \tag{2.4}$$

berechnet. In der Dynamik ist das Moment von Bedeutung, um die Beschleunigung eines Körpers zu berechnen. Ein Objekt kann nur beschleunigt werden, wenn eine Kraft auf es wirkt. Wenn diese Kraft jedoch nicht entlang der Bewegungsrichtung angreift, wird auch hier ein (Dreh-)Moment erzeugt. Das Moment wird in diesem Fall als das Produkt aus der Kraft und dem senkrechten Abstand zur Bewegungsrichtung berechnet. In der Festigkeitslehre ist das Moment wichtig für die Berechnung von Tragwerken wie Brücken und Gebäuden. Wenn ein Tragwerk belastet wird, erzeugen die Kräfte Momente, die die Struktur verformen können. Das Moment wird berechnet, indem die Kräfte und deren Hebelarme auf den Strukturquerschnitt aufgetragen werden. Das Ergebnis ist ein Biegemoment, das die Verformung und die Belastbarkeit der Struktur beeinflusst.

2.1.1 Zusammensetzen und Zerlegen von Kräften

Kräfte können auf verschiedene Arten zusammengesetzt und zerlegt werden. Ein wichtiges Konzept in diesem Zusammenhang ist das Kräfteparallelogramm. Das Kräfteparallelogramm besagt, dass zwei Kräfte, die auf einen Körper wirken und einen gemeinsamen Angriffspunkt besitzen, durch ein Parallelogramm dargestellt werden können. Die Diagonale des Parallelogramms entspricht dann der resultierenden Kraft, also der Kraft, die tatsächlich auf den Körper wirkt (siehe Abb. 2.2). Die Winkel zwischen den Kräften und die Länge der Kräfte werden dabei berücksichtigt.

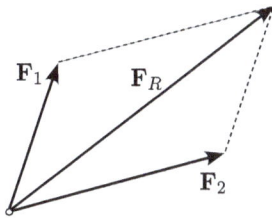

Abb. 2.2: Zusammensetzen zweier Kräfte in der Ebene mit dem Kräfteparallelogramm.

Die rechnerische Lösung ergibt sich durch

$$\mathbf{F}_R = \sum_{i=1}^{n} \mathbf{F}_i. \tag{2.5}$$

In der Mechanik ist es häufig notwendig, Kräfte in ihre einzelnen Komponenten aufzuteilen, um ihre Auswirkungen auf ein System zu verstehen. Dieser Prozess wird als Zerlegen von Kräften bezeichnet und ist sowohl in der Statik als auch der Dynamik ein grundlegendes Konzept. Die Zerlegung von Kräften kann auf zwei Arten erfolgen: durch die Aufteilung in ihre horizontalen und vertikalen Komponenten oder durch die Aufteilung in Komponenten entlang eines bestimmten Koordinatensystems. Um die horizontale und vertikale Komponente einer Kraft zu berechnen, wird die Kraft durch den Sinus und Kosinus des Winkels zwischen der Kraft und der horizontalen Ebene aufgeteilt. Die horizontale Komponente wird berechnet durch

$$F_x = F \cos(\theta) \tag{2.6}$$

und die vertikale Komponente durch

$$F_y = F \sin(\theta), \tag{2.7}$$

wobei F die Gesamtkraft und θ der Winkel zwischen der Kraft und der horizontalen Ebene ist.

2.1.2 Gleichgewicht

Das Konzept des Gleichgewichts beschreibt die Situation, in der die Kräfte, die auf ein System einwirken, sich gegenseitig aufheben und das System in Ruhe oder in gleichförmiger Bewegung halten. Das Gleichgewicht kann auf zwei Arten definiert werden: als statisches Gleichgewicht und als dynamisches Gleichgewicht. Ein System befindet sich im statischen Gleichgewicht, wenn es in Ruhe ist und alle Kräfte und Momente auf das System ausgeglichen sind. Ein System befindet sich im dynamischen Gleichgewicht, wenn es sich mit konstanter Geschwindigkeit in eine bestimmte Richtung bewegt. Damit ergeben sich die Gleichgewichtsbedingungen zu

$$\mathbf{F}_R = \sum \mathbf{F}_i = 0 \quad \mathbf{M}_R = \sum \mathbf{M}_i = 0 \tag{2.8}$$

bzw. in den jeweiligen Komponenten

$$\sum \mathbf{F}_{ix} = 0, \quad \sum \mathbf{F}_{iy} = 0, \quad \sum \mathbf{F}_{iz} = 0,$$
$$\sum \mathbf{M}_{ix} = 0, \quad \sum \mathbf{M}_{iy} = 0, \quad \sum \mathbf{M}_{iz} = 0. \tag{2.9}$$

Aus den sechs Gleichgewichtsbedingungen lassen sich nun sechs unbekannte Größen (z. B. Kräfte oder Momente) bestimmen. Sind mehr als sechs unbekannte Größen vorhanden, ist das System statisch unbestimmt.

2.1.3 Freimachungsprinzip

Das Freimachungsprinzip bzw. Schnittprinzip ist ein grundlegendes Konzept in der Mechanik, das bei der Analyse von statischen Systemen verwendet wird. Es besagt, dass man ein System in einzelne Teilsysteme unterteilen kann, um die Kräfte und Momente, die auf das System einwirken, zu analysieren. Dies ermöglicht es, komplexe statische Systeme in einfachere Teilsysteme zu zerlegen, um die Analyse zu erleichtern.

Die Analyse von statischen Systemen mit dem Freimachungsprinzip erfolgt in der Regel in drei Schritten. Zunächst wird das System in einzelne Teilsysteme zerlegt, um die Kräfte und Momente zu analysieren, die auf jedes Teilsystem einwirken. Die Teilsysteme sollten so gewählt werden, dass die Kräfte und Momente auf jedes Teilsystem leicht zu berechnen sind. Nachdem das System in Teilsysteme zerlegt wurde, muss jedes Teilsystem freigemacht werden, d. h. es muss von den übrigen Teilsystemen getrennt und die

Reaktionskräfte und -momente berechnet werden. Die Reaktionskräfte und -momente sind die Kräfte und Momente, die von den übrigen Teilsystemen auf das freigemachte Teilsystem wirken. Diese Kräfte und Momente müssen berechnet werden, damit das freigemachte Teilsystem isoliert werden kann. Die Berechnung der Reaktionskräfte und -momente erfolgt durch die Anwendung der Gleichgewichtsbedingungen auf das Gesamtsystem. Es ist wichtig, dass alle Kräfte und Momente, die auf das System einwirken, in die Berechnung einbezogen werden. Nachdem das freigemachte Teilsystem von den übrigen Teilsystemen getrennt wurde und die Reaktionskräfte und -momente berechnet wurden, kann die Analyse des freigemachten Teilsystems erfolgen, indem die internen Kräfte und Momente berechnet werden.

Das Freimachungsprinzip wird in der Mechanik auf verschiedene Arten angewendet. Ein Beispiel ist die Analyse von Balken und Trägern. Hier wird das Prinzip verwendet, um die Kräfte und Momente zu berechnen, die auf einzelne Abschnitte des Balkens oder Trägers einwirken.

Beispiel 2.1 (Freischnitt zweier Massen). In diesem Beispiel sollen zwei gestapelte Massen freigeschnitten werden (siehe Abb. 2.3). Die beiden Massen befinden sich auf einer Unterlage und belasten diese durch ihre Gewichtskräfte F_1 und F_2. Bei einem Freischnitt werden an beiden Schnittufern sogenannte Schnittkräfte angetragen. Diese sind entgegengesetzt gerichtet und besitzen den gleichen Betrag. Damit ergibt sich für Masse m_1 die folgende Gleichung:

$$F_I = F_1. \tag{2.10}$$

Zwischen der Unterlage und der Masse m_2 werden die Schnittkräfte F_{II} angetragen. Damit kann die Schnittkraft F_{II} durch

$$F_{II} = F_I + F_2 = F_1 + F_2 \tag{2.11}$$

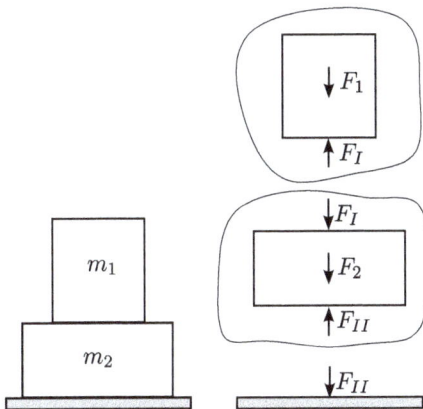

Abb. 2.3: Freischneiden der Einzelmassen m_1 und m_2.

berechnet werden. Die resultierende Kraft, welche auf die Unterlage wirkt, ist somit die Summe der beiden Gewichtskräfte.

2.1.4 Auflagerreaktionen

Bei der Analyse von Körpern und Strukturen ist es wichtig, die Auflagerreaktionen zu berücksichtigen, da diese die Stabilität und das Gleichgewicht des Systems bestimmen. Auflagerreaktionen sind die Kräfte und Momente, die auf einen Körper wirken, wo er durch Auflager unterstützt wird. Diese Kräfte und Momente sind notwendig, um das Gleichgewicht des Körpers aufrechtzuerhalten. Die Auflagerreaktionen können als interne oder externe Kräfte wirken. Interne Auflagerreaktionen wirken innerhalb der Struktur oder des Körpers, während externe Auflagerreaktionen von außen auf den Körper wirken. Interne Auflagerreaktionen treten normalerweise in Tragwerken wie Balken, Rahmen und Trägern auf, während externe Auflagerreaktionen in Strukturen wie Brücken, Gebäuden und Turbinen vorkommen.

Ein Körper besitzt in der Ebene drei Freiheitsgrade bezüglich seiner Bewegungsmöglichkeiten (Verschiebung in x- und y-Richtung, Drehung um die z-Achse). Daher benötigt dieser eine dreiwertige Lagerung für eine stabile und statisch bestimmte Festhaltung [4]. Das kann beispielsweise durch eine feste Einspannung oder aus einem Fest- und einem Loslager erfolgen. Die Auflagerreaktionen werden berechnet, indem das System zunächst freigeschnitten wird. Anschließend werden die Gleichgewichtsbedingungen aufgestellt, um die unbekannten Auflagerkräfte zu bestimmen.

Beispiel 2.2 (Auflagereaktionen an einer Welle). In diesem Beispiel werden die Auflagerkräfte an einer Welle gesucht. Die Welle wird mit den Kräften F_1 und F_2 belastet (siehe Abb. 2.4). Zudem besitzt die Welle ein Festlager an Position A und ein Loslager an Position B.

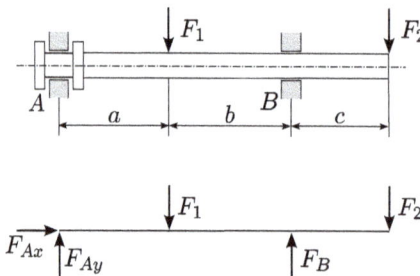

Abb. 2.4: Darstellung einer Welle und dessen Freischnitt.

Es werden zunächst die Momentengleichungen an den Punkten A und B aufgestellt.

$$\sum M_{iA} = 0 = -F_1 a + F_B(a + b) - F_2(a + b + c) \qquad (2.12)$$

$$\sum M_{iB} = 0 = -F_{Ay}(a + b) + F_1 b - F_2 c \qquad (2.13)$$

Diese beiden Gleichungen liefern die Kräfte

$$F_B = \frac{F_1 a + F_2(a + b + c)}{a + b} \quad \text{und} \quad F_{Ay} = \frac{F_1 b - F_2 c}{a + b}. \qquad (2.14)$$

Die letzte Bedingung folgt aus dem Gleichgewicht in x-Richtung mit $\sum F_{ix} = 0 = F_{Ax}$.

2.1.5 Fachwerke

Fachwerke sind eine spezielle Art von Konstruktion, die aus Stäben besteht und durch Gelenke miteinander verbunden sind. Die Stäbe können aus verschiedenen Materialien wie Stahl, Holz oder Beton bestehen und werden in einer bestimmten Anordnung miteinander verbunden. Fachwerke können in verschiedenen Formen und Größen gebaut werden und sind eine wichtige Strukturkomponente in vielen Anwendungen.

Die Stäbe eines Fachwerks werden normalerweise in einer dreieckigen Anordnung platziert, um eine stabile und belastbare Struktur zu schaffen. Die dreieckige Anordnung ist besonders wichtig, da sie dazu beiträgt, die Belastung auf die Stäbe gleichmäßig zu verteilen und so eine stabile Struktur zu schaffen.

Das Knotenschnittverfahren ist eine Methode zur Bestimmung der Stabkräfte in Fachwerken, indem die Kräfte an den Knotenpunkten ausbalanciert werden. Bei dieser Methode wird jedes Gelenk des Fachwerks als Knotenpunkt betrachtet, an dem sich die Kräfte addieren und ausgeglichen werden müssen. Das bedeutet, dass die Summe aller horizontalen Kräfte und die Summe aller vertikalen Kräfte an jedem Knotenpunkt gleich null sein müssen. Um die Stabkräfte zu berechnen, wird das Fachwerk in eine Anzahl von Teilfachwerken unterteilt, indem Schnitte durch die Stäbe an den Knotenpunkten erfolgen. Jedes Teilfachwerk wird dann einzeln betrachtet, um die Kräfte in den Stäben zu berechnen.

Beispiel 2.3 (Fachwerkausleger). Für einen Fachwerkausleger sollen die unbekannten Stabkräfte ermittelt werden (siehe Abb. 2.5). Das Fachwerk wird an den Knoten E und C mit den Kräften $F_1 = 1\,\text{kN}$, $F_2 = 5\,\text{kN}$ und $F_3 = 10\,\text{kN}$ belastet. Des Weiteren gilt $\alpha = 45°$, $\beta = 33°$, $a = 2\,\text{m}$, $b = 3\,\text{m}$ und $c = 2\,\text{m}$. An dem Knoten A befindet sich ein Festlager, daher gibt es jeweils eine Lagerkraft in x- und in y-Richtung. In B befindet sich ein Loslager mit der Lagerkraft F_B. Zur Ermittlung der Stabkräfte wird das Knotenschnittverfahren verwendet (siehe rechte Abb. in 2.5). Es werden nun für jeden Knoten die Gleichgewichtsbedingungen aufgestellt. Für Knoten E gilt:

$$\sum F_{iy} = 0 \quad \Rightarrow \quad F_{S2} = -F_2 / \sin\alpha = -7{,}07\,\text{kN} \qquad (2.15)$$

$$\sum F_{ix} = 0 \quad \Rightarrow \quad F_{S1} = F_1 - F_{S2}\cos\alpha = 6{,}00\,\text{kN}. \qquad (2.16)$$

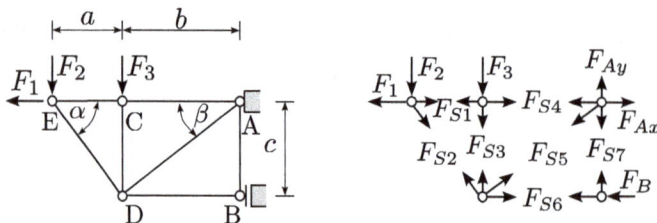

Abb. 2.5: Fachwerkausleger: System (links), Knotenschnitte (rechts).

Für Knoten C gilt:

$$\sum F_{iy} = 0 \quad \Rightarrow \quad F_{S3} = -F_3 = -10,00\,\text{kN} \tag{2.17}$$

$$\sum F_{ix} = 0 \quad \Rightarrow \quad F_{S4} = F_{S1} = 6,00\,\text{kN}. \tag{2.18}$$

Für Knoten D gilt:

$$\sum F_{iy} = 0 \quad \Rightarrow \quad F_{S5} = -(F_{S2} \sin \alpha + F_{S3})/\sin \beta = 27,54\,\text{kN} \tag{2.19}$$

$$\sum F_{ix} = 0 \quad \Rightarrow \quad F_{S6} = F_{S2} \cos \alpha - F_{S5} \cos \beta = -28,09\,\text{kN}. \tag{2.20}$$

Für Knoten B gilt:

$$\sum F_{iy} = 0 \quad \Rightarrow \quad F_{S7} = 0 \tag{2.21}$$

$$\sum F_{ix} = 0 \quad \Rightarrow \quad F_B = -F_{S6} = 28,09\,\text{kN}. \tag{2.22}$$

Für Knoten A gilt:

$$\sum F_{iy} = 0 \quad \Rightarrow \quad F_{Ay} = F_{S5} \sin \beta + F_{S7} = 15,00\,\text{kN} \tag{2.23}$$

$$\sum F_{ix} = 0 \quad \Rightarrow \quad F_{Ax} = F_{S4} + F_{S5} \cos \beta = 29,09\,\text{kN}. \tag{2.24}$$

Positive Werte bedeuten, dass die Stäbe auf Zug belastet werden, während sie bei negativen Werte Druck ausgesetzt sind.

2.1.6 Seile und Ketten

Seile und Ketten spielen eine entscheidende Rolle in der Mechanik und werden in zahlreichen Anwendungen eingesetzt. Sie dienen als Verbindungselemente, um Kräfte zu übertragen und Lasten zu tragen. Seile und Ketten werden aus verschiedenen Materialien hergestellt, je nach den Anforderungen ihrer spezifischen Anwendung. Stahlseile sind weitverbreitet und zeichnen sich durch ihre hohe Zugfestigkeit aus. Sie bestehen aus mehreren Litzen, die miteinander verseilt sind, um eine hohe Tragfähigkeit zu gewährleisten. Synthetische Seile, wie beispielsweise Polypropylen oder Nylon, bieten eine gute Beständigkeit gegen Chemikalien und sind leichter als Stahlseile. Ketten werden hauptsächlich aus Metallen wie Stahl oder Edelstahl hergestellt und können verschiedene Konfigurationen aufweisen, wie beispielsweise Glieder- oder Rollenketten.

Seile und Ketten zeigen unter Belastung ein komplexes mechanisches Verhalten. Die Zugfestigkeit ist eine entscheidende Eigenschaft, die angibt, wie viel Zugkraft ein Seil oder eine Kette aushalten kann, bevor sie bricht. Elastizität und Dehnung spielen ebenfalls eine Rolle und beeinflussen das Verhalten unter Last. Seile und Ketten sind elastisch, was bedeutet, dass sie sich unter Belastung dehnen können. Die Dehnung kann jedoch zu Ermüdung führen, insbesondere bei wiederholter Belastung über einen längeren Zeitraum.

Die Sicherheit bei der Verwendung von Seilen und Ketten ist von größter Bedeutung. Bei der Auslegung und Verwendung von Seilen und Ketten müssen Sicherheitsfaktoren in Betracht gezogen werden, um unvorhergesehene Belastungen, Überlastungen oder andere Betriebsbedingungen zu berücksichtigen. Die Normen und Vorschriften, wie beispielsweise die DIN EN ISO 4309 für Drahtseile oder die DIN EN 818 für Ketten, geben Anleitungen zur sicheren Verwendung und Prüfung von Seilen und Ketten in verschiedenen Anwendungen.

Unter statischer Belastung werden Seile und Ketten einer konstanten Last ausgesetzt, d. h., ohne dass sich die Belastung im Laufe der Zeit ändert. Die Berechnung der Spannungen, Lastverteilung und Verformungen in Seilen und Ketten unter statischer Belastung ist von entscheidender Bedeutung, um die Tragfähigkeit und Sicherheit der Strukturen zu gewährleisten. Die statische Belastung von Seilen und Ketten kann anhand von Gleichgewichtsgleichungen und Berechnungsmethoden wie der Finite-Elemente-Methode analysiert werden. Die Ergebnisse dieser Analyse dienen als Grundlage für die Auswahl geeigneter Seile und Ketten für bestimmte Lastanforderungen.

Im Gegensatz zur statischen Belastung können Seile und Ketten auch dynamischen Belastungen ausgesetzt sein, d. h. Belastungen, die sich im Laufe der Zeit ändern. Dies kann Vibrationen, Stoßbelastungen oder periodische Lasten umfassen. Die Analyse der dynamischen Belastung von Seilen und Ketten ist komplexer als bei statischer Belastung, da sie die Auswirkungen von Schwingungen, Resonanzen und Ermüdungserscheinungen berücksichtigen muss. In solchen Fällen sind Methoden wie die Modalanalyse und die dynamische Belastungssimulation erforderlich, um das Verhalten von Seilen und Ketten unter solchen Bedingungen vorherzusagen und ihre Lebensdauer zu bestimmen.

Beispiel 2.4 (Seil unter Eigengewicht). Unter Berücksichtigung der Eigengewichtsbelastung in einem vertikal hängenden Seil ist die Ermittlung der Seilkraft aus dem Gleichgewicht an einem differenziell kleinen Element der Länge dz (mit Dichte ρ und Querschnitt A_S), das aus dem Seil an der Stelle z herausgeschnitten wird, gefragt (siehe Abb. 2.6). An den Schnittufern müssen die Seilkraft F_S und die um den Betrag dF_S vergrößerte Seilkraft aufgebracht werden, um das Gleichgewicht mit dem Eigengewicht des Elements zu gewährleisten.

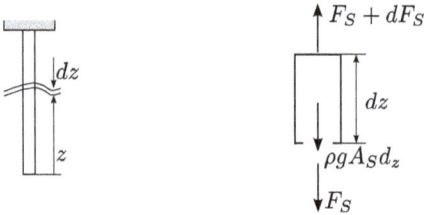

Abb. 2.6: Seil unter Eigengewicht.

Das Kräftegleichgewicht in vertikaler Richtung führt auf

$$dF_S = \rho g A_S dz. \tag{2.25}$$

Integriert man diese Gleichung, dann folgt für die Seilkraft

$$F_S = \rho g A_S z + C \tag{2.26}$$

mit der Integrationskonstante C. Wirkt am unteren Ende des Seils keine Kraft, dann lautet die Randbedingung $F_S(z = 0) = 0$ und daraus folgt $C = 0$.

2.1.7 Haftung und Reibung

In der Mechanik spielen Haftung und Reibung eine entscheidende Rolle bei der Bewegung von Körpern. Sie beeinflussen die Leistungsfähigkeit von Maschinen, die Stabilität von Strukturen und die Funktionalität von Alltagsgegenständen.

Haftung ist die Eigenschaft eines Körpers, an einer Oberfläche zu haften und nicht zu gleiten. Sie entsteht durch intermolekulare Kräfte, die zwischen den Oberflächenmolekülen des Körpers und der Oberfläche wirken. Die Haftung kann durch Adhäsions- und Kohäsionskräfte beschrieben werden. Adhäsionskräfte treten zwischen verschiedenen Materialien auf und Kohäsionskräfte wirken innerhalb eines Materials.

Reibung tritt auf, wenn zwei Oberflächen gegeneinander bewegt werden. Reibung kann in Haftreibung und die Gleitreibung unterteilt werden. Die Haftreibung wirkt, solange die Oberflächen in Kontakt sind und verhindert das Anfangsgleiten. Die Gleitreibung wirkt, wenn die Oberflächen bereits gleiten. Die Reibungskraft hängt von der Normalkraft, der Art der Oberflächen, dem Reibungskoeffizienten und anderen Faktoren ab. Der Reibungskoeffizient ist ein quantitatives Maß für die Reibungseigenschaften zwischen zwei Oberflächen. Er wird definiert als das Verhältnis der Reibungskraft zur Normalkraft zwischen den Oberflächen. Der Reibungskoeffizient kann von verschiedenen Faktoren wie der Rauheit der Oberflächen, der Geschwindigkeit der Relativbewegung und der Temperatur beeinflusst werden. Er wird experimentell bestimmt und ist materialabhängig.

Um Haftung und Reibung in der Mechanik zu beschreiben, werden mathematische Modelle verwendet. Das Modell der Haftreibung verwendet die Gleichung $F_H = \mu_H \cdot F_N$, wobei F_H die Haftreibungskraft, μ_H der Haftreibungskoeffizient und F_N die Normalkraft ist. Das Modell der Gleitreibung verwendet die Gleichung $F_G = \mu_G \cdot F_N$, wobei F_G die Gleitreibungskraft und μ_G der Gleitreibungskoeffizient ist. Diese Modelle ermöglichen die Berechnung der Reibungskräfte in Abhängigkeit von den gegebenen Parametern.

Beispiel 2.5 (Stick-Slip-Effekt). Der Stick-Slip-Effekt ist ein weitverbreitetes Phänomen in der Mechanik, das bei der Bewegung von festen Oberflächen auftritt. Er ist bekannt für sein charakteristisches Rucken oder Vibrieren, das während des Gleitens oder Schiebens auftritt. Der Stick-Slip-Effekt wird durch die Nichtlinearität der Reibungskräfte zwischen zwei Oberflächen verursacht. Während der Bewegung von Objekten treten unterschiedliche Reibungskräfte auf, je nachdem, ob die Oberflächen in Kontakt bleiben (Stick) oder sich relativ zueinander bewegen (Slip). Der Stick-Slip-Effekt soll anhand eines Förderbandes veranschaulicht werden (siehe Abb. 2.7). Auf dem Förderband befindet sich eine Masse, die mit einer Feder verbunden ist. Sobald sich das Förderband in positiver x-Richtung bewegt, wird die Masse mitgenommen. Erreicht die Federkraft F_F einen Wert, der größer als die Haftreibungskraft ist, tritt eine Relativbewegung zwischen der Masse und dem Förderband auf. Dadurch ändert sich der Reibungskoeffizient und die Masse wird nach links bewegt, bis diese zur Ruhe kommt. Es resultiert eine nichtlineare Schwingung.

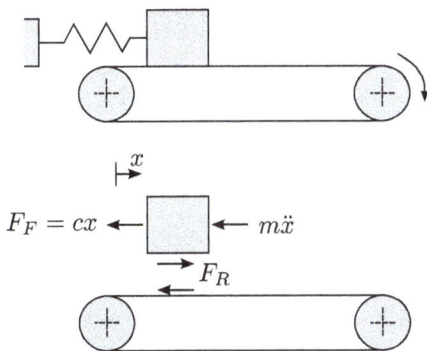

Abb. 2.7: Darstellung eines Förderbandes und dessen Freischnitt.

Um den Stick-Slip-Effekt zu simulieren, muss die Masse zunächst freigeschnitten werden, wie in Abb. 2.7 dargestellt. Aufgrund der Auslenkung der Masse in positive x-Richtung wird zusätzlich die d'Alembert'sche Trägheitskraft $m\ddot{x}$ entgegen der positiven x-Richtung eingetragen. Daraus resultiert das Kräftegleichgewicht in x-Richtung

$$F_R = m\ddot{x} + cx \tag{2.27}$$

mit der Reibungskraft F_R. Darüber hinaus kann die Reibungskraft durch die Gleichung

$$F_R = -\text{sgn}(\dot{x} - v_B) \cdot \left(F_G + \Delta F \cdot e^{-\frac{|\dot{x} - v_B|}{T_v}} \right) \tag{2.28}$$

beschrieben werden. ΔF bezeichnet die Differenzkraft zwischen Haftreibungskraft und Gleitreibungskraft und v_B ist die Bandgeschwindigkeit. Solange die Relativgeschwindigkeit zwischen Band und der Masse $\dot{x} - v_B = 0$ ist, wirkt die Haftreibungskraft. Die Haftreibungskraft verringert sich, sobald die Masse anfängt zu rutschen.

Für die Implementierung in Simulink wird die Gleichung (2.27) nach $\ddot{x}$ aufgelöst.

$$\ddot{x} = \frac{F_R - cx}{m} \tag{2.29}$$

Das Blockschaltbild ist in Abbildung 2.8 dargestellt. Die Reibungskraft wird mittels Gleichung (2.28) durch einen Funktionsblock implementiert. Da das System sich am Anfang in Ruhelage befindet, werden die Anfangsbedingungen der beiden Integrator-Blöcke auf null gesetzt. Das heißt, das System besitzt beim Start der Simulation keine Anfangsauslenkung und keine Anfangsgeschwindigkeit.

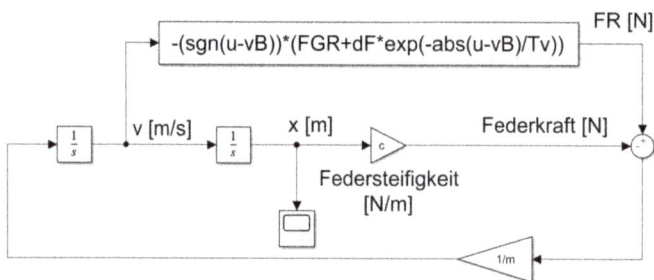

Abb. 2.8: Blockschaltbild des Stick-Slip-Effektes.

In Abbildung 2.9 ist das Ergebnis der Simulation des Stick-Slip-Effekts dargestellt. Aufgrund der Bandgeschwindigkeit wird die Masse in positive x-Richtung befördert, bis ca. 0,17 m. Sobald die Federkraft größer als die Haftreibungskraft ist, wird die Masse in negative x-Richtung bis ca. 0,07 m beschleunigt und kommt dann wieder zur Ruhe. Die Relativgeschwindigkeit zwischen Band und Masse ist 0 und es wirkt wieder die Haftreibungskraft. Daraufhin wird die Masse wieder mitgenommen. Dadurch resultiert eine nichtlineare Schwingung.

2.2 Kinematik

Die Kinematik ist ein wesentlicher Teilbereich der Mechanik, der sich mit der Beschreibung und Analyse von Bewegungen von Körpern ohne Rücksicht auf die Kräfte be-

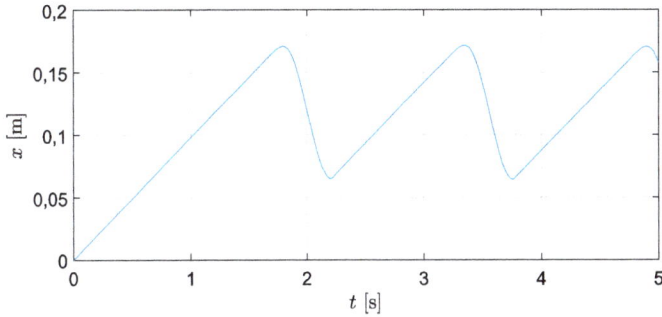

Abb. 2.9: Weg der Masse.

fasst, die diese Bewegungen verursachen. Durch eine präzise und systematische Untersuchung der Kinematik können wir ein grundlegendes Verständnis der Bewegungen von Objekten gewinnen und komplexe Phänomene wie Geschwindigkeit, Beschleunigung und Wege analysieren.

2.2.1 Bewegung eines Punkts

Die Untersuchung der Bewegung eines Punktes ist ein grundlegender Aspekt der Kinematik, der es uns ermöglicht, die Dynamik von Objekten präzise zu beschreiben. Durch die Analyse der Bahnkurve, der Geschwindigkeit und der Beschleunigung eines Punktes können wir ein tiefgreifendes Verständnis der Bewegung entwickeln.

Bahnkurve. Die Bahnkurve beschreibt den Pfad, den ein Punkt während seiner Bewegung im Raum zurücklegt. Sie kann unterschiedliche Formen annehmen, wie zum Beispiel eine gerade Linie, eine Kurve oder eine elliptische Bahn. Die Bahnkurve eines Punktes wird durch die Positionsfunktion definiert, die die Abhängigkeit der Position des Punktes von der Zeit beschreibt. Durch die Verwendung geeigneter mathematischer Methoden, wie der Differentialrechnung, können wir die Steigung der Bahnkurve an jedem Punkt bestimmen, was uns Informationen über die Richtung und den Verlauf der Bewegung liefert. Die Ortskoordinate eines Punktes ist durch den Ortsvektor

$$\mathbf{r}(t) = x(t)\mathbf{e}_x + y(t)\mathbf{e}_y + z(t)\mathbf{e}_z \tag{2.30}$$

definiert. Ein Punkt hat im Raum drei Freiheitsgrade, bei einer Bewegung längs einer Fläche zwei und längs einer Linie einen Freiheitsgrad [4].

Geschwindigkeit. Die Geschwindigkeit eines Punktes ist definiert als die Änderung der Position pro Zeiteinheit. Sie ist ein Vektor, der sowohl den Betrag als auch die Richtung der Bewegung angibt. Die Durchschnittsgeschwindigkeit kann berechnet werden, indem man die Distanz zwischen zwei Punkten durch die dafür benötigte Zeit teilt. Die

Momentangeschwindigkeit hingegen gibt die Geschwindigkeit an einem bestimmten Zeitpunkt wieder. Sie kann durch die Ableitung der Positionsfunktion nach der Zeit bestimmt werden. Die Geschwindigkeit ist ein wichtiger Parameter, um die Dynamik und das Verhalten eines Punktes während seiner Bewegung zu charakterisieren.

$$\mathbf{v}(t) = \frac{d\mathbf{r}}{dt} = \dot{x}(t)\mathbf{e}_x + \dot{y}(t)\mathbf{e}_y + \dot{z}(t)\mathbf{e}_z \tag{2.31}$$

Beschleunigung. Die Beschleunigung eines Punktes ist definiert als die Änderung der Geschwindigkeit pro Zeiteinheit. Sie ist ebenfalls ein Vektor, der sowohl den Betrag als auch die Richtung der Geschwindigkeitsänderung angibt. Die Momentanbeschleunigung gibt die Beschleunigung zu einem bestimmten Zeitpunkt wieder und kann durch die Ableitung der Geschwindigkeitsfunktion nach der Zeit bestimmt werden. Die Beschleunigung liefert wichtige Informationen über die Änderung des Bewegungszustands eines Punktes und kann positiv oder negativ sein, abhängig von der Richtung der Änderung.

$$\mathbf{a}(t) = \frac{d\mathbf{v}}{dt} = \ddot{x}(t)\mathbf{e}_x + \ddot{y}(t)\mathbf{e}_y + \ddot{z}(t)\mathbf{e}_z \tag{2.32}$$

2.2.2 Bewegung starrer Körper

Dieses Kapitel befasst sich eingehend mit der Bewegung starrer Körper. Starr bezieht sich hierbei auf Körper, deren einzelne Bestandteile sich nicht relativ zueinander verschieben können.

Translation. Translation beschreibt die geradlinige Bewegung eines starren Körpers als Ganzes, bei der alle Punkte des Körpers dieselbe Geschwindigkeit und Beschleunigung aufweisen. Während einer reinen Translation ändert sich die relative Position der einzelnen Körperpunkte nicht, da sie sich parallel zueinander bewegen. Die Translation eines starren Körpers kann durch einen einzigen Punkt, den Translationspunkt, repräsentiert werden. Der Translationspunkt beschreibt die Bewegung des gesamten Körpers. Die Geschwindigkeit und Beschleunigung des Translationspunktes sind daher charakteristisch für die Translation des starren Körpers.

Rotation. Die Rotation hingegen beschreibt die Drehbewegung eines starren Körpers um eine feste Achse. Hierbei ändert sich die relative Position der einzelnen Körperpunkte, sodass sie unterschiedliche Geschwindigkeiten und Beschleunigungen aufweisen. Während einer reinen Rotation bewegen sich alle Punkte des Körpers entlang konzentrischer Kreisbahnen um die Rotationsachse. Die Rotation eines starren Körpers kann durch den Drehpunkt und die Rotationsgeschwindigkeit um die Achse beschrieben werden. Der Drehpunkt ist der Punkt, der sich bei einer Rotation nicht bewegt. Die Geschwindigkeit und Beschleunigung des Drehpunktes charakterisieren die Rotationsbewegung. Der Geschwindigkeitsvektor ergibt sich für einen beliebigen Punkt des Körpers $\mathbf{r}_P$ durch

$$\mathbf{v}(t) = \boldsymbol{\omega} \times \mathbf{r}_P \qquad (2.33)$$

mit der Winkelgeschwindigkeit $\boldsymbol{\omega}$.

Ein Körper besitzt im Raum sechs Freiheitsgrade [4]. Drei der Translation (Verschiebungen in x-, y- und z-Richtung) und drei der Rotation (Drehung um die x-, y- und z-Achse). Eine beliebige Bewegung eines Körperpunktes lässt sich daher aus Translation und Rotation zusammensetzen. Es gelten für die Bahnkurve und die Geschwindigkeit die folgenden Gleichungen:

$$\mathbf{r}_P(t) = \mathbf{r}_0(t) + \mathbf{r}_1(t) \qquad (2.34)$$
$$\mathbf{v}(t) = \dot{\mathbf{r}}_P(t) = \dot{\mathbf{r}}_0(t) + \dot{\mathbf{r}}_1(t) = \dot{\mathbf{r}}_0(t) + \omega(t)\mathbf{e} \times \mathbf{r}_1 = \mathbf{v}_0(t) + \mathbf{v}_1(t). \qquad (2.35)$$

Dabei entspricht $\mathbf{v}_0(t)$ dem Anteil aus der Translation und $\mathbf{v}_1(t)$ dem Anteil aus der Rotation. Für die Beschleunigung folgt anhand von Gl. (2.35) für einen Punkt P

$$\begin{aligned}
\mathbf{a}(t) = \dot{\mathbf{v}}(t) &= \ddot{\mathbf{r}}_P(t) \\
&= \ddot{\mathbf{r}}_0 + \omega\mathbf{e} \times \dot{\mathbf{r}}_1 + (\dot{\omega}\mathbf{e} + \omega\dot{\mathbf{e}}) \times \mathbf{r}_1 \\
&= \mathbf{a}_0 + \omega\mathbf{e} \times (\omega\mathbf{e} \times \mathbf{r}_1) + \dot{\omega}\mathbf{e} \times \mathbf{r}_1 + \omega\dot{\mathbf{e}} \times \mathbf{r}_1 \\
&= \mathbf{a}_0 + \omega\mathbf{e} \times \omega r\mathbf{e}_\varphi + \dot{\omega} r\mathbf{e}_\varphi + \omega\dot{\mathbf{e}} \times \mathbf{r}_1 \\
&= \mathbf{a}_0 - \omega^2 r\mathbf{e}_r + ar\mathbf{e}_\varphi + \omega\dot{\mathbf{e}} \times \mathbf{r}_1 \\
&= \mathbf{a}_0 + \mathbf{a}_{PA,n} + \mathbf{a}_{PA,t} + (\omega\dot{\mathbf{e}} \times \mathbf{r}_1).
\end{aligned} \qquad (2.36)$$

Die Gesamtbeschleunigung setzt sich somit aus einem Translationsanteil $\mathbf{a}_0$, dem Normalbeschleunigungsanteil $\mathbf{a}_{PA,n}$, dem Tangentialbeschleunigungsanteil $\mathbf{a}_{PA,t}$ und dem Anteil aus der Richtungsänderung der Drehachse zusammen.

2.3 Kinetik

Die Kinetik ist ein Bereich in der Mechanik, der sich mit den Kräften und Bewegungen von Körpern beschäftigt. Sie spielt eine Rolle bei der Untersuchung und Vorhersage von Bewegungsabläufen in verschiedenen physikalischen Systemen. Ein tiefgreifendes Verständnis der Kinetik ist von großer Bedeutung, um komplexe mechanische Phänomene zu analysieren und ingenieurtechnische Anwendungen zu entwickeln.

Die Kinetik beschäftigt sich mit einer Vielzahl von kinematischen Größen, die die Bewegung von Körpern beschreiben. Dazu gehören die Position, Geschwindigkeit und Beschleunigung. Im Rahmen der Kinetik werden auch die Kräfte betrachtet, die auf einen Körper wirken. Die Newton'schen Gesetze liefern die Grundlage für die Beschreibung der Zusammenhänge zwischen Kräften und Bewegungen.

2.3.1 Energetische Grundbegriffe

Die energetischen Grundbegriffe helfen dabei, die Energieaspekte von Bewegungen zu verstehen und zu analysieren. In diesem Kapitel werden dazu die Grundkonzepte der Arbeit, der Leistung und des Wirkungsgrads dargelegt.

Arbeit. Das Arbeitsdifferential ist durch das Skalarprodukt aus Kraftvektor $\mathbf{F}$ und Vektor des Weges $\mathbf{r}$ definiert.

$$dW = \mathbf{F}d\mathbf{r} = Fds\cos\beta = F_t ds \tag{2.37}$$

F_t ist die Tangentialkomponente und verrichtet ausschließlich die Arbeit. Die Gesamtarbeit erhält man durch eine Integration von dW.

$$W = \int_{s_1}^{s_2} \mathbf{F}(s)d\mathbf{r} = \int_{s_1}^{s_2} F_t(s)ds \tag{2.38}$$

Es gibt verschiedene Formen der Arbeit, wie beispielsweise die Gravitationsarbeit. Sie tritt auf, wenn ein Körper entlang eines vertikalen Weges gegen die Schwerkraft bewegt wird.

$$W_G = F_G(z_1 - z_2) \tag{2.39}$$

Diese Form der Arbeit ist wichtig, um die potentielle Energie eines Körpers zu bestimmen. Eine weitere Form der Arbeit ist die Federarbeit. Sobald eine Feder gestreckt oder zusammengedrückt wird, übt diese eine Kraft aus, die proportional zur Verformung ist.

$$W_c = \int_{s_1}^{s_2} csds = \frac{c(s_2^2 - s_1^2)}{2} \quad \text{mit } F = cs \tag{2.40}$$

Die Federarbeit spielt eine bedeutende Rolle bei der Beschreibung elastischer Verformungen. Reibungsarbeit ist eine weitere wichtige Form der Arbeit in der Mechanik. Reibung tritt auf, wenn zwei Oberflächen gegeneinander gleiten. Die aufgewendete Arbeit wird durch das Produkt aus Reibungskraft und zurückgelegter Wegstrecke berechnet. Reibungsarbeit wandelt die kinetische Energie eines Körpers in Wärme um und ist daher oft mit Energieverlusten verbunden.

$$W_r = \int_{s_1}^{s_2} \mathbf{F}_r(s)d\mathbf{r} = \int_{s_1}^{s_2} F_r(s)\cos 180° \, ds = -\int_{s_1}^{s_2} F_r(s)ds \tag{2.41}$$

Leistung. Die Leistung P ist eine weitere energetische Größe und gibt an, wie schnell Arbeit verrichtet wird. Sie wird als die aufgewendete Arbeit pro Zeiteinheit definiert und üblicherweise in Watt gemessen.

$$P(t) = \frac{dW}{dt} \tag{2.42}$$

Wenn eine Arbeit W in einer Zeit t verrichtet wird, ist die Leistung umso größer, je kürzer die Zeit ist. Ein Gerät oder eine Maschine mit hoher Leistung erbringt eine große Menge an Arbeit in kurzer Zeit.

Wirkungsgrad. Der Wirkungsgrad ist ein Maß für die Effizienz einer Energiewandlung oder -übertragung. Er gibt an, welcher Anteil der zugeführten Energie in verwertbare Arbeit umgewandelt wird. Der Wirkungsgrad η wird als Verhältnis von Nutzenergie zur zugeführten Gesamtenergie definiert. Der Wirkungsgrad liegt immer zwischen 0 % und 100 %. Ein Wirkungsgrad von 100 % bedeutet, dass die gesamte zugeführte Energie in Nutzenergie umgewandelt wird, während ein Wirkungsgrad von 0 % darauf hindeutet, dass keine Nutzenergie erzeugt wird. Sind mehrere Geräte oder Maschinen am Prozess beteiligt, dann gilt

$$\eta = \eta_1 \eta_2 \eta_3 \ldots \tag{2.43}$$

2.3.2 Kinetik eines Punkts

Die Kinetik eines Punktes beschäftigt sich mit der Bewegung von Objekten in der Mechanik und umfasst die Untersuchung der Dynamik von Punktmassen unter dem Einfluss von Kräften. Durch die Anwendung des dynamischen Grundgesetzes, des Energiesatzes und des Impulssatzes können die Bewegungen von Punkten quantitativ beschrieben und analysieren werden.

Das dynamische Grundgesetz, auch als Newton'sches Grundgesetz bekannt, besagt, dass die Beschleunigung eines Punktes proportional zur resultierenden Kraft ist und umgekehrt proportional zur Masse des Punktes. Es lässt sich mathematisch durch

$$\mathbf{F}_{\text{Res}} = \sum \mathbf{F}_i = m \cdot \mathbf{a} \tag{2.44}$$

ausdrücken, wobei $\mathbf{F}_{\text{Res}}$ der resultierende Kraftvektor, m die Masse des Punktes und $\mathbf{a}$ der Beschleunigungsvektor ist.

Der Energiesatz ist ein weiteres Konzept in der Kinetik eines Punktes. Er besagt, dass die Gesamtenergie eines Punktes, bestehend aus kinetischer Energie und potenzieller Energie, erhalten bleibt, solange keine externen Kräfte auf den Punkt wirken. Die kinetische Energie eines Punktes ist proportional zum Quadrat seiner Geschwindigkeit und zur Hälfte seiner Masse. Die potenzielle Energie hängt von der Höhe des Punktes und der Schwerkraft ab. Durch den Energiesatz können wir den Zusammenhang zwischen Geschwindigkeit, Masse, Höhe und Energie eines Punktes herleiten.

$$U_1 + E_1 = U_2 + E_2 = \text{konstant} \tag{2.45}$$

Beispiel 2.6 (Abwurf einer Masse). Es wird eine Masse von einer Höhe h und einer Anfangsgeschwindigkeit v_0 senkrecht nach oben geworfen. Gesucht ist die Aufprallgeschwindigkeit auf dem Boden. Der Luftwiderstand wird hierbei vernachlässigt. Es sind zwei Bewegungszustände vorhanden. Im Zustand 1 besitzt die Masse eine kinetische und potenzielle Energie, aufgrund der Höhe h und der Anfangsgeschwindigkeit v_0. Im Zustand 2 ist lediglich die Aufprallgeschwindigkeit vorhanden. Die Energiebilanz ergibt sich somit zu

$$mgh + \frac{1}{2}mv_0^2 = \frac{1}{2}mv_1^2 \tag{2.46}$$

mit der Aufprallgeschwindigkeit

$$v_1 = \sqrt{v_0^2 + 2gh}. \tag{2.47}$$

Die Aufprallgeschwindigkeit ist somit weder von der Abwurfrichtung noch von der Masse abhängig.

Ein weiteres Konzept in der Kinetik eines Punktes ist der Impulssatz. Der Impulssatz beschäftigt sich mit dem Zusammenhang zwischen der Masse eines Punktes, seiner Geschwindigkeitsänderung und den auf ihn wirkenden Kräften. Er besagt, dass die Änderung des Impulses eines Punktes gleich der resultierenden Kraft ist, die auf den Punkt wirkt, multipliziert mit der Zeitspanne, über die die Kraft wirkt. Der Impuls eines Punktes wird als das Produkt von Masse und Geschwindigkeit definiert.

$$\mathbf{p} = \int_{t_1}^{t_2} \mathbf{F}dt = \int_{v_1}^{v_2} md\mathbf{v} = m\mathbf{v}_2 - m\mathbf{v}_1 = \mathbf{p}_2 - \mathbf{p}_1 \tag{2.48}$$

2.3.3 Kinetik starrer Körper

Die Kinetik starrer Körper spielt eine entscheidende Rolle in verschiedenen Bereichen der Ingenieurwissenschaften, Physik und Biomechanik. In der Maschinenbauindustrie beispielsweise sind Kenntnisse über die Bewegung starrer Körper von entscheidender Bedeutung für das Design und die Analyse mechanischer Systeme, wie etwa Maschinen, Fahrzeuge oder Roboter.

Ein grundlegendes Konzept bei der Analyse der Kinetik starrer Körper ist die Translation, die die Änderung des Ortes des Schwerpunktes eines Körpers beschreibt. Bei der Translation bewegt sich der Körper als Ganzes in eine bestimmte Richtung mit einer bestimmten Geschwindigkeit. Die Bewegung wird dabei durch Kräfte verursacht, die auf den Körper einwirken. Um die Translation eines starren Körpers zu beschreiben, kommen die Newton'schen Gesetze der Mechanik zur Anwendung.

Ein weiteres Konzept bei der Analyse der Kinetik starrer Körper ist die Rotation. Die Rotation beschreibt die Drehung eines Körpers um eine Achse. Während der Körper um seine Achse rotiert, ändert sich seine Orientierung im Raum. Die Rotationsbewegung wird durch ein Drehmoment verursacht, das auf den Körper wirkt. Das Drehmoment ist das Produkt aus der auf den Körper ausgeübten Kraft und dem Abstand zwischen der Angriffslinie der Kraft und der Drehachse. Um die Rotation eines starren Körpers zu beschreiben, werden das Trägheitsmoment und der Drehimpuls eingeführt. Der Drehimpuls ist definiert durch

$$L = Jw \tag{2.49}$$

mit dem Trägheitsmoment J und der Winkelgeschwindigkeit w. Das Trägheitsmoment ist eine Größe, die die Verteilung der Masse eines Körpers um seine Rotationsachse beschreibt. Es hängt sowohl von der Masse des Körpers als auch von der Art und Weise ab, wie die Masse um die Rotationsachse verteilt ist. Das Massenträgheitsmoment gibt an, wie schwer es ist, einen Körper um seine Rotationsachse zu drehen. Je größer das Massenträgheitsmoment, desto mehr Energie wird benötigt, um den Körper zu drehen.

Beispiel 2.7 (Massenträgheitsmoment eines Kreiszylinders). In diesem Beispiel soll das Massenträgheitsmoment eines Vollzylinders (siehe Abb. 2.10) hergeleitet werden. Der Zylinder dreht sich dabei um die x-Achse. Allgemein wird das Massenträgheitsmoment durch die Gleichung

$$J = \int_m r^2 dm \tag{2.50}$$

beschrieben. Unter der Berücksichtigung von $\rho dV = dm$ und $dV = 2\pi r dr h$ folgt für das Massenträgheitsmoment J_x bei einer Drehung um die x-Achse

$$J_x = \rho \int_V r^2 dV$$
$$= \rho \int_r 2\pi r^3 h dr$$
$$= 2\pi h \rho \int_0^r r^3 dr \tag{2.51}$$

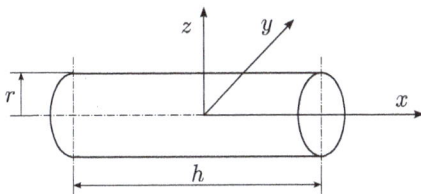

Abb. 2.10: Darstellung eines Kreiszylinders.

$$= \frac{\pi h \rho r^4}{2}$$

$$= \frac{1}{2} m r^2 \quad \text{mit } m = \rho h \pi r^2.$$

2.4 Schwingungslehre

Die Schwingungslehre ist ein Gebiet der Mechanik, das sich mit periodischen Bewegungen beschäftigt. In diesem Kapitel befassen wir uns mit Schwingungsphänomenen, einschließlich der grundlegenden Konzepte, mathematischen Modelle und Anwendungen in verschiedenen technischen Bereichen.

Schwingungen sind Bewegungen, die sich periodisch um eine Ruhelage wiederholen. Sie treten in verschiedenen physikalischen Systemen auf, angefangen von mechanischen Strukturen bis hin zu elektrischen Schaltungen. Ein wichtiges Konzept der Schwingungslehre sind die sogenannten Freiheitsgrade, die die Anzahl der unabhängigen Bewegungsmöglichkeiten eines Systems beschreiben. Diese Freiheitsgrade sind entscheidend für die Charakterisierung und Analyse von Schwingungen.

Um Schwingungen zu beschreiben, bedienen wir uns mathematischer Modelle. Ein solches Modell ist die Differentialgleichung für einfache harmonische Schwingungen. Sie beschreibt die Bewegung eines Systems, wenn die rücktreibende Kraft proportional zur Auslenkung und entgegengesetzt zur Bewegungsrichtung ist. Die Lösung dieser Differentialgleichung liefert uns die harmonische Bewegungsgleichung, die Auskunft über Amplitude, Frequenz und Phase der Schwingung gibt.

In der Schwingungslehre sind Resonanz und Dämpfung wichtige Phänomene. Resonanz tritt auf, wenn eine externe Anregung die natürliche Frequenz eines Systems erreicht und dadurch die Amplitude der Schwingung stark ansteigt. Dämpfung hingegen beschreibt den Verlust von Energie im System, was dazu führt, dass die Schwingungsamplitude mit der Zeit abnimmt. Die Analyse und Kontrolle von Resonanz und Dämpfung sind von großer Bedeutung, um schädliche Effekte zu minimieren und die Leistungsfähigkeit von Schwingungssystemen zu optimieren.

Die Schwingungslehre findet in verschiedenen technischen Bereichen Anwendung. In der Fahrzeugtechnik spielt die Analyse von Schwingungen eine zentrale Rolle bei der Konstruktion von Fahrwerken, um Komfort und Sicherheit zu gewährleisten. Im Bauingenieurwesen ist die Schwingungslehre wichtig für die Untersuchung von Brücken, um Resonanzphänomene zu vermeiden. Darüber hinaus hat die Schwingungslehre auch in der Elektrotechnik, der Luft- und Raumfahrt sowie der Robotik große Bedeutung.

2.4.1 Systeme mit einem Freiheitsgrad

In diesem Kapitel konzentrieren wir uns auf Systeme mit einem Freiheitsgrad und untersuchen ihre grundlegenden Eigenschaften sowie mathematische Modelle zur

Beschreibung und Analyse von Schwingungen. Speziell werden freie ungedämpfte und gedämpfte Schwingungen erläutert. Das Verständnis von Systemen mit einem Freiheitsgrad ist von entscheidender Bedeutung, da es die Grundlage für die Analyse komplexerer schwingungsanfälliger Systeme bildet.

Systeme mit einem Freiheitsgrad sind solche, die durch eine einzige unabhängige Variable beschrieben werden können. Diese Variable kann zum Beispiel die Auslenkung eines Massenpunktes in einer linearen Bewegung oder der Winkel einer rotierenden Scheibe sein. Die Analyse von Systemen mit einem Freiheitsgrad ermöglicht es uns, die grundlegenden Konzepte der Schwingungslehre zu verstehen, bevor wir uns komplexeren Systemen mit mehreren Freiheitsgraden zuwenden.

Ungedämpfte freie Schwingungen treten auf, wenn ein System nach einer einmaligen Auslenkung und Freisetzung ohne äußere Anregung periodisch um seine Ruhelage oszilliert. Die Bewegungsgleichung für ungedämpfte freie Schwingungen kann durch eine lineare homogene Differentialgleichung zweiter Ordnung dargestellt werden. Die Lösung dieser Differentialgleichung ergibt eine harmonische Schwingung mit konstanter Amplitude, Frequenz und Phase. Die natürliche Frequenz des Systems hängt von den Massen- und Federkonstanten ab und bestimmt die Geschwindigkeit, mit der das System oszilliert.

Beispiel 2.8 (Feder-Masse-System). In diesem Beispiel betrachten wir ein System mit einem Freiheitsgrad und einer freien ungedämpften Schwingung. Dazu wird ein Einmassenschwinger verwendet, wie in Abb. 2.11 dargestellt. Die Federkraft dient als Rückstellkraft und wirkt der Auslenkung der Masse entgegen. Durch die Aufstellung der Gleichgewichtsbedingung in x-Richtung erhält man die folgende Bewegungsgleichung:

$$m\ddot{x}(t) = -cx(t). \tag{2.52}$$

Diese Gleichung lässt sich umformen zu

$$\ddot{x}(t) + w^2 x(t) \quad \text{mit } w^2 = \frac{c}{m}. \tag{2.53}$$

Die allgemeine Lösung von Gl. (2.53) ist

$$
\begin{aligned}
x(t) &= C_1 \cos wt + C_2 \sin wt \\
&= A \sin(wt + \alpha) \quad \text{mit } A = \sqrt{C_1^2 + C_2^2},
\end{aligned}
\tag{2.54}
$$

Abb. 2.11: Feder-Masse-System und dessen Freischnitt.

wobei C_1, C_2 bzw. A, α Integrationskonstanten sind und aus den Anfangsbedingungen bestimmt werden müssen. A ist dabei die Amplitude der Schwingung und α der Nullphasenwinkel [5]. Geht man von $x(t = 0) = x_1$ und $\dot{x}(t = 0)$ aus, dann erhält man $C_2 = 0$ und $C_1 = x_1$ bzw. $A = x_1$ und $\alpha = \pi/2$. Es resultiert eine Schwingung mit einer harmonischen Bewegung und einer Eigen- bzw. Kreisfrequenz $w = \sqrt{c/m}$. Die Kreisfrequenz beschreibt die Anzahl der Schwingungen in 2π Sekunden. Anhand der Kreisfrequenz kann die Schwingungsdauer berechnet werden, durch $T = 2\pi/w$. Die Schwingungsdauer wird auch als Periode bezeichnet. Sowohl die Schwingungsdauer als auch die Kreisfrequenz sind Systemkonstanten und hängen nicht von den Anfangsbedingungen ab.

Gedämpfte freie Schwingungen treten auf, wenn das System zusätzlich einer äußeren Dämpfung unterliegt. Die Bewegungsgleichung für gedämpfte freie Schwingungen kann durch eine lineare homogene Differentialgleichung zweiter Ordnung beschrieben werden.

$$m\ddot{x}(t) = -k\dot{x}(t) - cx(t) \tag{2.55}$$

Diese Gleichung beinhaltet einen Dämpfungsterm, der den Energieverlust im System widerspiegelt. Die Lösung dieser Differentialgleichung ergibt eine gedämpfte Schwingung, bei der die Amplitude im Laufe der Zeit abnimmt. Die Dämpfung kann als viskos, kritisch oder überkritisch klassifiziert werden, abhängig von den Eigenschaften des Dämpfungselements.

Beispiel 2.9 (Feder-Masse-Dämpfer-System). In diesem Beispiel betrachten wir das gleiche System wie in Beispiel 2.8, allerdings wirkt nun zusätzlich ein Dämpfer an der Masse (siehe Abb. 2.12). Die lineare homogene Differentialgleichung wird nun nach der höchsten Ableitung ($\ddot{x}(t)$) umgeformt.

$$\ddot{x}(t) = \frac{-k\dot{x}(t) - cx(t)}{m} \tag{2.56}$$

Die Implementierung dieser Gleichung ist in Abbildung 2.13 zu erkennen. Es werden insgesamt zwei Integrator-Blöcke benötigt, wobei der erste $\dot{x}(t)$ und der zweite $x(t)$ liefert. Für die Simulation wird angenommen, dass die Masse 1 kg, die Dämpfungskonstante $0{,}8\,\mathrm{kg\,s^{-1}}$ und die Federsteifigkeit $100\,\mathrm{kg\,s^{-2}}$ betragen. Das Ergebnis der Simulation ist in Abbildung 2.14 dargestellt.

Abb. 2.12: Feder-Masse-Dämpfer und dessen Freischnitt.

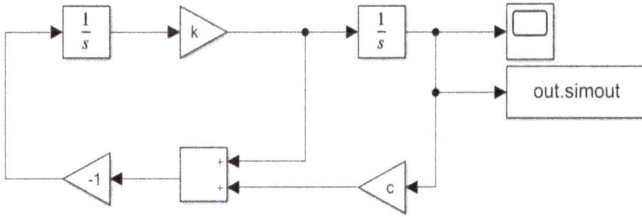

Abb. 2.13: Simulink-Modell des Feder-Masse-Dämpfer-Systems.

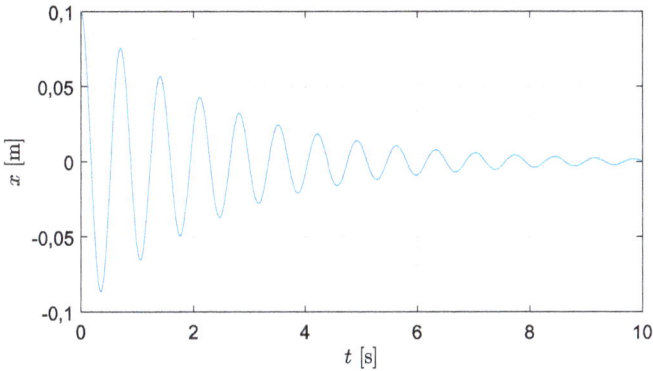

Abb. 2.14: Positionsbewegung des Feder-Masse-Dämpfer-Systems.

2.4.2 Systeme mit mehreren Freiheitsgraden

Bei Systemen mit mehreren Freiheitsgraden können sich mehrere unabhängige Parameter gleichzeitig ändern und somit eine Vielzahl von Schwingungsphänomenen hervorrufen. Die Untersuchung und Analyse dieser Systeme erfordert fortgeschrittene mathematische und physikalische Ansätze. Die Bewegungsgleichungen können beispielsweise mithilfe der Lagrange'schen Formulierung der Mechanik hergeleitet werden. Durch die Verwendung von generalisierten Koordinaten, die die Bewegung des Systems vollständig beschreiben, wird die Analyse komplexer Systeme mit vielen Freiheitsgraden erleichtert.

Bei der Untersuchung von Systemen mit mehreren Freiheitsgraden ist es wichtig, die Kopplungseffekte zwischen den Freiheitsgraden zu berücksichtigen. Eine Änderung in einem Freiheitsgrad kann sich auf die anderen Freiheitsgrade auswirken und somit komplexe Schwingungsmuster erzeugen. Diese Kopplungseffekte können durch die Einführung von Kopplungstermen in den Bewegungsgleichungen berücksichtigt werden.

Beispiel 2.10 (Zwei-Massen-Schwinger). In diesem Beispiel werden nun zwei Massen mit jeweils einer Feder verbunden, dadurch resultiert ein System mit zwei Freiheitsgraden (siehe Abb. 2.15). Es ergeben sich für das System die folgenden Bewegungsgleichungen:

$$m_1\ddot{x}_1(t) + c_1 x_1(t) - c_1 x_2(t) = 0, \tag{2.57}$$

$$m_2\ddot{x}_2(t) - c_1 x_1(t) + (c_1 + c_2)x_2(t) = 0. \tag{2.58}$$

Es liegt ein System mit zwei linearen Differentialgleichungen zweiter Ordnung vor. Darüber hinaus sind die beiden Gleichungen durch die Variablen x_1 und x_2 gekoppelt. Die Implementierung der Differentialgleichungen in Simulink erfolgt durch zwei Subsysteme, wie in Abbildung 2.16 zu sehen ist. Ein Subsystem ermöglicht die Modellierung eines Teilsystems oder einer Funktionseinheit innerhalb eines größeren Systems. Dadurch kann ein Modell in klar definierte Module unterteilt werden, wodurch die Übersichtlichkeit verbessert und die Wiederverwendbarkeit von Modellen erhöht wird. Dies ist besonders vorteilhaft bei der Entwicklung komplexer Systeme, da Entwickler einzelne Subsysteme isoliert testen und verifizieren können, ohne das Gesamtsystem zu beeinträchtigen. Darüber hinaus können Subsysteme in verschiedenen Projekten wiederverwendet werden, was zu einer erheblichen Zeitersparnis führt.

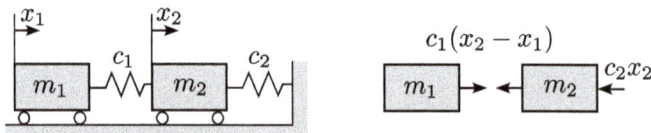

Abb. 2.15: Positionsbewegung des Feder-Masse-Dämpfer-Systems.

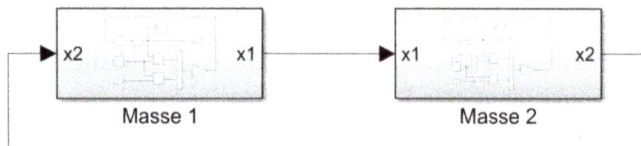

Abb. 2.16: Implementierung des Zwei-Massen-Schwingers durch zwei Subsysteme.

Die Ergebnisse der Simulation sind in Abbildung 2.17 dargestellt. Als Anfangsbedingung wird die Masse m_2 um 0,3 m in positiver Richtung ausgelenkt. Aufgrund der Versetzung der Masse m_2 wird die Masse m_1 aus ihrer Ruhelage bewegt.

2.4.3 Nichtlineare Schwingungen

Im Gegensatz zu linearen Schwingungen, bei denen die Rückstellkraft proportional zur Auslenkung ist, sind nichtlineare Schwingungen durch eine nichtlineare Rückstellkraft gekennzeichnet. Dies führt zu komplexen Verhaltensweisen, die in vielen technischen Systemen auftreten können.

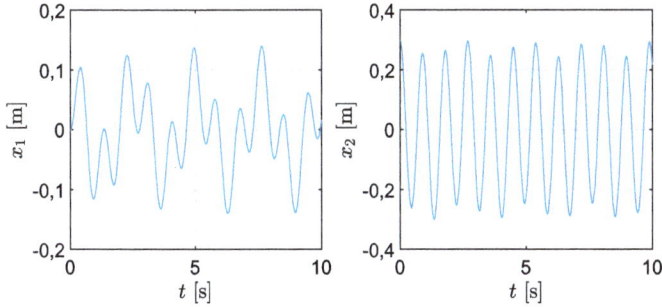

Abb. 2.17: Positionsbewegung der Massen m_1 und m_2 mit $m_1 = 3$, $m_2 = 2$, $c_1 = 30$ und $c_2 = 60$.

Die Grundlagen der nichtlinearen Schwingungen lassen sich am besten verstehen, indem man die Grundprinzipien der linearen Schwingungen betrachtet. In linearen Systemen wird die Bewegung durch eine lineare Differentialgleichung beschrieben, beispielsweise durch die harmonische Oszillation eines Feder-Masse-Systems. Bei nichtlinearen Systemen hingegen ist die Differentialgleichung nichtlinear.

Es gibt verschiedene Typen nichtlinearer Schwingungen, von denen einige häufig in der Praxis anzutreffen sind. Eine wichtige Art ist die Duffing-Schwingung, die durch eine nichtlineare Rückstellkraft charakterisiert wird. Bei dieser Schwingung können Phänomene wie Hysterese, Subharmonische und Chaos auftreten. Ein weiterer Typ ist die parametrische Anregung, bei der die Eigenschaften des schwingenden Systems zeitlich veränderlich sind. Dies kann zu Resonanzen und Sprüngen in der Amplitude führen.

2.5 Strömungsdynamik

Strömungsdynamik beschäftigt sich mit dem Verhalten von Fluiden, sei es Gasen oder Flüssigkeiten, und den damit verbundenen Bewegungen in verschiedenen Umgebungen. Eine der grundlegenden Kategorien von Strömungen ist die Unterscheidung zwischen idealen und nichtidealen Flüssigkeiten.

Ideale Flüssigkeiten werden als inkompressibel und reibungsfrei betrachtet. In der Praxis sind ideale Fluide eine vereinfachte Annahme, die oft für theoretische Berechnungen und Modelle verwendet wird. Ihre Eigenschaften ermöglichen die Formulierung einfacherer Gleichungen zur Beschreibung von Strömungsverhalten. Allerdings sind reale Flüssigkeiten immer von Viskosität und Druckkompressibilität betroffen, wodurch ihre Strömungen als nichtideal bezeichnet werden. Nichtideale Flüssigkeiten weisen eine Viskosität auf, die zu inneren Reibungskräften führt. Diese innere Reibung beeinflusst das Flussverhalten und führt zur Bildung von Grenzschichten entlang fester Körper oder Oberflächen. Solche Phänomene sind in vielen technischen Anwendungen von großer Bedeutung und müssen bei der Strömungsberechnung sorgfältig berücksichtigt werden.

Ein weiteres wichtiges Unterscheidungsmerkmal in der Strömungsdynamik ist die Einteilung in stationäre und instationäre Strömungen. Stationäre Strömungen beziehen sich auf Fluide, deren Geschwindigkeitsmuster an jedem Punkt im Raum konstant bleiben. Dies bedeutet, dass sich die Strömungsfelder nicht mit der Zeit ändern und die Geschwindigkeitsverteilung an jedem Punkt gleich bleibt. Solche Strömungen sind in vielen ingenieurtechnischen Anwendungen von Interesse, da sie die Grundlage für die Analyse und Gestaltung von Geräten und Maschinen darstellen, die auf konstanten Bedingungen basieren. Im Gegensatz dazu beschreiben instationäre Strömungen Fluide, deren Geschwindigkeit sich mit der Zeit ändert. Solche Strömungen können periodisch oder aperiodisch sein und treten in vielen natürlichen und industriellen Szenarien auf. Beispiele hierfür sind Gezeitenströmungen, Wirbel und Turbulenzen. Die Analyse und das Verständnis von instationären Strömungen sind oft komplexer, erlauben jedoch eine genauere Darstellung realer Strömungsverhältnisse.

Ein wichtiges Konzept in der Strömungsdynamik sind die sogenannten Stromlinien. Stromlinien sind imaginäre Linien, die das Geschwindigkeitsfeld einer Strömung beschreiben. An jedem Punkt einer Stromlinie ist die Geschwindigkeit des Fluids tangent zur Linie. In einer idealen, reibungsfreien Strömung verlaufen die Stromlinien parallel und gleichmäßig. Bei nichtidealen Flüssigkeiten können die Stromlinien jedoch gebogen, verzerrt oder zusammengeführt werden, insbesondere in Bereichen hoher Geschwindigkeitsgradienten oder in der Nähe von Hindernissen. Stromlinien dienen als wertvolles Werkzeug, um das Verhalten von Fluiden in verschiedenen Situationen zu visualisieren und zu verstehen. Ingenieure und Wissenschaftler nutzen Stromlinien, um die aerodynamischen Eigenschaften von Fahrzeugen, die Strömungsmuster in Rohrleitungen oder die Ausbreitung von Schadstoffen in der Umwelt zu analysieren.

2.5.1 Eindimensionale Strömungen idealer Flüssigkeiten

Eindimensionale Strömungen idealer Flüssigkeiten beschreiben Bewegungen von Flüssigkeiten entlang einer einzigen Richtung. Diese spezielle Klasse von Strömungen wird häufig in technischen Anwendungen und Ingenieursbereichen betrachtet, da sie mathematisch gut handhabbar und dennoch von praktischer Bedeutung sind. In diesem Kontext werden drei grundlegende Gleichungen betrachtet: die Euler'schen Gleichungen für den Stromfaden, die Bernoulli'sche Gleichung für den Stromfaden und die Kontinuitätsgleichung.

Euler'sche Gleichung für den Stromfaden. Die Euler'sche Gleichung eines Stromfadens beschreibt das Verhalten einer imaginären Linie in der Strömung, die die Bewegung einer Flüssigkeit verfolgt. Sie basiert auf der Anwendung des Newton'schen Bewegungsgesetzes auf ein infinitesimales Flüssigkeitselement und berücksichtigt die Änderungen der Geschwindigkeit und des Drucks entlang des Stromfadens.

$$\frac{dv}{dt} = \frac{\partial v}{\partial t} + \frac{\partial v}{\partial s}\frac{ds}{dt} = -\frac{\partial z}{\partial s} - \frac{1}{\varrho}\frac{\partial p}{\partial s} \tag{2.59}$$

Mit $\frac{ds}{dt} = v$ folgt

$$\frac{\partial}{\partial s}\left(\frac{v^2}{2} + \frac{p}{\varrho} + gz\right) + \frac{\partial v}{\partial t} = 0. \tag{2.60}$$

Hierbei ist v die Geschwindigkeitskomponente entlang der Strömungsrichtung s, t die Zeit, p der Druck und ϱ die Dichte der Flüssigkeit. Setzt man $\frac{\partial v}{\partial t} = 0$, dann geht man von einer stationären Strömung aus.

Bernoulli'sche Gleichung für den Stromfaden. Die Bernoulli'sche Gleichung für den Stromfaden ist eine Energiebilanzgleichung, die die Energieerhaltung entlang eines Stromfadens beschreibt. Aus Gleichung (2.59) folgt für die instationäre Strömung

$$\frac{\varrho v^2}{2} + p + \varrho gz + \varrho \int \frac{\partial v}{\partial t}\,ds = \text{const} \tag{2.61}$$

bzw.

$$\frac{\varrho v_1^2}{2} + p_1 + \varrho gz_1 = \frac{\varrho v_2^2}{2} + p_2 + \varrho gz_2 + \varrho \int_{s_1}^{s_2} \frac{\partial v}{\partial t}\,ds = \text{const}. \tag{2.62}$$

Für den stationären Fall ($\frac{\partial v}{\partial t} = 0$) gilt

$$\frac{\varrho v_1^2}{2} + p_1 + \varrho gz_1 = \frac{\varrho v_2^2}{2} + p_2 + \varrho gz_2 = \text{const}. \tag{2.63}$$

Die Gesamtenergie, bestehend aus kinetischer, Druck- und potentieller Energie, bleibt somit längs des Stromfadens konstant.

Beispiel 2.11 (Instationär durchströmte Heberleitung). In diesem Beispiel betrachten wir eine sogenannte Heberleitung (siehe Abb. 2.18). Aus einem offenen Behälter soll Flüssigkeit abgesaugt werden, wobei diese dann unterhalb der Flüssigkeitsoberfläche aus der Rohrleitung ins Freie strömt. Zum Zeitpunkt $t = 0$ ist die Armatur noch verschlossen und wird dann vollständig geöffnet. Es soll die Beschleunigung, Geschwindigkeit an Position 2 und der Druck des Fluids an Position x ermittelt werden. Wir betrachten zunächst die Position 2. Es wird angenommen, dass der Druck an Position 0 der gleiche wie bei Position 2 ist. Darüber hinaus kann davon ausgegangen werden, dass die Geschwindigkeit des Fluids an Position 0 annähernd 0 ist, da der Behälter ausreichend groß ist. Mit diesen Annahmen resultiert die folgende reduzierte Bernoulli'sche Gleichung

$$gh - \frac{v_2^2}{2} = \int_0^2 \frac{\partial v}{\partial t}\,ds \quad \text{mit } z_0 = h. \tag{2.64}$$

Das Integral kann dabei in drei Teilintegrale aufgeteilt werden.

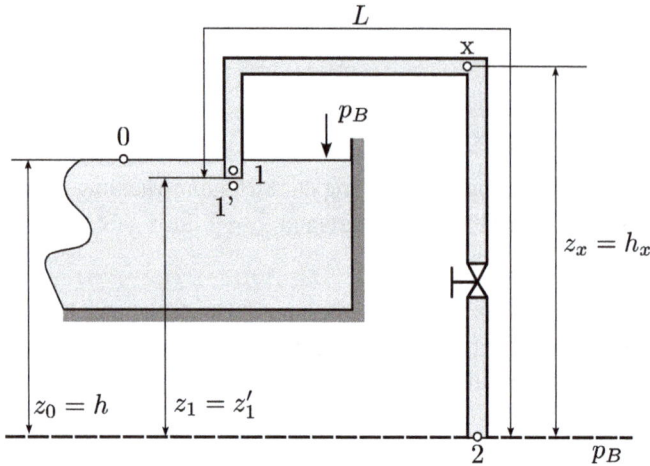

Abb. 2.18: Darstellung der Heberleitung.

$$\int_0^2 \frac{\partial v}{\partial t}\, ds = \underbrace{\int_0^{1'} \frac{\partial v_{0;1'}}{\partial t}\, ds}_{=0} + \int_{1'}^1 \frac{\partial v_{1';1}}{\partial t}\, \underbrace{ds}_{\approx 0} + \int_1^2 \frac{\partial v_{1;2}}{\partial t}\, ds \qquad (2.65)$$

Das erste Teilintegral wird zu Null, da die Geschwindigkeit $v_{0;1'} = 0$ ist. Ebenso nimmt das zweite Teilintegral den Wert Null an, da die Positionen 1' und 1 sehr nah nebeneinander liegen und somit folgt $ds \approx 0$. Das Integral reduziert sich auf

$$\int_0^2 \frac{\partial v}{\partial t}\, ds = \int_1^2 \frac{\partial v_{1;2}}{\partial t}\, ds. \qquad (2.66)$$

Die lokale Geschwindigkeit $v_{1;2}$ hängt zeitlich vom Volumenstrom $\dot{V}(t)$ und ebenso vom wegabhängigen Querschnitt $A(s)$ ab, da aber der Querschnitt an Position 1 und 2 gleich sind, wird sich die Geschwindigkeit nur mit der Zeit ändern. Dadurch resultiert $\frac{\partial v(s,t)}{\partial t} \equiv \frac{dv(t)}{dt}$. Da $v(t)$ nicht vom Weg abhängig ist, kann er im Integral als Konstante betrachtet und vor das Integral gezogen werden. Mit der Wegintegration $\int_1^2 ds = L$ folgt

$$\frac{dv_2}{dt} = \frac{gh}{L} - \frac{v_2}{2L} \quad \text{mit } v_{1;2} = v_2. \qquad (2.67)$$

Die Implementierung dieser Gleichung in Simulink ist in Abbildung 2.19 dargestellt. Nach dem Ausführen der Simulation erhalten wir den zeitlichen Verlauf der Geschwindigkeit v_2 sowie der Beschleunigung a_2 des Fluids an Position 2.

Darüber hinaus ist der statische Druck an Position x von Interesse, da hier der Druck den kleinsten Wert annimmt und somit zu einem Abreißen der Flüssigkeit führen kann.

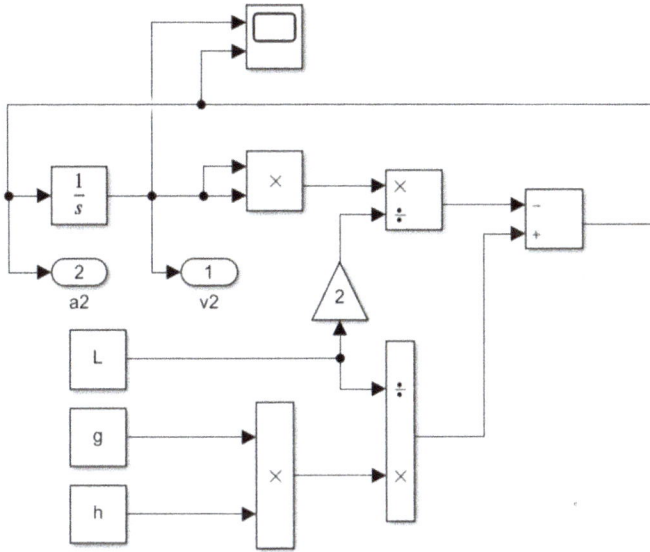

Abb. 2.19: Implementierung der Gl. (2.67) in Simulink.

Folgende Größen sind bekannt: $z_2 = 0$, $p_2 = p_B$ und $z_x = h_x$. Darüber hinaus gilt $A_x = A_2 = A = \text{const} \Rightarrow v_2 = v_x$. Die Bernoulli'sche Gleichung vereinfacht sich somit zu

$$\frac{p_x}{\varrho} = \frac{p_B}{\varrho} - gh_x + \int_x^2 \frac{\partial v_{x;2}}{\partial t} ds. \tag{2.68}$$

Wir gehen wieder davon aus, dass der Rohrquerschnitt zwischen x und 2 konstant ist. Dadurch resultiert für den partiellen Differentialquotienten

$$\frac{\partial v_{x;2}}{\partial t} = \frac{dv_{x;2}}{dt}. \tag{2.69}$$

Unter der Berücksichtigung von $v_{x;2} = v_2$ und $\int_x^2 ds = h_x$ lautet die Druckgleichung

$$p_x = p_B - \varrho gh_x + \frac{dv_2}{dt} h_x \varrho. \tag{2.70}$$

Die Implementierung der Druckgleichung ist in Abbildung 2.20 dargestellt. Die Beschleunigung $\frac{dv_2}{dt}$ haben wir bereits mit Gl. (2.67) zuvor implementiert, daher müssen wir diese nicht erneut berechnen. Die Ergebnisse der Strömungssimulation sind in Abb. 2.21 dargestellt. Wie man sieht, ist zum Zeitpunkt $t = 0$ die Geschwindigkeit der Flüssigkeit zunächst 0 und steigt anschließend schnell an. Gleichzeitig sinkt der statische Druck. Sobald sich die Geschwindigkeit nicht mehr ändert, geht die Beschleunigung zu 0 und die Flüssigkeit geht in den stationären Zustand über.

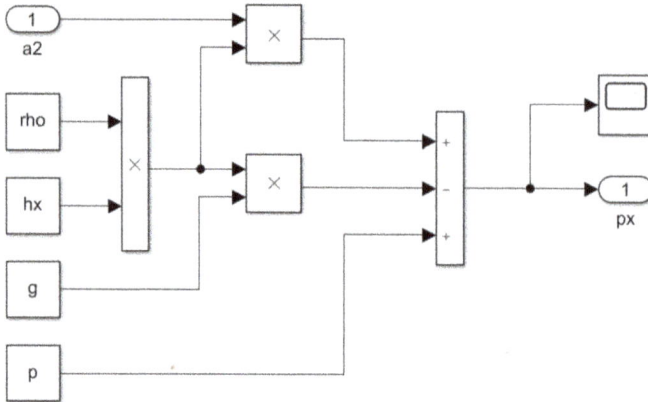

Abb. 2.20: Implementierung der Gl. (2.70) in Simulink.

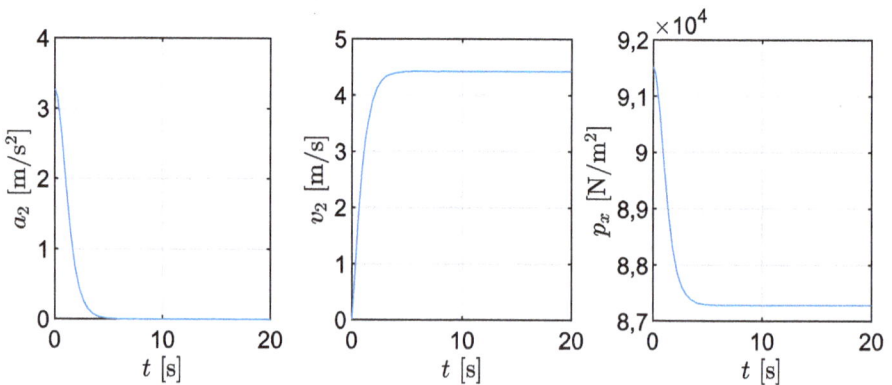

Abb. 2.21: Eindimensionale Strömungssimulation einer Heberleitung.

Kontinuitätsgleichung. Zusätzlich zu den Euler'schen und Bernoulli'schen Gleichungen ist die Kontinuitätsgleichung für eine eindimensionale Strömung von entscheidender Bedeutung. Sie stellt die Massenerhaltung sicher und wird durch die Änderung der Dichte und Geschwindigkeit innerhalb des Stromfadens bestimmt.

$$\dot{m} = \varrho v dA = \varrho_1 v_1 dA_1 = \varrho_2 v_2 dA_2 = \text{const} \tag{2.71}$$

2.5.2 Eindimensionale Strömungen zäher Newton'scher Flüssigkeiten

Zähe Newton'sche Flüssigkeiten, die auch als Newton'sche Fluide bezeichnet werden, sind in der Strömungsdynamik die am häufigsten betrachteten Fluide. Sie weisen eine viskose Eigenschaft auf, das heißt, sie bieten Widerstand gegen Scherung oder Deformation und besitzen eine innere Reibung. Wenn sich Flüssigkeitsschichten mit unterschiedlichen Geschwindigkeiten bewegen, entstehen Scherkräfte zwischen diesen Schichten, was zur Viskosität führt. Dieses Phänomen bewirkt, dass reale Fluide in Strömungen Energie verlieren und Druckverluste auftreten, wie durch das Verlustglied in der Bernoulli'schen Gleichung dargestellt.

Ein entscheidender Unterschied zu Strömungen idealer Flüssigkeiten ist der Übergang zwischen laminarer und turbulenter Strömung. In der laminaren Strömung fließt die Flüssigkeit in glatten, geordneten Schichten, während in der turbulenten Strömung chaotische und verwirbelte Bewegungen vorherrschen. Der Übergang von laminarer zu turbulenter Strömung hängt von der Reynolds-Zahl Re ab, die das Verhältnis von Trägheitskräften zu viskosen Kräften in der Strömung beschreibt.

$$\mathrm{Re} = \frac{vd}{\nu} \qquad (2.72)$$

Bei niedrigen Reynolds-Zahlen dominiert die Viskosität und die Strömung ist laminar, während bei höheren Reynolds-Zahlen die Trägheitskräfte überwiegen und die Strömung turbulent wird.

Ein wesentliches Konzept bei zähen Newton'schen Flüssigkeiten ist die dynamische Zähigkeit η. Diese Größe charakterisiert die Fähigkeit der Flüssigkeit, Scherkräften zu widerstehen, die bei Strömungen mit unterschiedlichen Geschwindigkeiten in benachbarten Schichten entstehen. Die dynamische Zähigkeit ist eine Materialeigenschaft der Flüssigkeit und wird in der Regel durch experimentelle Methoden bestimmt. Sie spielt eine entscheidende Rolle bei der Modellierung und Analyse von Strömungen in Rohrleitungen und Kanälen sowie bei der Berechnung von Druckverlusten.

Bei einer idealen, verlustfreien Strömung bleibt die Summe des statischen Drucks, der Geschwindigkeitsenergie und der potenziellen Energie pro Masseneinheit konstant entlang einer Stromlinie. Allerdings müssen in realen Strömungen Verluste berücksichtigt werden, die durch Reibung und andere Effekte entstehen. Diese Verluste werden durch das Verlustglied Δp_v in der Bernoulli'schen Gleichung dargestellt und führen zu einem Druckabfall entlang der Strömungsrichtung.

$$\frac{\varrho v_1^2}{2} + p_1 + \varrho g z_1 = \frac{\varrho v_2^2}{2} + p_2 + \varrho g z_2 + \Delta p_v + \varrho \int_{s_1}^{s_2} \frac{\partial v}{\partial t}\, ds = \mathrm{const.} \qquad (2.73)$$

Beispiel 2.12 (Leitung mit Verlusten). An einem Flüssigkeitsbehälter sei eine Rohrleitung mit der Länge L und einen Durchmesser D befestigt (siehe Abb. 2.22). Die Flüssigkeit fließt aus dem Behälter über die Rohrleitung ins Freie. Es soll hierbei die zeitliche Änderung der Austrittsgeschwindigkeit an Position 2 ermittelt werden. Dabei werden zusätzlich Strömungsverluste berücksichtigt. Diese Verluste entstehen aufgrund der Strahleinschnürung am Rohreintritt sowie der Reibung im Rohr. Es wird angenommen, dass die Rohrströmung turbulent ist. Darüber hinaus sind die Verlustziffer ζ_{Ein} sowie

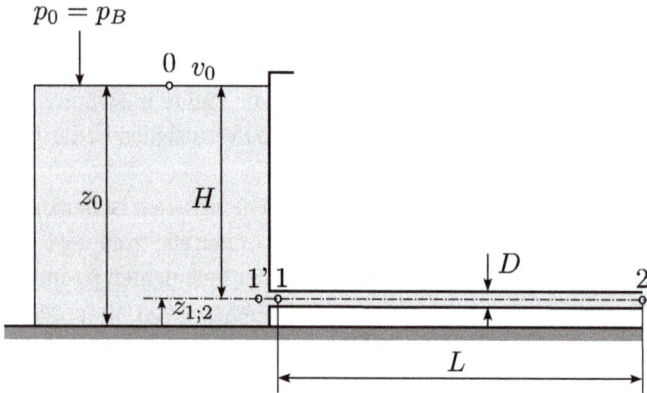

Abb. 2.22: Strömungsverluste einer Rohrleitung.

die Rohrreibungszahl λ unabhängig von der Reynolds-Zahl, lediglich die Rohrgeometrie beeinflusst diese. Durch das Anwenden der Bernoulli'schen Gleichung folgt

$$\frac{v_2^2}{2} = gH - \Delta p_v - \varrho \int_0^2 \frac{\partial v}{\partial t}\,ds. \tag{2.74}$$

Die Verluste ergeben sich zu

$$\Delta p_v = \zeta_{\text{Rohr}} \frac{v_2^2}{2} \quad \text{mit } \zeta_{\text{Rohr}} = \zeta_{\text{Ein}} + \lambda \frac{L}{D}. \tag{2.75}$$

Das Integral wird in drei Teilintegrale aufgeteilt.

$$\int_0^2 \frac{\partial v}{\partial t}\,ds = \underbrace{\int_0^{1'} \frac{\partial v_{0;1'}}{\partial t}\,ds}_{=0} + \int_{1'}^1 \frac{\partial v_{1';1}}{\partial t}\,\underbrace{ds}_{\approx 0} + \int_1^2 \frac{\partial v_{1;2}}{\partial t}\,ds \tag{2.76}$$

Das erste Teilintegral wird zu 0, da die Geschwindigkeit $v_{0;1'} = 0$ ist. Das zweite Teilintegral wird ebenso zu 0, da die Positionen 1 und 1' sehr dicht nebeneinander liegen und somit $ds \approx 0$ wird. Da der Querschnitt des Rohres von seinem Anfang bis zu seinem Ende konstant bleibt, wird sich die Geschwindigkeit nur mit der Zeit ändern. Somit folgt $\frac{\partial v_{1;2}}{\partial t} = \frac{dv_{1;2}}{dt}$. Da der Differentialquotient vom Weg unabhängig ist, wird er im Integral vorgezogen. Dadurch folgt für das Integral $\int_1^2 ds = L$. Unter der Bedingung von $v_1 = v_2 = v_{1;2}$ folgt der Differentialquotient

$$\frac{dv_2}{dt} = \frac{gH}{L} - \frac{(1 + \zeta_{\text{Rohr}})}{L} \frac{v_2^2}{2}. \tag{2.77}$$

Die Implementierung ist in Abb. 2.23 dargestellt.

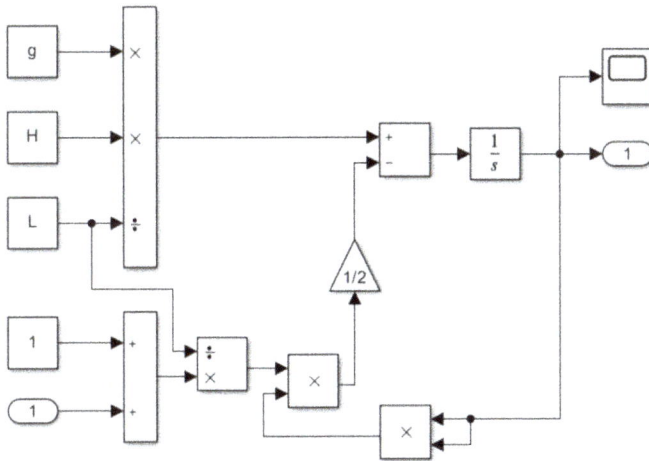

Abb. 2.23: Implementierung der Differentialgleichung $\frac{dv_2}{dt}$.

2.5.3 Mehrdimensionale Strömung idealer Flüssigkeiten

Bei mehrdimensionalen Strömungen handelt es sich um Strömungsfelder, die nicht nur in einer, sondern in mehreren Raumdimensionen stattfinden. Dies kann in komplexen Geometrien wie Düsen, Kanälen oder Turbinen auftreten. Die Analyse solcher Strömungen erfordert ein tiefes Verständnis der partiellen Differentialgleichungen, die die Bewegung der idealen Flüssigkeit beschreiben.

Ein grundlegendes Konzept bei der Untersuchung mehrdimensionaler Strömungen ist das Geschwindigkeitsfeld. Es beschreibt die Geschwindigkeit der Flüssigkeitspartikel an jedem Punkt des Raumes zu einem bestimmten Zeitpunkt. Das Geschwindigkeitsfeld wird durch einen Vektor definiert, wobei jeder Komponente die Geschwindigkeit in einer der Raumdimensionen zugeordnet wird. Die Lösung der Navier-Stokes-Gleichungen für ideale Flüssigkeiten ermöglicht es, das Geschwindigkeitsfeld mathematisch zu beschreiben und somit die Strömung zu verstehen. Bei der Analyse mehrdimensionaler Strömungen müssen auch Randbedingungen berücksichtigt werden. Diese beschreiben, wie sich die Flüssigkeit an den Rändern der Strömungsbereiche verhält. Die Wahl der richtigen Randbedingungen ist entscheidend, um realitätsnahe Ergebnisse zu erzielen.

Die numerische Strömungssimulation (Computational Fluid Dynamics, CFD) ist ein Werkzeug, um mehrdimensionale Strömungen idealer Flüssigkeiten zu untersuchen. Durch die Diskretisierung der Raumdimensionen und der Zeit können die Navier-Stokes-Gleichungen numerisch gelöst werden, um das Verhalten der Strömung zu simulieren. CFD ermöglicht es Ingenieuren, die Auswirkungen verschiedener Geometrien und Betriebsbedingungen auf die Strömung zu analysieren und so effiziente und leistungsstarke Systeme zu entwickeln.

3 Festigkeitslehre

Die Festigkeitslehre ist ein Bereich der Ingenieurwissenschaften, der sich mit dem Verhalten von Materialien unter Belastung beschäftigt. Es werden die mechanischen Eigenschaften von Materialien analysiert, um ihre Tragfähigkeit und Stabilität unter verschiedenen Beanspruchungen zu verstehen und zu verbessern. Die Festigkeitslehre bildet die Grundlage für die Konstruktion und Auslegung von Bauteilen in nahezu allen technischen Disziplinen.

3.1 Allgemeine Grundlagen

Das Versagen eines Bauteils kann schwerwiegende Folgen haben, sowohl in Bezug auf die Sicherheit der Nutzer als auch auf die finanziellen Aspekte. Um ein Versagen zu verhindern, ist es wichtig, die Belastungszustände und Spannungstypen, die auf das Bauteil wirken, genau zu kennen und zu berücksichtigen. Der Spannungszustand eines Bauteils kann unterschiedlich sein. Beispielsweise tritt bei Zugbelastung eine Längenänderung auf, während bei Druckbelastung eine Stauchung stattfindet. Die Biegebelastung verursacht eine Biegung des Bauteils, während die Scherbelastung die Verschiebung der Materialschichten gegeneinander bewirkt. All diese Spannungszustände müssen bei der Auslegung und Konstruktion eines Bauteils berücksichtigt werden, um ein Versagen zu vermeiden. Die Art des Materials, aus dem das Bauteil besteht, spielt ebenfalls eine entscheidende Rolle. Jedes Material hat spezifische mechanische Eigenschaften und Verformungsverhalten, die es zu berücksichtigen gilt. Ingenieure verwenden Materialkennwerte, um die Reaktion des Materials auf Belastung vorherzusagen und somit das Risiko von Versagen zu minimieren. Die Belastungszustände, die auf ein Bauteil wirken, können statisch oder dynamisch sein. Statische Belastungen sind konstant und stabil, während dynamische Belastungen sich mit der Zeit ändern und zyklisch wirken. Das Verständnis der Belastungsart ist entscheidend, um sicherzustellen, dass das Bauteil unter verschiedenen Bedingungen sicher und zuverlässig funktioniert.

3.1.1 Spannungen

In der Festigkeitslehre spielen Spannungen eine entscheidende Rolle bei der Analyse des Verhaltens von Körpern unter äußeren Kräften, Momenten und sogar bei beschleunigter Bewegung mit Trägheitskräften und negativen Massenbeschleunigungen. Im Inneren eines Körpers werden entsprechende Reaktionskräfte erzeugt, die das Gleichgewicht gegenüber den äußeren Einwirkungen aufrechterhalten. Eine homogen angenommene Massenverteilung des Körpers führt dazu, dass die inneren Reaktionskräfte flächenhaft verteilt auftreten. Jeder Punkt eines Körpers ermöglicht es uns, unter unendlich vielen Richtungen elementare ebene Schnittflächen dA zu definieren. Die

https://doi.org/10.1515/9783111068794-003

Richtung dieser Schnittflächen wird durch den Normalenvektor **n** gekennzeichnet. Der Spannungsvektor, der in einem Punkt eines Körpers wirkt, kann in Normalspannung und Tangential- oder Schubspannung zerlegt werden. In kartesischen Koordinaten ergeben sich eine Normalspannung $\sigma_z = dF_n/dA$ und zwei Schubspannungen $\tau_{zx} = dF_{tx}/dA$ bzw. $\tau_{zy} = dF_{ty}/dA$, die die verschiedenen Arten von Spannungen in einem Punkt beschreiben. Die vollständige Beschreibung des Spannungszustands an einem Punkt erfordert drei Ebenen oder ein quaderförmiges Element mit insgesamt drei Spannungsvektoren (siehe Abb. 3.1). Dieses Element kann auch durch den sogenannten Spannungstensor **S** repräsentiert werden, der eine detaillierte Beschreibung der Spannungen im Punkt liefert.

$$\mathbf{S} = \begin{pmatrix} \sigma_x & \tau_{xy} & \tau_{xz} \\ \tau_{yx} & \sigma_y & \tau_{yz} \\ \tau_{zx} & \tau_{zy} & \sigma_z \end{pmatrix} \tag{3.1}$$

Die Anwendung von Momentengleichgewichtsbedingungen um die Koordinatenachsen für das Element führt zum Satz von der Gleichheit der zugeordneten Schubspannungen. Diese Gleichung ist von entscheidender Bedeutung, da sie verdeutlicht, dass zur vollständigen Beschreibung des Spannungszustands in einem Punkt drei Normalspannungen und drei Schubspannungen erforderlich sind.

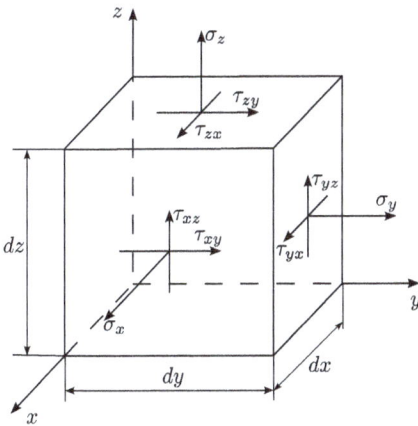

Abb. 3.1: Darstellung des Spannungszustands durch ein quaderförmiges Element.

Beispiel 3.1 (Der einachsige Spannungszustand). Der einachsige Spannungszustand entsteht, sobald eine Normalspannung $\sigma_x = dF/dA$ auf ein quaderförmiges Element einwirkt (siehe Abb. 3.2). Bei einem Flächenelement, das unter einem Winkel φ ausgerichtet ist, ergeben sich die korrespondierenden Spannungen $\sigma = (\sigma_x/2) \cdot (1 + \cos 2\varphi)$ und $\tau = -(\sigma_x/2) \sin 2\varphi$ aus den Gleichgewichtsbedingungen entlang der n- und t-Richtung.

Daraus folgt die Gleichung des Mohr'schen Spannungskreises (siehe Abb. 3.3).

$$\left(\sigma - \frac{\sigma_x}{2}\right)^2 + \tau^2 = \left(\frac{\sigma_x}{2}\right)^2 \tag{3.2}$$

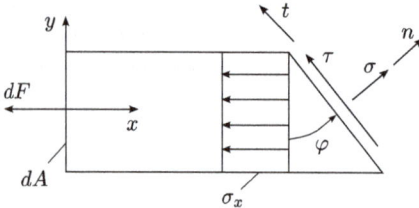

Abb. 3.2: Spannungen an einem Element.

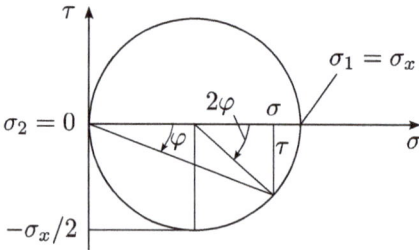

Abb. 3.3: Mohr'scher Spannungskreis.

Im Kontext des einachsigen Spannungszustands sind die Hauptnormal- und Hauptschubspannungen von besonderer Bedeutung. Die größte Normalspannung wird als Hauptnormalspannung bezeichnet, während die kleinste Normalspannung entsprechend die Hauptschubspannung genannt wird. Diese Spannungen sind von großer Relevanz, da sie direkt auf die kritischen Punkte im Material hinweisen, an denen die mechanische Belastung am stärksten wirkt. Neben den Hauptspannungen spielen auch die Hauptnormalspannungs- und Hauptschubspannungstrajektorien eine entscheidende Rolle. Diese Linien verlaufen überall dort, wo sie die Hauptnormalspannungen bzw. Hauptschubspannungen berühren. Sie dienen als Leitlinien zur Visualisierung der maximalen und minimalen Belastungen im Material und sind somit bei der Festigkeitsbewertung und -analyse von großer Hilfe.

Die Anwendungsfälle des einachsigen Spannungszustands sind vielfältig. In der Materialwissenschaft ermöglicht er die Beurteilung der Tragfähigkeit von Werkstoffen unter unterschiedlichen Belastungsszenarien, sei es in der Konstruktion von Bauwerken, Maschinen oder Bauteilen. In der Ingenieurpraxis ist das Verständnis des einachsigen Spannungszustands entscheidend für die Gestaltung sicherer und effizienter Strukturen. Darüber hinaus findet dieses Konzept auch Anwendung in der Geotechnik, um die Stabilität von Erdböden und Gesteinsschichten in Bauvorhaben zu bewerten.

3.1.2 Verformungen

Unter dem Einfluss äußerer Kräfte und Momente erfahren alle Körper Veränderungen in ihrer Form und Größe. Daraus resultiert eine Vielzahl von Deformationen, die das Verhalten von Materialien und Strukturen maßgeblich beeinflussen. Betrachten wir den Eckpunkt P eines quaderförmigen Elements, das ursprünglich die Kantenlängen dx, dy und dz besitzt. Unter der Einwirkung von äußeren Einflüssen verschiebt sich dieser Eckpunkt um die Komponenten u, v und w. Diese Verschiebungen stellen eine direkte Folge der auf den Körper einwirkenden Kräfte dar und sind für die Analyse der Verformungen unerlässlich. Gleichzeitig zur Verschiebung des Eckpunktes durchläuft das quaderförmige Element eine Veränderung seiner Kantenlängen. Diese Dehnung des Materials resultiert in einer Anpassung der ursprünglichen Kantenlängen. Es entsteht somit ein Parallelepiped, das die veränderte Geometrie des deformierten Körpers widerspiegelt. Während dieser Verformung können auch Gleitwinkel auftreten, die auf die Wechselwirkung von Kräften und Spannungen im Material hinweisen.

Durch die Untersuchung von Verschiebungen, Dehnungen und Veränderungen der Geometrie können Ingenieure und Wissenschaftler Schlüsse über das Verhalten von Bauteilen ziehen. Dieses Verständnis ist für die Konstruktion und Gestaltung von Strukturen relevant, um sicherzustellen, dass sie den Belastungen standhalten und ihre Integrität behalten.

3.1.3 Festigkeitsverhalten

Ein grundlegendes Konzept, das das Festigkeitsverhalten beschreibt, ist das Hooke'sche Gesetz. Dieses Gesetz besagt, dass im Proportionalitätsbereich der Spannungs-Dehnungs-Linie für einen einaxial gezogenen Stab die Normalspannungen proportional zur Dehnung sind, und zwar gemäß der Beziehung

$$\sigma = E\epsilon. \qquad (3.3)$$

Hierbei steht σ für die Spannung, die als das Verhältnis von aufgebrachter Kraft F zur Anfangsquerschnittsfläche A_0 definiert ist. Die Dehnung ϵ ergibt sich aus der relativen Veränderung der Länge Δl des Stabs im Vergleich zur Ausgangslänge l_0. Zentral für diese Beziehung ist der Elastizitätsmodul E, der die Materialsteifigkeit beschreibt.

Während einer Verlängerung des Stabs kann eine Verringerung des Durchmessers um $\Delta d = d - d_0$ auftreten, was als Querdehnung $\epsilon_q = \Delta d/d_0$ bezeichnet wird. Die Querdehnung steht in einer Beziehung zur Längsdehnung ϵ durch den Querdehnungskoeffizienten v, auch bekannt als Poisson-Zahl nach DIN 1304. Diese Beziehung wird durch $\epsilon_q = -v\epsilon$ beschrieben. Der Querdehnungskoeffizient v gibt an, in welchem Maße ein Material seitlich ausweicht, wenn es längs belastet wird.

Für Schubspannungen gilt ein äquivalentes Hooke'sches Gesetz, das das Scherverhalten beschreibt. Gemäß diesem Gesetz kann die Schubspannung τ als Produkt des Schubmoduls G und der Gleitung $\gamma = \Delta u/\Delta y$ dargestellt werden. Hierbei repräsentiert Δu die Verschiebung in Richtung der Schubspannung und Δy die Verschiebung senkrecht dazu.

Die Betrachtung von Sicherheitsaspekten und zulässigen Spannungen spielt eine entscheidende Rolle bei der Beanspruchung von Materialien. Im Fall der ruhenden Beanspruchung müssen die angewandten Spannungen unterhalb der zulässigen Spannungsgrenze des Materials bleiben, um Brüche oder dauerhafte Verformungen zu vermeiden. Bei einer gleichmäßigen Spannungsverteilung über einen Querschnitt ist die Maximalspannung gleich der angewandten Spannung. Jedoch kann eine ungleichmäßige Spannungsverteilung zu lokalen Spitzenbelastungen führen, die kritisch sein können. In solchen Fällen ist eine sorgfältige Analyse erforderlich, um die Spannungsverteilung zu verstehen und sicherzustellen, dass keine lokalen Versagensmechanismen auftreten.

3.1.4 Normalspannungshypothese

Die Normalspannungshypothese findet Anwendung in Situationen, in denen ein Trennbruch senkrecht zur Hauptzugspannung zu erwarten ist. Diese Hypothese wird insbesondere bei Werkstoffen mit spröden Eigenschaften, wie beispielsweise Grauguss, sowie bei Schweißnähten angewendet. Darüber hinaus kommt sie zur Anwendung, wenn der Spannungszustand die Verformungsmöglichkeiten des Werkstoffs einschränkt, was etwa bei einem dreiachsigen Zug oder einer stoßartigen Beanspruchung der Fall ist.

Im Kontext eines dreiaxialen (räumlichen) Spannungszustandes ergibt sich gemäß der Normalspannungshypothese $\sigma_v = \sigma_1$. Für den Fall eines zweiachsigen (ebenen) Spannungszustandes wird die Normalspannungshypothese in einer etwas komplexeren Formulierung ausgedrückt

$$\sigma_v = \sigma_1 = \frac{1}{2}\left(\sigma_x + \sigma_y + \sqrt{(\sigma_x - \sigma_y)^2 + 4\tau^2}\right). \tag{3.4}$$

Hierbei repräsentieren σ_x und σ_y die Hauptspannungen entlang der jeweiligen Koordinatenachsen und τ steht für die Schubspannung. Diese Formel ermöglicht die Berechnung der Vergleichsspannung σ_v in einem Werkstoff unter Berücksichtigung der Hauptspannungen und der Schubspannung im ebenen Spannungszustand.

3.1.5 Schubspannungshypothese

Die Schubspannungshypothese findet Anwendung, wenn das Versagen durch Gleit-bruch verursacht wird. Dies tritt beispielsweise auf, wenn verformbare Werkstoffe statischer Zug- oder Druckbeanspruchung ausgesetzt sind, oder wenn spröde Werkstof-fe Druckbelastungen erfahren. Mohr führte in diesem Kontext die Schubspannungs-hypothese ein, um die Hauptschubspannungen als ausschlaggebende Größen bei der Analyse solcher Situationen zu identifizieren.

Bei Gleitbruchversagen können die Hauptschubspannungen als maßgebend be-trachtet werden. Im dreiaxialen (räumlichen) Spannungszustand ergibt sich die Ver-gleichsspannung σ_v als das Doppelte der maximalen Schubspannung τ_{max}, also $\sigma_v = 2\tau_{max} = \sigma_3 - \sigma_1$. Dieser Zusammenhang ermöglicht die Beurteilung der Werkstofffestig-keit unter komplexen dreiaxialen Spannungsbedingungen.

Für den Fall eines zweiachsigen Spannungszustandes, wie er in ebenen Belastungs-situationen auftritt, lautet die Formel zur Berechnung der Vergleichsspannung

$$\sigma_v = 2\tau_{max} = \sqrt{(\sigma_x - \sigma_y)^2 + 4\tau^2}. \tag{3.5}$$

3.1.6 Gestaltänderungsenergiehypothese

Die Hypothese der Gestaltänderungsenergie, auch bekannt als die Von-Mises-Hypothese, bezieht sich insbesondere auf die Analyse von Materialien unter komplexen Spannungs-bedingungen, in denen die Belastung in mehreren Richtungen gleichzeitig auftritt. In einem dreidimensionalen Spannungszustand wird die Vergleichsspannung durch

$$\sigma_v = \frac{1}{\sqrt{2}} \sqrt{(\sigma_1 - \sigma_2)^2 + (\sigma_2 - \sigma_3)^2 + (\sigma_3 - \sigma_1)^2} \tag{3.6}$$

beschrieben. Hierbei repräsentieren σ_1, σ_2 und σ_3 die Hauptspannungen in den jeweili-gen Richtungen.

Die GE-Hypothese ist besonders relevant für Werkstoffe, die eine nichtlineare plas-tische Deformation aufweisen und unter Belastung in einen fließenden Zustand über-gehen können. Dieser Übergang wird durch die Aktivierung von Gleitmechanismen er-leichtert, die zur Verschiebung der Gitterstruktur führen und somit zu einer Gestaltän-derung des Materials beitragen. Die Hypothese ermöglicht es, die Festigkeit und Tragfä-higkeit eines Werkstücks unter verschiedenen Spannungskonstellationen zu bewerten und so ein tieferes Verständnis für das Versagensverhalten von Werkstoffen zu gewin-nen.

Neben ihrer Anwendung in der Materialwissenschaft und der Festigkeitslehre spielt die GE-Hypothese eine wichtige Rolle in der Bewertung von Bauteilen und Strukturen, die zyklischen Belastungen ausgesetzt sind. Durch die Berücksichtigung der Gestaltänderungsenergie können Ingenieure und Wissenschaftler die Lebensdauer von Bauteilen unter wiederholter Belastung besser einschätzen und geeignete Maßnahmen zur Vermeidung von Ermüdungsversagen ergreifen.

3.2 Beanspruchung stabförmiger Bauteile

Stabförmige Bauteile, wie zum Beispiel Balken oder Säulen, sind grundlegende Elemente in Bauwerken und Strukturen, und ihre richtige Bewertung ist entscheidend für die Sicherheit und Zuverlässigkeit von Bauwerken. Die Beanspruchung stabförmiger Bauteile kann in verschiedene Kategorien unterteilt werden, darunter Zugbelastung, Druckbelastung, Biegebelastung und Schubbelastung.

3.2.1 Zug- und Druckbeanspruchung

Zug- und Druckbeanspruchungen treten auf, wenn Kräfte auf ein Bauteil wirken, die in Richtung oder entgegen der Längsachse des Bauteils gerichtet sind. Die Zugbeanspruchung tritt auf, wenn eine Kraft das Bauteil auseinanderzieht, wodurch es in die Länge gestreckt wird. Dies erzeugt Zugspannungen im Inneren des Materials. Die Zugkraft wird oft als Normalkraft F_N bezeichnet und kann durch

$$\sigma = \frac{F_N}{A} \tag{3.7}$$

beschrieben werden, wobei σ die Zugspannung, F_N die auf das Bauteil wirkende Zugkraft und A der Querschnittsbereich des Bauteils ist. Im Gegensatz dazu tritt die Druckbeanspruchung auf, wenn eine Kraft auf das Bauteil in Richtung seiner Längsachse wirkt, es also zusammenpresst. Dadurch entstehen Druckspannungen im Inneren des Materials. Die Druckkraft wird ebenfalls als Normalkraft betrachtet und kann durch dieselbe Gleichung wie bei Zugbeanspruchung ausgedrückt werden.

Beispiel 3.2 (Zugbeanspruchung eines Stahlstabs). Ein Stahlstab mit einem Kreisquerschnitt wird durch eine auf ihn wirkende Kraft F beansprucht. Zur Bestimmung des erforderlichen Durchmessers, bei dem die zulässige Spannung $\sigma_{zul} = 200\,\text{N}\,\text{mm}^{-2}$ nicht überschritten wird, sind folgende gegebene Werte vorhanden: $F = 30\,\text{kN}$, die Länge des Stabes $l = 5\,\text{m}$, das Elastizitätsmodul $E = 2{,}1 \times 100\,000\,\text{N}\,\text{mm}^{-2}$ und die Dichte $\rho = 7{,}85\,\text{g}\,\text{cm}^{-3}$. Beachten wir dabei, dass die Normalkraft F_N unter Einbeziehung des Eigengewichts des Stabes als

$$F_N = F + \rho g A z \tag{3.8}$$

gegeben ist. Um den erforderlichen Durchmesser zu bestimmen, setzen wir die maximale Spannung im Stab gleich der zulässigen Spannung. Dabei berücksichtigen wir die

Veränderlichkeit der Spannung im Stab aufgrund des Eigengewichts, wobei der größte Wert am Aufhängepunkt auftritt. Die Belastung des Stabes führt zu einer Normalspannung σ, die sich aus der angreifenden Kraft und der Querschnittsfläche des Stabes ergibt. Der Querschnitt des Stabes ist kreisförmig, also $A = \frac{\pi d^2}{4}$, wobei d der Durchmesser des Stabes ist. Damit ergibt sich der erforderliche Durchmesser zu

$$d = 2\sqrt{\frac{F}{\pi(\sigma_{\text{zul}} - \rho g l)}} = 13{,}83\,\text{mm} \quad \text{mit } z = l. \tag{3.9}$$

3.2.2 Biegebeanspruchung

Bei der Biegebeanspruchung treten drei Hauptarten von Schnittlasten auf: Normalkraft, Querkraft und Biegemoment. Diese Schnittlasten beeinflussen die Biegeverformungen und die Beanspruchung eines Balkenelements maßgeblich. Die Normalkraft F_N, auch Axialkraft genannt, wirkt parallel zur Längsachse des Balkenelements. Sie tritt auf, wenn das Balkenelement axial belastet wird, zum Beispiel durch eine Zug- oder Druckkraft. Die Normalkraft verursacht keine Verformung in Querrichtung, sondern führt lediglich zu einer Längenänderung des Balkens gemäß dem Hooke'schen Gesetz. Die Normalspannungen, die durch diese Beanspruchung entstehen, können durch die Querschnittsfläche des Balkenelements ermittelt werden. Die Querkraft F_Q hingegen ist eine horizontale oder vertikale Kraftkomponente, die senkrecht zur Längsachse des Balkens wirkt. Sie entsteht beispielsweise, wenn ein Balkenelement in zwei Hälften getrennt wird und die beiden Hälften gegeneinander verschoben werden. Die Querkraft führt zu Schubspannungen entlang der Querschnittsfläche des Balkenelements und beeinflusst die Scherbeanspruchung. Das Biegemoment M_b ist das Drehmoment, das auf ein Balkenelement wirkt, wenn es um eine Querachse gebogen wird. Es entsteht, wenn ein Balken belastet wird und somit eine Biegeverformung auftritt. Das Biegemoment erzeugt Biegespannungen im Balkenelement, die auf der äußeren Faserseite zu Zugspannungen und auf der inneren Faserseite zu Druckspannungen führen. Die maximale Biegespannung tritt in der äußersten Faser des Balkenelements auf und wird auch als Biegezug- oder Biegedruckspannung bezeichnet (siehe Abb. 3.4).

Die größte Spannung ergibt sich für das Beispiel in Abb. 3.4 zu

$$\sigma_{\text{max}} = \frac{|M_b|}{W_{y,\text{min}}} \quad \text{mit } W_{y,\text{min}} = \frac{I_{yy}}{e_{\text{max}}}. \tag{3.10}$$

I_{yy} ist das Flächenträgheitsmoment des Balkenquerschnitts. Es beschreibt die geometrische Eigenschaft des Querschnitts und beeinflusst die Widerstandsfähigkeit des Balkens gegenüber Biegung um die y-Achse.

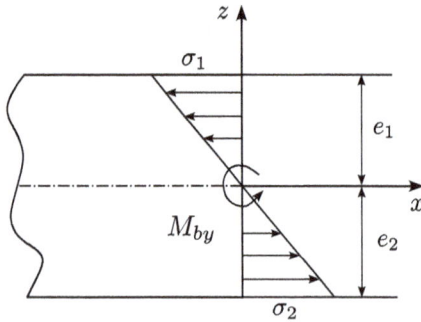

Abb. 3.4: Darstellung der Biegespannungen an einem Balkenelement.

3.2.3 Torsionsbeanspruchung

Die Torsionsbeanspruchung beschäftigt sich mit den mechanischen Belastungen, die auf einen stabförmigen Körper wirken, wenn dieser um seine Längsachse verdreht wird. Diese Art der Beanspruchung tritt oft in Wellen, Stäben und anderen länglichen Bauelementen auf, die aufgrund von Drehmomenten verdreht werden. Die Torsionsspannung, auch Schubspannung genannt, ist die entscheidende Größe bei der Analyse der Torsionsbeanspruchung. Sie beschreibt die innere Beanspruchung, die im Material aufgrund der Torsion auftritt. Die Torsionsspannung τ wird durch

$$\tau = \frac{M_t}{W_t} \quad \text{mit } W_t = \frac{I_p}{r} \tag{3.11}$$

berechnet. Hierbei ist M_t das auf den Querschnitt wirkende Torsionsmoment, r der Abstand des betrachteten Punktes vom Drehzentrum und W_t das Widerstandsmoment gegen Torsion.

Der Verdrehwinkel $\Delta\varphi$ ist ein wichtiger Parameter, der angibt, wie viel ein Bauelement unter Torsion verdreht wird. Er hängt von der Länge des Bauelements, dem angewendeten Torsionsmoment und den Materialeigenschaften ab.

$$\Delta\varphi = \frac{M_t l}{G I_p} \tag{3.12}$$

Dabei steht G für den Schubmodul des Materials und l für die Länge des Bauelements.

3.2.4 Statisch unbestimmte Systeme

Statisch unbestimmte Systeme sind Strukturen, bei denen die Anzahl der Gleichgewichtsbedingungen geringer ist als die Anzahl der Kräfte und Momente. Dies führt dazu, dass die Struktur nicht allein durch die Anwendung von Gleichgewichtsbedingungen analysiert werden kann. Es werden zusätzliche Informationen benötigt, um die Unbekannten zu bestimmen. In solchen Fällen sind die üblichen Methoden der Kräfte- und Momentenbilanz allein nicht ausreichend, um die Reaktionen, Verschiebungen und Spannungen in der Struktur eindeutig zu bestimmen. Dies ist typisch für Systeme mit mehreren Freiheitsgraden, wie beispielsweise Balken mit eingespannten Enden oder Tragwerke mit komplexen geometrischen Konfigurationen.

Um statisch unbestimmte Systeme zu analysieren, sind fortgeschrittene Methoden der Strukturanalyse erforderlich. Eine häufig verwendete Methode ist die Methode der virtuellen Arbeit, die auf der Idee basiert, dass die Arbeit von äußeren Kräften und internen Kräften im Gleichgewicht sein muss. Eine wichtige Kenngröße bei der Analyse statisch unbestimmter Systeme ist die Anzahl der fehlenden Gleichgewichtsbedingungen, auch als statische Unbestimmtheit bezeichnet. Diese Zahl gibt an, wie viele zusätzliche Gleichungen benötigt werden, um das System zu lösen. Häufig wird die statische Unbestimmtheit durch $n = 3r - m$ beschrieben, wobei r die Anzahl der Auflagerreaktionen und m die Anzahl der externen Kräfte und Momente ist.

3.3 Festigkeitsnachweis

Der Festigkeitsnachweis umfasst eine systematische Bewertung der strukturellen Integrität von Bauteilen und Konstruktionen unter verschiedenen Belastungsszenarien. Ziel dieses Prozesses ist es, sicherzustellen, dass die betrachteten Bauelemente den geltenden Sicherheitsanforderungen entsprechen und den Belastungen standhalten können, denen sie während ihrer Lebensdauer ausgesetzt sein werden. Der Festigkeitsnachweis erfolgt in der Regel durch den Vergleich der auf das Bauelement einwirkenden Belastungen mit den maximalen zulässigen Spannungen, die das Material unter Berücksichtigung seiner Eigenschaften tolerieren kann. Diese zulässigen Spannungen werden oft basierend auf Normen und Standards festgelegt, die die Sicherheit von Bauelementen gewährleisten sollen. Die Belastungen, die beim Festigkeitsnachweis berücksichtigt werden, umfassen sowohl statische als auch dynamische Lasten. Dazu gehören Biegebelastungen, Torsionsbelastungen, Normalkräfte, Querkräfte und Kombinationen dieser Belastungen. Der Festigkeitsnachweis deckt eine breite Palette von Szenarien ab, einschließlich statischer Beanspruchung, zyklischer Beanspruchung und außergewöhnlicher Lasten wie Erdbeben oder Windlasten. Bei der Durchführung des Festigkeitsnachweises werden fortschrittliche analytische Methoden verwendet, die auf Prinzipien der Strukturanalyse und Materialwissenschaften basieren. Die Finite-Elemente-Methode (FEM) ist eine häufig angewandte Methode, die eine genaue Modellierung komplexer Bauelemente und Belastungsszenarien ermöglicht. Durch Simulationen werden Spannungs- und Verformungsverteilungen im Bauelement ermittelt und mit den zulässigen Grenzwerten verglichen. Ein kritischer Aspekt des Festigkeitsnachweises ist die Berücksichtigung von Sicherheitsfaktoren. Diese Faktoren tragen den Unsicherheiten in

Bezug auf Belastungsannahmen, Materialdaten und Modellierung Rechnung. Dadurch wird sichergestellt, dass die tatsächlichen Beanspruchungen die zulässigen Grenzwerte nicht überschreiten, selbst wenn Abweichungen auftreten.

3.3.1 Nennspannungskonzept

Das Nennspannungskonzept basiert auf der Idee, dass die Spannungen in einem Bauteil mit einer einheitlichen Spannungsgröße verglichen werden, die als Nennspannung bezeichnet wird. Das Nennspannungskonzept vereinfacht die Analyse, indem es die komplexen Belastungsdistributionen in einem Bauteil auf eine einzige Spannungsgröße reduziert. Ein zentrales Element des Nennspannungskonzepts ist die Vergleichsspannung σ_v, die als Ergebnis des Vergleichs zwischen der Nennspannung und den zulässigen Spannungen des Materials ermittelt wird. Die zulässigen Spannungen basieren auf Materialdaten, Sicherheitsfaktoren und Normen. Das Nennspannungskonzept kann auf verschiedene Belastungszustände angewendet werden, wie Zug- und Druckbelastung, Biegung, Torsion und Schub. Für jeden Belastungszustand wird die entsprechende Nennspannung ermittelt und mit den zulässigen Spannungen verglichen, um die Sicherheit des Bauteils zu bewerten.

3.3.2 Kerbgrundkonzept

Das Kerbgrundkonzept findet Anwendung, wenn es um die Analyse von Bauteilen mit kräftefreien Oberflächen geht, die anfällig für Rissbildung sind. Um die Auswirkungen von Spannungen, Dehnungen und Gleitungen an diesen anrissgefährdeten Stellen zu verstehen, ist die Kenntnis der Beanspruchungen unerlässlich. Diese Beanspruchungen lassen sich unter Berücksichtigung der statischen und zyklischen Werkstoffgesetze ermitteln, wobei nichtlineare Berechnungen mittels der Finite-Elemente-Methode (FEM) in Verbindung mit einer geeigneten Plastizitätstheorie durchgeführt werden können [4]. Allerdings sind die Rechenzeiten für derartige Berechnungen, besonders unter Berücksichtigung aktueller Rechnerleistungen, beträchtlich hoch. Aus diesem Grund greift man häufig auf lineare FEM-Berechnungen zurück, während die Einflüsse der Nichtlinearitäten durch Erfahrungswerte für die Mikro- und Makrostützwirkung berücksichtigt werden. Hierbei werden die Stützwirkungen, die durch Spannungsumlagerungen verursacht werden, in der Bewertung nicht einbezogen. Diese Herangehensweise führt zu Aussagen mit erhöhter Sicherheit und bildet das Grundkonzept des elastischen Kerbgrundkonzepts. Das elastische Kerbgrundkonzept basiert auf lokalen, elastischen Spannungen und bildet somit die Grundlage für weiterführende Konzepte mit Stützwirkung. Die Vernachlässigung der Stützwirkungen ermöglicht eine konservative Bewertung, die in Situationen mit begrenzten Ressourcen oder fehlenden detaillierten Informationen nützlich ist. Die Erweiterung dieses Konzepts umfasst Modelle, die die

Stützwirkungen explizit einbeziehen, um eine genauere Vorhersage des Verhaltens von Bauteilen unter Belastung zu ermöglichen.

4 Thermodynamik

Die Thermodynamik beschäftigt sich eingehend mit der vielfältigen Natur der Energie sowie deren Umwandlung. Diese Disziplin stellt die fundamentalen Gesetze zur Verfügung, die jeglicher Energieumwandlung zugrunde liegen.

Im Zentrum der thermodynamischen Betrachtung steht das thermodynamische System, kurz als *System* bezeichnet, welches das materielle Gebilde oder Gebiet darstellt, das einer thermodynamischen Untersuchung unterzogen wird. Exemplarische Systeme umfassen Gasvolumina, Flüssigkeiten samt ihren Dampfformen, Mischungen verschiedener Flüssigkeiten, Kristalle oder energietechnische Anlagen. Durch eine reale oder konzeptuelle *Systemgrenze* wird das System von seiner Umgebung oder auch der Umwelt abgegrenzt. Diese Systemgrenze kann sich während des untersuchten Prozesses verschieben, wie es etwa bei der Ausdehnung eines Gases der Fall ist und sie kann sowohl für Energie als auch Materie durchlässig sein.

Die Übertragung von Energie über die Systemgrenze kann in Form von Wärme oder Arbeit geschehen, begleitet von ein- oder austretender Materie. Bei der Analyse von Energieumwandlungsprozessen dient das System zusammen mit seiner Systemgrenze als ein Bilanzraum, in dem Energien, die ein- und austreten, sowie Energieänderungen und Eigenschaften im System in einer Bilanzgleichung miteinander verknüpft werden können. Die Einführung einer Energiebilanz, bekannt als *Erster Hauptsatz*, ermöglicht die Darstellung dieser Zusammenhänge.

Die Bezeichnungen *geschlossen* und *offen* kennzeichnen Systeme je nach Durchlässigkeit für Materie. Ein geschlossenes System erlaubt keinen Materieaustausch über seine Grenze hinweg, während ein offenes System Materiedurchlässigkeit aufweist. Während die Masse eines geschlossenen Systems konstant bleibt, variiert die Masse eines offenen Systems, wenn die einströmende Masse von der austretenden Masse abweicht. Eine ausgeglichene Ein- und Ausströmung von Masse resultiert in einer konstanten Masse des offenen Systems. Beispiele für geschlossene Systeme finden sich in festen Körpern oder Massenelementen in der Mechanik, während offene Systeme Turbinen, Strahltriebwerke und strömende Fluide in Kanälen umfassen.

In einem thermisch *isolierten* System, das keine Wärme über die Systemgrenze transportiert, spricht man von einem *adiabaten* System. Ein abgeschlossenes System ist gänzlich von Einflüssen seiner Umgebung isoliert, wodurch kein Energie- oder Materieaustausch stattfindet.

Die Unterscheidung zwischen geschlossenen und offenen Systemen findet Analogie in den *Lagrange'schen* und *Euler'schen* Bezugssystemen der Strömungsmechanik. Im Lagrange'schen System, welches einem geschlossenen System entspricht, wird die Bewegung eines Fluids durch die Ableitung der Bewegungsgleichungen kleiner Elemente von konstanter Masse untersucht. Im Euler'schen System, vergleichbar mit einem offenen System, wird ein festes Volumenelement im Raum betrachtet und die Fluidströmung durch dieses Element hindurch analysiert. Beide Darstellungen sind äquivalent und die Wahl zwischen geschlossenen und offenen Systemen hängt oft von Zweckmäßigkeit ab.

https://doi.org/10.1515/9783111068794-004

Physikalische Eigenschaften wie Druck, Temperatur, Dichte, elektrische Leitfähigkeit und Brechungsindex charakterisieren ein System, in dem sie messbare Größen darstellen. Der Zustand eines Systems wird durch festgelegte Werte dieser physikalischen Eigenschaften, als *Zustandsgrößen* bekannt, definiert. Eine Veränderung von einem Zustand zum anderen wird als *Zustandsänderung* bezeichnet, während der mathematische Zusammenhang zwischen Zustandsgrößen eine *Zustandsgleichung* darstellt. Wechselwirkungen mit der Umgebung führen zu Zustandsänderungen, bei denen Energie über die Systemgrenze hinweg zugeführt oder abgeführt wird. Zur Charakterisierung einer Zustandsänderung ist es ausreichend, den zeitlichen Verlauf der Zustandsgrößen anzugeben. Für eine umfassende Beschreibung eines Prozesses werden zusätzlich Größe und Art der Interaktionen mit der Umgebung angegeben. Ein Prozess bezeichnet somit die Zustandsänderung, die durch spezifische externe Einflüsse ausgelöst wird. In der Praxis kann eine einzelne Zustandsänderung durch verschiedene Prozesse hervorgerufen werden.

4.1 Temperaturen

Die Temperatur beschreibt den energetischen Zustand eines Systems. Sie ist eng mit der kinetischen Energie der Teilchen in einem System verbunden. Die Temperatur kann als Maß für die durchschnittliche Bewegungsenergie der Teilchen angesehen werden. Je höher die Temperatur, desto intensiver ist die Bewegung der Teilchen. In der Thermodynamik wird die Temperatur oft in der Einheit Kelvin (K) gemessen. Der absolute Nullpunkt, der dem niedrigsten möglichen Temperaturwert entspricht, beträgt 0 Kelvin (−273,15 Grad Celsius). Die Temperatur hat eine entscheidende Bedeutung in vielen praktischen Anwendungen, von der Regelung von Heizungs- und Kühlsystemen bis hin zur Ermittlung von Gleichgewichtszuständen in chemischen Reaktionen.

4.1.1 Thermisches Gleichgewicht

Wenn ein geschlossenes heißes System A mit einem geschlossenen kalten System B in Kontakt gebracht wird, findet ein Energieaustausch in Form von Wärme über die Kontaktfläche statt. Während dieser Austausch stattfindet, ändern sich die Zustandsgrößen beider Systeme im Laufe der Zeit. Nach einer ausreichend langen Zeitspanne stellen sich neue stabile Werte ein, und die Energieübertragung kommt zum Stillstand. In diesem Endzustand herrscht ein thermisches Gleichgewicht zwischen den Systemen. Die Geschwindigkeit, mit der die Systeme dieses Gleichgewicht erreichen, ist von verschiedenen Faktoren abhängig, darunter die Art des Kontakts zwischen den Systemen und ihre thermischen Eigenschaften. Zum Beispiel wird sich ein Gleichgewicht schneller einstellen, wenn die Systeme nur durch eine dünne Metallwand getrennt sind, im Vergleich zu einer dicken Wand aus Polystyrolschaum. Eine Trennwand, die den Austausch von

Materie sowie mechanische, magnetische oder elektrische Wechselwirkungen verhindert, jedoch den Wärmetransport ermöglicht, wird als diatherm bezeichnet. Eine solche Wand ist thermisch leitend. Andererseits bezeichnet man eine Wand, die absolut keinen Wärmeaustausch ermöglicht, als adiabat und somit thermisch völlig isolierend.

4.1.2 Nullter Hauptsatz

Stehen zwei Systeme, A und C, sowie B und C im thermischen Gleichgewicht, dann befinden sich auch die Systeme A und B im thermischen Gleichgewicht, wenn sie über eine diatherme Wand miteinander in Kontakt gebracht werden. Dieser Grundsatz wird als der *nullte Hauptsatz* der Thermodynamik bezeichnet. Um zu überprüfen, ob sich zwei Systeme, A und B, im thermischen Gleichgewicht befinden, bringt man sie einzeln in Kontakt mit einem dritten System C, wobei die Masse von C im Vergleich zu A und B als vernachlässigbar klein angesehen wird. Der Ablauf sieht vor, dass zuerst C mit A in Kontakt gebracht wird, wodurch bestimmte Zustandsgrößen von C beeinflusst werden. Diese beeinflussten Zustandsgrößen von C bleiben unverändert, wenn daraufhin B mit C in Kontakt gebracht wird, unter der Voraussetzung, dass zuvor ein thermisches Gleichgewicht zwischen A und B bestand. Durch das dritte System C kann so festgestellt werden, ob zwischen den Systemen A und B ein thermisches Gleichgewicht herrscht. Nach der Einstellung des Gleichgewichts können den Zustandsgrößen von C feste empirische Temperaturen zugeordnet werden. Das Instrument, das zur Messung dieser Temperaturen dient, wird als Thermometer bezeichnet. Dieses Konzept ermöglicht eine quantitative Erfassung von Temperaturunterschieden und -änderungen, was in der Thermodynamik von großer Bedeutung ist. Der nullte Hauptsatz ist somit von fundamentaler Bedeutung für das Verständnis der thermischen Interaktion zwischen verschiedenen Systemen.

4.1.3 Temperaturskalen

Es gibt verschiedene Temperaturskalen, die auf unterschiedlichen physikalischen Prinzipien basieren und jeweils ihre eigenen Charakteristika aufweisen. Die bekannteste Temperaturskala ist die Celsius-Skala (°C), die den Nullpunkt bei der Schmelztemperatur des Wassers festlegt und den Siedepunkt des Wassers bei Normaldruck als 100 Grad definiert. Die Celsius-Skala ist aufgrund ihrer praktischen Anwendbarkeit weit verbreitet, aber sie ist nicht absolut, da sie von der Wahl der Referenzsubstanz, in diesem Fall Wasser, abhängt. Eine weitere wichtige Skala ist die Kelvin-Skala (K), die auf dem absoluten Nullpunkt basiert. Der absolute Nullpunkt entspricht $-273{,}15\,°C$ und ist der Punkt, an dem alle thermischen Bewegungen der Teilchen theoretisch zum Stillstand kommen. Die Kelvin-Skala ist daher eine absolute Skala, die unabhängig von der Wahl der Referenzsubstanz ist und direkt mit der kinetischen Energie der Teilchen in einem System verknüpft ist. Ein Temperaturunterschied von 1 Kelvin entspricht einem Temperaturunterschied von 1 Grad Celsius.

4.2 Erster Hauptsatz

Der erste Hauptsatz der Thermodynamik basiert auf empirischer Erfahrung. Er kann nicht durch Beweise begründet werden, sondern erhält seine Geltung aus der Tatsache, dass alle Schlussfolgerungen, die aus ihm abgeleitet werden, im Einklang mit empirischen Beobachtungen stehen. Dieser Grundsatz besitzt eine allgemeine Bedeutung und besagt, dass Energie in einem physikalischen System weder verloren gehen kann noch aus dem Nichts entstehen kann. Energie wird als eine Erhaltungsgröße verstanden, die in einem geschlossenen System konstant bleibt. In seiner essentiellen Form besagt der erste Hauptsatz, dass die Energie eines Systems, bezeichnet als E, ausschließlich durch den Energieaustausch mit seiner Umgebung verändert werden kann. Dabei wird konventionell festgelegt, dass dem System zugeführte Energie als positiv betrachtet wird, während abgeführte Energie als negativ betrachtet wird. Die Veränderung der Energie eines Systems ergibt sich somit aus dem Austausch von Energie mit seiner Umgebung. Der Energieaustausch kann grundsätzlich auf drei Arten erfolgen, durch den Transport von Wärme Q, durch die Ausführung von Arbeit W oder durch den Transport von Masse über die Systemgrenze. In einer differentiellen Schreibweise kann die allgemeine Formulierung des ersten Hauptsatzes als

$$dE = dQ + dW + dE_m \qquad (4.1)$$

ausgedrückt werden. Durch die Anwendung des ersten Hauptsatzes können Energiebilanzen aufgestellt und Energieflüsse in verschiedenen Prozessen analysiert werden. Dieser Grundsatz ermöglicht es, die grundlegenden Prinzipien der Thermodynamik in vielfältigen Anwendungen zu nutzen und zu verstehen.

4.2.1 Die verschiedenen Energieformen

In der Thermodynamik spielt die Unterscheidung zwischen verschiedenen Energieformen eine grundlegende Rolle, insbesondere bei der mathematischen Formulierung des ersten Hauptsatzes. Die Differenzierung der Energieformen ermöglicht eine präzise Beschreibung von Energieübertragung und -umwandlung in verschiedenen physikalischen Prozessen. Die Übertragung der Idee der Arbeit aus der Mechanik auf die Thermodynamik ermöglicht eine klare Definition von Arbeit in diesem Kontext. Wenn eine Kraft auf ein System wirkt, wird die geleistete Arbeit als das Produkt aus dieser Kraft und der Verschiebung des Angriffspunkts der Kraft definiert. Diese Arbeit wird entlang eines Wegs z zwischen den Punkten 1 und 2 von der Kraft F verrichtet.

$$W_{12} = \int\limits_{1}^{2} F dz \tag{4.2}$$

Die *mechanische Arbeit* W_{m12} beschreibt die Arbeit, die von Kräften auf ein abgeschlossenes System mit der Masse m ausgeübt wird, um es von der Anfangsgeschwindigkeit w_1 auf die Endgeschwindigkeit w_2 zu beschleunigen und es im Gravitationsfeld gegen die Fallbeschleunigung g von der Höhe z_1 auf z_2 anzuheben.

$$W_{m12} = m\left(\frac{w_2^2}{2} - \frac{w_1^2}{2} \right) + mg(z_2 - z_1) \tag{4.3}$$

Neben der mechanischen Arbeit ist auch die *Volumenarbeit* von Bedeutung. Sie bezieht sich auf die Arbeit, die aufgewendet werden muss, um das Volumen eines Systems zu verändern. Innerhalb eines Systems mit einem Volumen V, das einem variablen Druck p unterliegt, verschiebt sich ein Oberflächenelement dA um den Abstand dz.

$$dW_v = -p \int\limits_{A} dA dz = -p dV \quad \Rightarrow \quad W_{v12} = - \int\limits_{1}^{2} p dV \tag{4.4}$$

Einen weiteren wichtigen Aspekt bildet die *Dissipationsarbeit*. Diese bezieht sich auf die Arbeit, die bei irreversiblen Prozessen, wie beispielsweise Reibung oder Viskosität, in Wärme umgewandelt wird und somit dem System nicht mehr zur Verfügung steht. Die Dissipationsarbeit zeigt die Verluste aufgrund von Energieumwandlungen, die nicht vollständig in nutzbare Arbeit umgewandelt werden können.

Darüber hinaus verfügt ein System über *innere Energie U* (gespeicherte Energie). Die gesamte Systemenergie setzt sich somit aus verschiedenen Beiträgen zusammen, darunter die kinetische Energie E_{kin} der Moleküle aufgrund ihrer Bewegung, die potentielle Energie E_{pot} aufgrund der Anordnung der Moleküle im System und der inneren Energie.

$$E = U + E_{kin} + E_{pot} \tag{4.5}$$

Die innere Energie umfasst auch Wechselwirkungen zwischen den Teilchen, wie chemische Bindungen oder intermolekulare Kräfte. Änderungen der inneren Energie können durch Wärmeübertragung oder Arbeit erfolgen. Wenn Energie in ein System zugeführt wird, erhöht sich seine innere Energie, während bei Energieabgabe die innere Energie abnimmt.

Wärme Q hingegen ist eine Form der Energieübertragung zwischen Systemen aufgrund eines Temperaturunterschieds. Sie stellt den Energiefluss dar, der aufgrund eines Temperaturgradienten von einem wärmeren zu einem kälteren System erfolgt. Wärme wird nicht als Zustandsgröße betrachtet, sondern als Energieübertragung, die zu einer Veränderung der inneren Energie eines Systems führt. Wenn Wärme in ein System hineinfließt, erhöht sich seine innere Energie, während Wärmeabgabe zu einer Abnahme der inneren Energie führt. Die genaue Menge an Wärme, die übertragen wird, hängt von den Temperaturunterschieden und den Eigenschaften der beteiligten Materialien ab.

4.2.2 Geschlossene Systeme

Ein geschlossenes System wird durch eine materielle oder gedachte Systemgrenze von seiner Umgebung getrennt, was es ermöglicht, die Energiebilanz innerhalb des Systems zu betrachten, ohne dass Masse über die Systemgrenze ausgetauscht wird. Die Energieerhaltung in einem geschlossenen System wird durch die Gleichung

$$dE = dQ + dW \tag{4.6}$$

beschrieben. Hierbei steht dE für die Veränderung der Energie des Systems, dQ repräsentiert die zugeführte oder abgeführte Wärmemenge, und dW steht für die aufgebrachte oder verrichtete Arbeit. Diese Gleichung verdeutlicht, wie die Änderung der Energie des geschlossenen Systems sowohl durch den Austausch von Wärme als auch durch aufgebrachte Arbeit beeinflusst wird.

Beispiel 4.1 (Ottomotor). In diesem Beispiel soll ein Viertakt-Ottomotor simuliert werden, wobei nur der Verdichtungs- und der Arbeitstakt betrachtet werden. Zu ermitteln sind der Zylinderinnendruck und die Gastemperatur. Das Prinzip dieses Motors besteht aus vier aufeinanderfolgenden Takten, die als Ansaugen, Verdichten, Verbrennen und Ausstoßen bezeichnet werden. Jeder dieser Takte trägt zur Umwandlung von Kraftstoff in mechanische Energie bei. Dieser Viertaktzyklus wiederholt sich fortlaufend, wodurch der Ottomotor eine kontinuierliche Energieerzeugung ermöglicht. Die Drehbewegung des Kolbens wird über eine Kurbelwelle in eine rotierende Bewegung umgewandelt (siehe Abb. 4.1), die letztendlich die Kraft auf die Antriebsräder des Fahrzeugs überträgt.

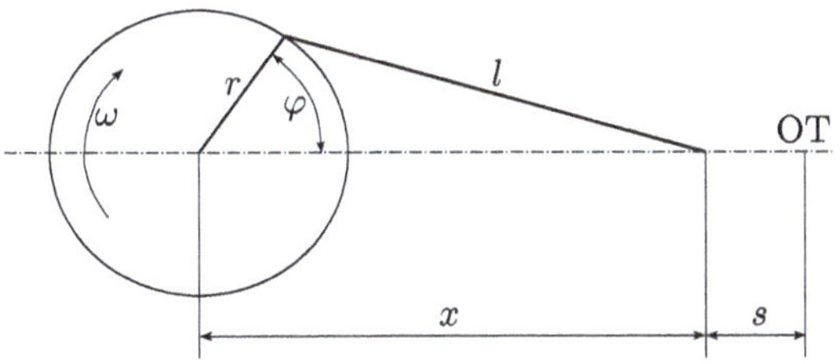

Abb. 4.1: Kurbelgeometrie.

Der Abstand des Kolbens zur Drehachse der Kurbelwelle wird durch

$$x(\varphi) = r\left(\cos\varphi + \frac{1}{\lambda} - \frac{\lambda}{4} + \frac{\lambda}{4}\cos 2\varphi \right) \tag{4.7}$$

berechnet. Aufgrund der Bewegung des Kolbens findet eine Volumenänderungsarbeit dW statt.

$$dW = -pdV \tag{4.8}$$

Damit ergibt sich die mechanische Leistung an der Kurbelwelle zu

$$\dot{W} = \frac{dW}{dt} = -p\frac{dV}{dt} \tag{4.9}$$

mit dem Zylinderdruck p und der zeitlichen Änderung des Zylindervolumens dV/dt. Das Zylindervolumen ist abhängig vom Kurbelwinkel φ und setzt sich zusammen aus dem Hubvolumen und dem Kompressionsvolumen V_c.

$$V(\varphi) = V_c + \frac{\pi d^2 s(\varphi)}{4} \tag{4.10}$$

Die Implementierung der mechanischen Leistung ist in Abb. 4.2 dargestellt.

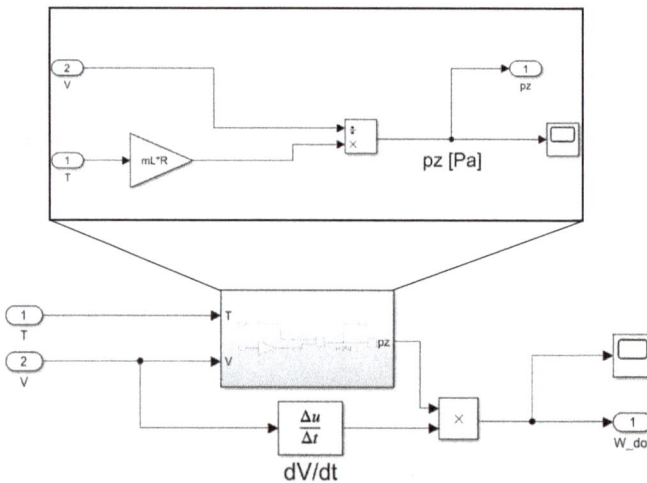

Abb. 4.2: Blockschaltbild der mechanischen Leistung.

Ein wichtiger Aspekt bei der Simulation eines Ottomotors ist die Berechnung der zugeführten Wärmemenge. Durch das Verbrennen von Benzin wird eine entsprechende Leistung P_B zugeführt.

$$P_B = BH_u \tag{4.11}$$

Die zugeführte Leistung entspricht dem Produkt aus dem Benzinmassenstrom B und dem Heizwert H_u. Der Benzinmassenstrom ergibt sich durch

$$B = b_e P_e \qquad (4.12)$$

mit dem spezifischen Kraftstoffverbrauch b_e und der effektiven Leistung P_e (Leistung an der Kurbelwelle). Die zugeführte Wärmemenge ergibt sich somit zu

$$Q_{B,ges} = P_B 2T \quad \text{mit } T = \frac{1}{n}. \qquad (4.13)$$

Die 2 in der Gleichung resultiert aufgrund der Tatsache, dass nur bei jeder zweiten Umdrehung ein Arbeitstakt stattfindet. Die zugeführte Wärmemenge wird allerdings nicht schlagartig freigesetzt, sondern über einem gewissen Zeitabschnitt, bis der Kraftstoff verbrannt ist. Hierfür wird eine Durchbrennfunktion benötigt, die abhängig von φ ist.

$$Q_B(\varphi) = Q_{B,ges}\left(1 - \exp{-a\left(\frac{\varphi}{\Delta\varphi_V}\right)^{m+1}}\right) \qquad (4.14)$$

Hierbei beschreibt a ein Maß für den Umsetzungsgrad und $\Delta\varphi_V$ die Brenndauer in ° Kurbelwinkel. Bezieht man die Gleichung (4.14) auf die Zeit, dann folgt die zugeführte Wärmeleistung $\dot{Q}_B = \dot{Q}_{B,zu}$ (siehe Abb. 4.3).

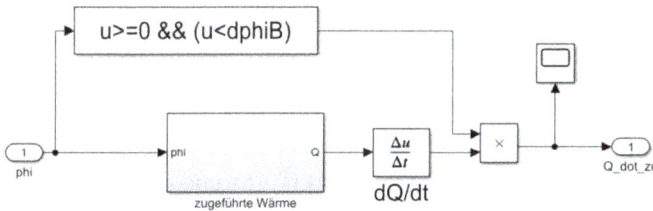

Abb. 4.3: Blockschaltbild der zugeführten Wärmeleistung.

Darüber hinaus wird Wärmeleistung abgeführt (siehe Abb. 4.4). Das passiert durch den Wärmeübergang an die Zylinderwand und an den Kolben.

$$\dot{Q}_{B,ab} = \alpha A(T - T_W) \qquad (4.15)$$

Der Wärmeübergangskoeffizient α definiert, wie schnell Wärme übertragen wird, und ist materialabhängig. Die wärmetauschende Fläche A ist abhängig vom Kurbelwinkel, aufgrund der Bewegung des Kolbens. Zusätzlich wird angenommen, dass der Wärmeübergangskoeffizient und die Wandtemperatur des Zylinders konstant sind.

$$A(\varphi) = \frac{2\pi d^2}{4} + \pi d s \quad \text{mit } s = r + l - x \qquad (4.16)$$

Für den ersten Hauptsatz ergibt sich nun folgende Gleichung

$$\dot{Q}_{B,zu} - \dot{Q}_{B,ab} - \dot{W} = \Delta\dot{U}, \qquad (4.17)$$

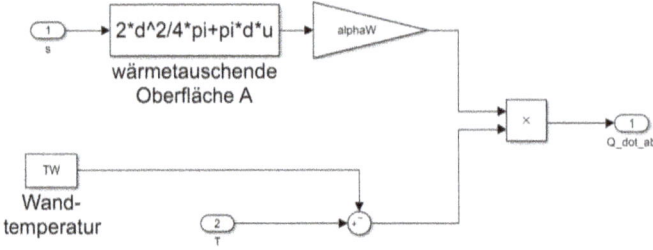

Abb. 4.4: Blockschaltbild der abgeführten Wärmeleistung.

wobei $\Delta\dot{U}$ durch

$$\Delta\dot{U} = c_v m \dot{T} \tag{4.18}$$

berechnet wird. c_v ist die spezifische Wärmekapazität und m die Masse des Gases. Der Zylinderinnendruck wird mit der idealen Gasgleichung berechnet:

$$p = \frac{mRT}{V}. \tag{4.19}$$

Die Ergebnisse sind in Abbildung 4.5 dargestellt. Die Simulation zeigt, dass der Druck während des Verdichtungstakts ansteigt und im Arbeitstakt einen maximalen Wert erreicht, wenn die Verbrennung erfolgt. Die Temperatur steigt ebenfalls während des Verbrennungstakts an. Der Zeitpunkt, an dem der maximale Druck und die Temperatur erreicht werden, hängt von verschiedenen Parametern ab, einschließlich des Kurbelwinkels, der Brenndauer, des spezifischen Kraftstoffverbrauchs und des Wärmeübergangskoeffizienten. Diese Parameter beeinflussen den genauen Verlauf der Druck- und Temperaturkurven im Diagramm.

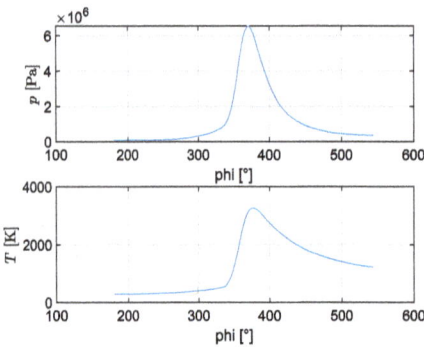

Abb. 4.5: Darstellung der Simulationsergebnisse.

Das Ergebnis der Simulation kann somit dazu beitragen, das Verhalten des Ottomotors unter verschiedenen Betriebsbedingungen zu verstehen und Optimierungsmöglichkeiten im Hinblick auf eine effizientere Energieerzeugung zu identifizieren. Die Analyse der Druck- und Temperaturverläufe im Ottomotor ermöglicht es Ingenieuren, die Leistungsfähigkeit des Motors zu bewerten und potenzielle Schwachstellen zu identifizieren. Durch die Optimierung der Brenndauer, des Luft-Kraftstoff-Verhältnisses und anderer Parameter können sie die Motorleistung steigern und gleichzeitig den Kraftstoffverbrauch reduzieren. Die Simulation bietet ebenfalls die Möglichkeit, verschiedene Designänderungen zu testen, um herauszufinden, wie sie sich auf das Verhalten des Motors auswirken. Beispielsweise können Veränderungen in der Geometrie des Brennraums, im Kolbendesign oder im Wärmeübergang beeinflussen, wie effizient der Motor arbeitet.

4.2.3 Offene Systeme

Ein offenes System bezieht Energie und Materie aus seiner Umgebung, während ein geschlossenes System lediglich Energie, jedoch keine Materie, mit seiner Umgebung austauscht. Ein wesentliches Konzept in der Untersuchung offener Systeme ist der stationäre Prozess, bei dem kontinuierlich Arbeit verrichtet wird, während sich die Systemparameter nicht mit der Zeit ändern. Dies wird als stationärer Fließprozess bezeichnet. Beispielsweise kann eine Maschine Arbeit W_{t12} an der Welle verrichten, während ein Fluid durch einen Wärmeübertrager strömt und Wärme Q_{12} mit seiner Umgebung austauscht.

Betrachtet man den Durchgang einer bestimmten Masse Δm durch das System, ergibt sich eine Lagrange'sche Perspektive ähnlich der Strömungslehre, in der diese Masse als ein geschlossenes System betrachtet wird. Hierbei findet der erste Hauptsatz der Thermodynamik für geschlossene Systeme Anwendung. Die an Δm verrichtete Arbeit setzt sich zusammen aus der technischen Arbeit W_{t12}, $\Delta m p_1 v_1$ für den Transport von Δm über die Systemgrenze von der Umgebung zum System und $\Delta m p_2 v_2$ für den umgekehrten Transport. Diese Gesamtarbeit W_{12} wird durch die Gleichung

$$W_{12} = W_{t12} + \Delta m(p_1 v_1 - p_2 v_2) \tag{4.20}$$

beschrieben. Die Anwendung des ersten Hauptsatzes auf das geschlossene System führt zur Gleichung

$$E_2 - E_1 = Q_{12} + W_{t12} + \Delta m(p_1 v_1 - p_2 v_2). \tag{4.21}$$

Hierbei repräsentiert E die Energie des Systems. Die Zustandsgröße Enthalpie H wird als $H = U + pV$ definiert, wobei U die innere Energie und V das Volumen darstellen. Unter Einbeziehung dieser Definition kann der erste Hauptsatz für stationäre Fließprozesse offener Systeme in der Form

$$0 = Q_{12} + W_{t12} + \Delta m\left(H_1 + \frac{w_1^2}{2} + gz_1 \right) - \Delta m\left(H_2 + \frac{w_2^2}{2} + gz_2 \right) \tag{4.22}$$

ausgedrückt werden. Diese Gleichung verdeutlicht, dass die Summe der durch die Systemgrenze transportierten Energien null beträgt, da es sich um einen stationären Prozess handelt. Hierbei umfassen die transportierten Energien die Wärme Q_{12}, die technische Arbeit W_{12}, die dem Massenelement Δm zugeführte Energie $\Delta m(H_1 + w_1^2/2 + gz_1)$ sowie die mit diesem Massenelement abgeführte Energie $\Delta m(H_2 + w_2^2/2 + gz_2)$. Für einen kontinuierlich ablaufenden Prozess wählt man folgende Form der Bilanzgleichung

$$0 = \dot{Q} + W + \dot{m}\left(H_1 + \frac{w_1^2}{2} + gz_1\right) - \dot{m}\left(H_2 + \frac{w_2^2}{2} + gz_2\right). \tag{4.23}$$

4.3 Zweiter Hauptsatz

Der zweite Hauptsatz der Thermodynamik besitzt signifikante Implikationen in Bezug auf die Ausrichtung von Prozessen und das Konzept der Unumkehrbarkeit. Dieser Hauptsatz eröffnet Einblicke in die Natur von Energieumwandlungen und thermodynamischen Veränderungen. Eine zentrale Ableitung aus dem zweiten Hauptsatz der Thermodynamik liegt in der Definition der thermodynamischen Temperatur. Ebenso erwächst aus diesem Hauptsatz die grundlegende Zustandsgröße der Entropie, welche die Richtung von natürlichen Prozessen bestimmt. Darüber hinaus resultiert aus dem zweiten Hauptsatz der Thermodynamik eine wichtige Unterscheidung zwischen Exergie und Anergie. Diese Begriffe charakterisieren die Menge an Energie, die in einem System verfügbar ist, um Arbeit zu verrichten, im Gegensatz zu jener, die als unbrauchbare innere Energie vorliegt. Diese Differenzierung trägt maßgeblich zum Verständnis der Effizienz und Leistung von Energieumwandlungsprozessen bei. Ein weiteres bemerkenswertes Ergebnis des zweiten Hauptsatzes ist die Erkenntnis, dass der Wirkungsgrad einer Wärmekraftmaschine niemals den Carnot-Wirkungsgrad überschreiten kann. Der Carnot-Wirkungsgrad stellt die maximale Effizienz dar, die eine Wärmekraftmaschine bei gegebenen Temperaturen erreichen kann. Diese Einschränkung hat bedeutende Konsequenzen für die Gestaltung und den Betrieb von Wärmekraftmaschinen, die in vielfältigen Anwendungen, von der Energieerzeugung bis zur Kältetechnik, von entscheidender Bedeutung sind.

4.3.1 Allgemeine Formulierung

Eines der Schlüsselkonzepte in der Thermodynamik ist der zweite Hauptsatz, der in einer allgemeinen mathematischen Formulierung durch die Einführung der Entropie als weitere Zustandsgröße eines Systems beschrieben wird. Wir betrachten zunächst die Wärmeübertragung zwischen einem System und seiner Umgebung. Gemäß dem ersten Hauptsatz kann ein System Arbeit und Wärme mit seiner Umgebung austauschen. Die Zufuhr von Arbeit führt zu einer Änderung der inneren Energie des Systems, während die Wärmezufuhr eine Änderung der Entropie des Systems verursacht. Um diese Veränderung des Systems zu beschreiben, führen wir eine zusätzliche Zustandsgröße ein, die als Entropie S bezeichnet wird. Die Beziehung zwischen der Entropie, der Temperatur T und dem Druck p eines Systems kann durch die Gibbs'sche Fundamentalgleichung ausgedrückt werden:

$$dU = TdS - pdV. \tag{4.24}$$

Hierbei repräsentiert T die thermodynamische Temperatur, definiert als $(\partial U/\partial S)_V$, und p ist der Druck, definiert als $(\partial U/\partial V)_S$. Alternativ kann die innere Energie U durch die Enthalpie $H = U + pV$ ersetzt werden, was zu einer äquivalenten Beziehung führt:

$$dH = TdS + Vdp. \tag{4.25}$$

Das Studium der Eigenschaften der Entropie zeigt, dass in einem abgeschlossenen System, das sich von einem inneren Ungleichgewichtszustand in Richtung Gleichgewichtszustand bewegt, die Entropie stets zunimmt [4]. Im Grenzfall des Gleichgewichts erreicht die Entropie ein Maximum. Die Zunahme der Entropie im Inneren des Systems wird als dS_i bezeichnet. In einem nicht abgeschlossenen System kann sich die Systementropie auch durch den Wärmeaustausch mit der Umgebung dS_Q und den Materieaustausch mit der Umgebung dS_m ändern. Die Systementropie ändert sich jedoch nicht durch den Austausch von Arbeit mit der Umgebung. Zusammengefasst lautet die allgemeine Formulierung des zweiten Hauptsatzes in der Thermodynamik:

$$dS = dS_Q + dS_m + dS_i. \tag{4.26}$$

4.3.2 Spezielle Formulierungen

In der Thermodynamik sind spezielle Formulierungen des zweiten Hauptsatzes besonders relevant, insbesondere wenn es um adiabate geschlossene Systeme und Systeme mit Wärmezufuhr geht. Diese Formulierungen ermöglichen es, das Verhalten von Systemen in verschiedenen thermodynamischen Szenarien präzise zu beschreiben. In adiabaten, geschlossenen Systemen steht die Entropie im Fokus. Hierbei gilt die grundlegende Erkenntnis, dass die Entropie niemals abnehmen kann, sie kann nur bei irreversiblen Prozessen zunehmen oder bei reversiblen Prozessen konstant bleiben. Für geschlossene Systeme, die einer Wärmezufuhr unterliegen, lässt sich der zweite Hauptsatz wie folgt formulieren:

$$dU = TdS_Q + dW_{\text{diss}} - pdV \quad \text{mit } dQ = TdS_Q. \tag{4.27}$$

Ein direkter Vergleich mit dem ersten Hauptsatz der Thermodynamik zeigt, dass die übertragene Wärme dQ in diesem Zusammenhang als Energie betrachtet wird, die mit

Entropie über die Systemgrenze strömt. Anders ausgedrückt, Wärmeübertragung geht immer mit einer Änderung der Entropie einher, da sie die innere Unordnung des Systems erhöht. Im Gegensatz dazu wird Arbeit ohne Entropieaustausch übertragen, was bedeutet, dass sie die innere Energie des Systems verändert, aber nicht direkt zur Entropieerhöhung beiträgt.

4.4 Wärmeübertragung

Die Wärmeübertragung spielt eine entscheidende Rolle bei der Bewegung von thermischer Energie zwischen verschiedenen Körpern oder Bereichen eines Körpers, die sich in unterschiedlichen Temperaturen befinden. Dieser Vorgang ist von wesentlicher Bedeutung, da er Temperaturunterschiede ausgleicht und somit zu einem thermischen Gleichgewicht führt. In der wissenschaftlichen Betrachtung lassen sich drei Hauptarten der Wärmeübertragung unterscheiden, die jeweils verschiedene Mechanismen und Prinzipien aufweisen.

Die erste Form der Wärmeübertragung ist die Leitung, die in festen Körpern sowie in ruhenden flüssigen und gasförmigen Medien auftritt. Dieser Prozess basiert auf der Übertragung von kinetischer Energie von einem Molekül oder Elementarteilchen auf seine benachbarten Partikel. In festen Materialien erfolgt die Wärmeleitung durch die Schwingung der Atome oder Moleküle, die in einem kristallinen Gitter angeordnet sind. Dabei bewegen sich die Teilchen, wenn sie Wärme aufnehmen, schneller und übertragen diese Bewegungsenergie auf ihre Nachbarn. Dieser Prozess setzt sich fort, bis ein thermisches Gleichgewicht erreicht ist.

Die zweite Form der Wärmeübertragung ist die Konvektion oder Mitführung, die in bewegten flüssigen oder gasförmigen Medien stattfindet. Hierbei spielt die Bewegung der Medien selbst eine entscheidende Rolle bei der Verteilung der thermischen Energie. Wenn ein Teil des Mediums durch Erwärmung leichter wird und aufsteigt, während kälteres Material absinkt, entsteht ein kontinuierlicher Austausch von Wärme. Dieser Mechanismus ist für Phänomene wie die Entstehung von Winden und Ozeanströmungen verantwortlich.

Die dritte Form der Wärmeübertragung ist die Strahlung, bei der die Energieübertragung ohne die Notwendigkeit eines materiellen Trägers durch elektromagnetische Wellen erfolgt. Dieser Prozess ist für die Übertragung von Wärmeenergie von der Sonne zur Erde verantwortlich und spielt auch in der Infrarot-Heiztechnik eine wichtige Rolle. Wärmeübertragung durch Strahlung folgt den Gesetzen der elektromagnetischen Wellen und hängt von Faktoren wie Temperatur und Oberflächenbeschaffenheit ab.

In der technischen Anwendung treten häufig alle drei Arten der Wärmeübertragung gleichzeitig auf und beeinflussen das Verhalten von Systemen und Geräten. Ein tiefes Verständnis dieser Mechanismen ist entscheidend für die Effizienz und Leistungsfähigkeit thermodynamischer Prozesse und spielt eine zentrale Rolle in vielen Bereichen der Wissenschaft und Technik.

4.4.1 Stationäre Wärmeleitung

Die stationäre Wärmeleitung durch eine ebene Wand ist ein fundamentaler Prozess in der Thermodynamik, der es ermöglicht, die Wärmeübertragung in einem bestimmten Material oder Medium zu verstehen und zu quantifizieren. Nehmen wir an, wir haben eine ebene Wand mit einer Dicke von δ und ihre beiden Oberflächen werden auf unterschiedlichen Temperaturen T_1 und T_2 gehalten. In Übereinstimmung mit dem Fourier'schen Gesetz fließt durch die Fläche A in der Zeit τ ein Wärmestrom Q, der durch die Gleichung

$$Q = \lambda A \frac{T_1 - T_2}{\delta} \tau \qquad (4.28)$$

beschrieben wird. Hierbei repräsentiert λ die Wärmeleitfähigkeit des Materials. Der Ausdruck $Q/\tau = \dot{Q}$ wird als Wärmestrom bezeichnet, während $Q/(\tau A) = \dot{p}$ als Wärmestromdichte bekannt ist. Das Fourier'sche Gesetz kann auch in einer anderen Form betrachtet werden, indem wir anstelle der Wand mit endlicher Dicke δ eine dünne Scheibe der Dicke dx senkrecht zum Wärmestrom herausnehmen. In diesem Fall ergibt sich das Fourier'sche Gesetz in der Form

$$\dot{Q} = -\lambda A \frac{\Delta T}{dx} \quad \text{und} \quad \dot{q} = -\lambda \frac{\Delta T}{dx}. \qquad (4.29)$$

Hierbei ist ΔT die Temperaturdifferenz über die Dicke der Scheibe. Das negative Vorzeichen in den Gleichungen deutet darauf hin, dass die Wärme in Richtung abnehmender Temperatur fließt. Der Wärmestrom kann in Bezug auf die drei Koordinaten x, y und z als Vektor dargestellt werden, wobei die Einheitsvektoren e_x, e_y und e_z verwendet werden. Diese Darstellung ist zugleich die allgemeine Form des Fourier'schen Gesetzes und gilt insbesondere für isotrope Körper, das heißt, für Materialien, deren Wärmeleitfähigkeit entlang der drei Koordinatenachsen gleich ist:

$$\dot{\mathbf{q}} = -\lambda \left(\frac{\partial T}{\partial x} e_x + \frac{\partial T}{\partial y} e_y + \frac{\partial T}{\partial z} e_z \right). \qquad (4.30)$$

4.4.2 Wärmeübergang und Wärmedurchgang

Der Wärmedurchgang tritt auf, wenn ein Fluid Wärme an eine Wand abgibt, diese Wärme durch die Wand geleitet und auf der anderen Seite an ein zweites Fluid übertragen wird. Dieser Vorgang setzt sich aus zwei aufeinanderfolgenden Wärmeübergängen und einem Wärmeleitvorgang innerhalb der Wand zusammen. Die Temperaturverteilung in diesem Prozess zeigt eine charakteristische Eigenschaft. Unmittelbar an der Wand fällt die Temperatur steil ab, während sich die Temperaturen in einiger Entfernung von der Wand nur geringfügig unterscheiden. Dieses Verhalten kann vereinfacht durch das

Konzept einer dünnen, ruhenden Fluidgrenzschicht beschrieben werden, die an der Wand haftet und eine Filmdicke von δ_i oder δ_a aufweist. Außerhalb dieser Grenzschicht gleicht das Fluid Temperaturunterschiede aus. In der dünnen Fluidgrenzschicht erfolgt die Wärmeübertragung hauptsächlich durch Leitung, wobei diese Übertragung durch das Fourier'sche Gesetz beschrieben wird. Der übertragene Wärmestrom kann durch

$$\dot{Q} = kA(T_i - T_a) \tag{4.31}$$

ausgedrückt werden. Dabei steht k für den gesamten Wärmewiderstand, der sich additiv aus den Einzelwiderständen zusammensetzt.

4.4.3 Nichtstationäre Wärmeleitung

Die nichtstationäre Wärmeleitung tritt auf, wenn sich die Temperaturen in einem System im Laufe der Zeit verändern. Im Gegensatz zur stationären Wärmeleitung, bei der die Temperaturen konstant sind, zeigt die nichtstationäre Wärmeleitung einen zeitabhängigen Temperaturverlauf.

Betrachten wir eine ebene Wand mit fest vorgegebenen Oberflächentemperaturen. In diesem Fall ist der Temperaturverlauf innerhalb der Wand nicht mehr geradlinig, da die Wärmemenge, die in die Wand eintritt, von der austretenden Wärmemenge abweicht. Diese Diskrepanz zwischen dem ein- und austretenden Wärmestrom beeinflusst die innere Energie in der Wand und somit auch deren Temperatur als Funktion der Zeit. Die mathematische Beschreibung der nichtstationären Wärmeleitung erfolgt oft mithilfe der Fourier'schen Wärmeleitgleichung. Für ebene Wände, in denen der Wärmestrom entlang der x-Achse verläuft, lautet diese Gleichung

$$\frac{\partial T}{\partial \tau} = \alpha \frac{\partial^2 T}{\partial x^2}. \tag{4.32}$$

Bei der mehrdimensionalen Wärmeleitung erweitert sich die Gleichung um die entsprechenden Dimensionen:

$$\frac{\partial T}{\partial \tau} = \alpha \left(\frac{\partial^2 T}{\partial x^2} + \frac{\partial^2 T}{\partial y^2} + \frac{\partial^2 T}{\partial z^2} \right). \tag{4.33}$$

4.4.4 Wärmeübergang durch Konvektion

Neben der Wärmeleitung findet darüber hinaus ein Energieaustausch durch Konvektion statt. Dabei wird jedes Volumenelement des Fluids zum Träger von innerer Energie, die es durch die Strömung transportiert und im Falle des Wärmeübergangs durch Konvektion an einen festen Körper abgibt. Es existieren zwei Hauptarten der Konvektion.

Erzwungene Konvektion tritt auf, wenn die Strömung des Fluids durch äußere Kräfte erzeugt wird, beispielsweise durch eine Druckerhöhung in einer Pumpe. Im Gegensatz dazu wird freie Konvektion durch Dichteunterschiede innerhalb eines Schwerefelds ausgelöst. Diese Dichteunterschiede werden in der Regel durch Temperaturunterschiede verursacht, wobei seltener auch Druckunterschiede eine Rolle spielen können. Bei Gemischen kann die Konvektion auch durch Konzentrationsunterschiede hervorgerufen werden. Der Wärmeübergang in der erzwungenen Konvektion kann durch Gleichungen beschrieben werden, die die Form $Nu = f_1(Re, Pr, L_n/l)$ aufweisen. Hierbei stehen Nu für die Nusselt-Zahl, Re für die Reynolds-Zahl, Pr für die Prandtl-Zahl und L_n/l für eine geometrische Kenngröße. Die Nusselt-Zahl beschreibt das Verhältnis des Wärmeübergangs durch Konvektion zum Wärmeübergang allein durch Wärmeleitung. Die Reynolds-Zahl bezieht sich auf die Strömungseigenschaften des Fluids, während die Prandtl-Zahl das Verhältnis von kinematischer Viskosität zu Wärmeleitfähigkeit beschreibt. In der freien Konvektion wird der Wärmeübergang durch Gleichungen der Form $Nu = f_2(Gr, Pr, l_n/l)$ charakterisiert. Hierbei repräsentiert Gr die Grashof-Zahl, welche das Verhältnis von aufgrund von Dichteunterschieden verursachter Auftriebskraft zur Viskosität des Fluids beschreibt.

4.4.5 Wärmeübergang durch Strahlung

Bei der Wärmeübertragung durch Strahlung wird Wärmeenergie in Form von elektromagnetischer Strahlung von einem Körper auf einen anderen übertragen. Diese thermische Strahlung, auch Wärmestrahlung genannt, manifestiert sich als elektromagnetische Wellen im Spektrum mit Wellenlängen im Bereich von 0,76 bis 360 µm. Im Gegensatz zum sichtbaren Licht, das Wellenlängen zwischen 0,36 und 0,78 m aufweist, zeichnet sich die Wärmestrahlung durch längere Wellenlängen aus.

Wenn durch Strahlung ein Wärmestrom $\dot{Q}$ auf einen Körper trifft, unterliegt dieser verschiedenen Wechselwirkungen. Ein Bruchteil $r\dot{Q}$ wird reflektiert, ein weiterer Teil $a\dot{Q}$ wird absorbiert, und ein Teil $d\dot{Q}$ dringt durch den Körper hindurch. Ein Körper, der sämtliche einfallende Strahlung reflektiert, wird als idealer Spiegel bezeichnet, während ein Körper, der sämtliche einfallende Strahlung absorbiert, als schwarzer Körper bekannt ist. Ein Körper wird als diatherman betrachtet, wenn er die gesamte einfallende Strahlung hindurchlässt. Beispiele für diathermane Materialien sind Gase wie Sauerstoff (O_2), Stickstoff (N_2) und andere.

Jeder Körper strahlt aufgrund seiner Temperatur Energie in Form von Wärmestrahlung aus. Ein schwarzer Körper emittiert dabei den maximal möglichen Energiebetrag. Dieser ideale schwarze Körper kann experimentell durch eine stark geschwärzte Oberfläche oder einen Hohlraum realisiert werden, dessen Wände eine gleichmäßige Temperatur aufweisen und der eine kleine Öffnung zur Abgabe der Strahlung besitzt. Die Emission eines schwarzen Strahlers pro Flächeneinheit wird durch das Stefan-Boltzmann-Gesetz mit

$$\dot{e}_S = \sigma T^4 \tag{4.34}$$

beschrieben, wobei $\dot{e}_S$ die Emission des schwarzen Strahlers und σ der Strahlungskoeffizient sind. Wirkliche Körper emittieren jedoch weniger Strahlung als schwarze Strahler. Die emittierte Energie eines realen Körpers wird durch

$$\dot{e} = \varepsilon \dot{e}_S \tag{4.35}$$

beschrieben, wobei $\varepsilon < 1$ eine von der Temperatur abhängige Emissionszahl ist. In vielen Fällen, insbesondere bei technischen Oberflächen (mit Ausnahme von blanken Metallflächen), können diese als graue Strahler betrachtet werden. Für den praktischen Gebrauch kann man in begrenzten Temperaturbereichen oft die Annahme treffen, dass ε konstant ist.

5 Maschinendynamik

Die Maschinendynamik beschäftigt sich eingehend mit der Interaktion zwischen dynamischen Kräften und Bewegungsgrößen innerhalb von Maschinen. Dabei stehen vielfältige Schnittstellen zu angrenzenden Fachgebieten wie der Antriebstechnik, Fahrdynamik, Baudynamik, Messtechnik, Vibrationstechnik und Mechatronik im Fokus. Die Grundlagen, die die Maschinendynamik bereitstellt, sind vielfältig und essentiell für den Maschinenbau. Sie ermöglichen die Bemessung von Maschinenelementen und -baugruppen in Bezug auf Schwingfestigkeit, das Auswuchten von Rotoren sowie die Berechnung von dynamischen Belastungen und Deformationen. Ebenso spielt sie eine maßgebliche Rolle bei der Ermittlung kritischer Drehzahlen, bei denen die Gefahr der Resonanz besteht.

5.1 Kurbeltrieb, Massenkräfte, Schwungradberechnung

Im Bereich der Maschinendynamik spielt der Kurbeltrieb eine bedeutende Rolle bei der Berechnung von Kräften und Momenten, die durch das Medium am Kolben sowie durch die Massen der Triebwerksteile erzeugt werden. Diese Kräfte und Momente sind entscheidend für die umfassende Berechnung der Maschine, einschließlich des Triebwerks. Dabei wird die Gleichförmigkeit des Gangs, die Drehschwingungen der Kurbelwelle, die Massenwirkungen in der Umgebung sowie Resonanzerscheinungen berücksichtigt. Ein weiterer wichtiger Aspekt in der Maschinendynamik ist die Schwungradberechnung. Schwungräder spielen eine essenzielle Rolle bei der Stabilisierung und Ausgleichung des Drehmoments im Kurbeltrieb. Ihre korrekte Berechnung ist entscheidend, um ein optimales Systemverhalten zu gewährleisten und unerwünschte Vibrationen zu minimieren.

5.1.1 Drehkraft

In der Maschinendynamik sind die Drehkräfte von Mehrzylindermaschinen von verschiedenen Einflussfaktoren abhängig. Hierzu zählen die Bauart der Maschine, der Versatz ihrer Kurbeln, die oszillierenden Triebwerksmassen sowie der Druck des Mediums im Zylinder und die Zündfolge bei Motoren. Der Druckverlauf im Zylinder, dargestellt als Funktion des Kurbelwinkels φ, beeinflusst maßgeblich die Drehkräfte. Dabei wird der dimensionslose Wert ξ zur Umrechnung des Kolbenwegs x in den Kurbelwinkel φ genutzt:

$$\xi = \frac{x}{r} = 1 - \cos\varphi + \frac{\lambda}{2}\sin^2\varphi + \cdots \tag{5.1}$$

Das Drehmoment eines Triebwerks wird durch die Kolbenkraft F_K bestimmt, die sich aus der Gasdruckkraft F_s und der Massenkraft F_o zusammensetzt. Dieses Drehmoment

https://doi.org/10.1515/9783111068794-005

wird durch die Kinematik des Kurbeltriebs definiert und ist mit der Tangentialkraft F_T verbunden:

$$M_d = F_T r = F_K r \left(\sin \varphi + \frac{\lambda}{2} \frac{\sin 2\varphi}{\sqrt{1 - \lambda^2 \sin^2 \varphi}} \right). \tag{5.2}$$

Bei steigender Drehzahl beeinflussen die Massenkräfte die Gaskräfte und führen zu Drehmomentschwankungen. Das Gesamtmoment einer Mehrzylindermaschine ergibt sich aus der phasengerechten Überlagerung der Drehmomente der Einzeltriebwerke. Dabei spielen die Anzahl der Zylinder, die Bauart (Reihenmaschine, V-Maschine), der Kurbelversatz und die Gleichheit der Kolben eine wichtige Rolle. Bei Reihenmaschinen wiederholt sich das Gesamtmoment in jeder Periode, wobei die Momentenschwankungen mit steigender Zylinderzahl abnehmen. Für eine Reihenmaschine beträgt das Gesamtmoment

$$M_{\text{dges}} = \sum M_d [\varphi + (K - 1)\varphi_p], \tag{5.3}$$

mit $\varphi_p = 360 a_T / z$ ($a_T = 2$ bei einem Viertaktmotor, sonst $a_T = 1$). Das mittlere Moment wird durch Integration des Gesamtmoments über eine Periode ermittelt.

$$M_{dm} = \frac{1}{\varphi_P} \int_0^{\varphi_P} M_{\text{dges}} d\varphi \tag{5.4}$$

Ein Schwungrad dient dazu, Abweichungen des Moments aufzunehmen und die Ungleichförmigkeit der Drehbewegung zu minimieren. Die ausgetauschte Energie beträgt

$$W_s = \int_{\varphi_k}^{\varphi_{k+1}} (M_d - M_{dm}) d\varphi. \tag{5.5}$$

Das Trägheitsmoment, welches maßgeblich für das Schwungrad ist, wird aus dem Energiesatz abgeleitet. Es umfasst die kinetische Energie und die Drehfrequenz und beinhaltet auch die Anteile der angekoppelten Maschine und der Triebwerke. Darüber hinaus trägt es zur Stabilisierung des Systems bei.

$$J = \frac{W_{\text{smax}}}{\delta \omega_m^2} \tag{5.6}$$

Beispiel 5.1 (Vierzylinder-Ottomotor). In diesem Beispiel soll das mittlere Moment eines Vierzylinder-Reihenmotor simuliert werden. Dazu verwenden wir den Einzylinder-Ottomotor aus dem Kapitel 4.2.2. Es werden vier Subsysteme (Zylinder) erstellt, wobei jedes System jeweils die Winkelgeschwindigkeit ω als Eingangsparameter erhält. Zusätzlich wird angenommen, dass eine konstante Drehzahl vorliegt. Für die Simulation des mittleren Moments des Vierzylinder-Ottomotors wurde das Blockschaltbild in Abbildung 5.1 verwendet. Die Simulation liefert das mittlere Moment, wie in Abbildung 5.2 dargestellt. Dieses mittlere Moment ist von entscheidender Bedeutung, da es Aufschluss über die durchschnittliche Leistung des Motors pro Umdrehung gibt. Es ist ein maßgeblicher Parameter für die Leistungsfähigkeit und Effizienz des Ottomotors.

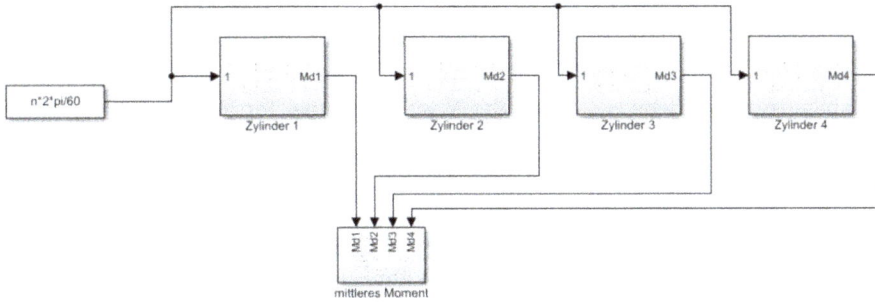

Abb. 5.1: Blockschaltbild des Vierzylinder-Ottomotors.

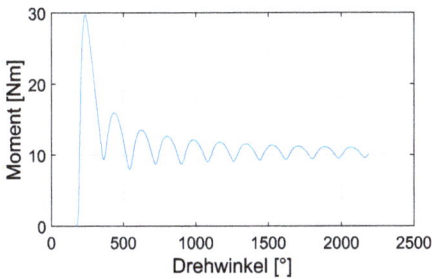

Abb. 5.2: Mittleres Moment des Vierzylinder-Ottomotors.

5.1.2 Massenkräfte

Massenkräfte können in zwei Hauptkategorien unterteilt werden: Kräfte, die sich aus Drehbewegungen ergeben,

$$F_r = m_r r \omega^2, \tag{5.7}$$

und Kräfte, die aus translatorischen Bewegungen resultieren,

$$F_t = m_t a. \tag{5.8}$$

In einem Mehrzylindermotor müssen diese Kräfte und Momente durch vektorielle Addition ermittelt werden, um ein Verständnis ihrer Auswirkungen auf das System zu erhalten. Die Analyse der Massenkräfte bei einem Triebwerk erfordert eine Berücksichtigung von verschiedenen Parametern, darunter die Massen der Triebwerkselemente, die Zylinderabstände und die Differenz im Kurbelversatz. Diese Parameter bleiben während des Betriebs in der Regel konstant und spielen eine entscheidende Rolle bei der Berechnung und Bewertung der Massenkräfte. Es ist wichtig, anzumerken, dass die Schwerelinie der Massen in der Kurbelwellenmitte liegt, was die Analyse erleichtert und eine präzisere Berechnungen ermöglicht. Die resultierenden Kräfte und Momente, die aus diesen Massenkräften entstehen, haben erhebliche Auswirkungen auf das gesamte Triebwerk und die angeschlossenen Maschinen. Insbesondere verursachen sie Schwingungen im Triebwerk und in der Maschine, wobei Torsionsschwingungen der Kurbelwelle eine Rolle spielen. Diese Schwingungen können die Funktion des Triebwerks beeinträchtigen und müssen sorgfältig analysiert und kontrolliert werden, um eine effiziente und reibungslose Leistung zu gewährleisten. Bei Mehrzylindermaschinen, wie sie in vielen Triebwerken vorkommen, ist die Berechnung der resultierenden Kräfte und Momente besonders komplex. Hier müssen die einzelnen Massenkräfte und Momente aus den Zylindern durch vektorielle Addition berücksichtigt werden. Dieser Prozess erfordert eine präzise Analyse der Stellung der Kurbeln und der Lage der Mittellinien der Zylinder. Die geometrische Anordnung und die Phasenverschiebung der Kurbeln sind entscheidend für die korrekte Bestimmung der resultierenden Kräfte und Momente.

Beispiel 5.2 (Massenkräfte an einem Viertakt-Ottomotor). Es sollen die Massenkräfte eines Zylinders an einem Viertakt-Ottomotors berechnet werden. Der Motor läuft mit einer konstanten Drehzahl $n = 5200 \, \text{min}^{-1}$. Der Kurbeltrieb besitzt folgende Kennwerte: Kolbendurchmesser $d = 72 \, \text{mm}$, Hub $s = 73,5 \, \text{mm}$, Pleuellänge $l = 132,5 \, \text{mm}$, Kolbenmasse $m_K = 0,302 \, \text{kg}$, Pleuelstangenmasse $m_{\text{Pl}} = 0,725 \, \text{kg}$, Kurbelzapfenmasse $m_{\text{Ku}} = 0,420 \, \text{kg}$. Zunächst wird die Masse der Pleuelstange in einen Rotations- und Translationsanteil aufgeteilt:

$$m_{\text{Pl}} = \frac{1}{3} m_{\text{Plt}} + \frac{2}{3} m_{\text{Plr}}. \tag{5.9}$$

Die gesamte translatorische Masse setzt sich aus dem Kolben und dem Translationsanteil der Pleuelstange zusammen.

$$m_t = m_K + m_{\text{Plt}} = 0,543 \, \text{kg} \tag{5.10}$$

Die gesamte rotatorische Masse setzt sich aus dem Kurbelzapfen und dem Rotationsanteil der Pleuelstange zusammen.

$$m_r = m_{\text{Ku}} + m_{\text{Plr}} = 0,661 \, \text{kg} \tag{5.11}$$

Die rotierende Massenkraft F_r ist abhängig von der rotatorischen Masse m_r, dem Kurbelradius $r = s/2$ und der Winkelgeschwindigkeit $\omega = 2\pi n$.

$$F_r = m_r r \omega^2 = 7192\,\text{N} \tag{5.12}$$

Die translatorische Massenkraft ist abhängig von der translatorischen Masse m_t, dem Kurbelradius r, der Winkelgeschwindigkeit ω, dem Kurbelwinkel φ und dem Pleuelstangenverhältnis $\lambda = r/l$. Die maximale Kraft wird im oberen Totpunkt $\varphi = 0$ erreicht.

$$F_t = m_t r \omega^2 (\cos \varphi t + \lambda \cos 2\varphi t) = m_t r \omega^2 (1 + \lambda) = 7544\,\text{N} \tag{5.13}$$

Die gesamte Massenkraft für einen Zylinder ergibt sich aus der translatorischen und rotatorischen Massenkraft.

$$F_{\text{ges}} = F_t + F_r = 14\,736\,\text{N} \tag{5.14}$$

5.2 Schwingungen

In der Maschinendynamik liegt der Fokus auf der Analyse der Wechselwirkungen zwischen Kräften und Bewegungen in Maschinen. Dies umfasst sowohl die erwünschte als auch die unerwünschte Dynamik, da Maschinen und ihre Bauteile schwingungsfähige Systeme sind. Wenn zeitabhängige Kräfte oder aufgezwungene Bewegungen auf diese Systeme einwirken, entstehen Maschinenschwingungen. Im Vergleich zu den erwünschten Bewegungen handelt es sich in der Regel um kleine Auslenkungen, die jedoch unter bestimmten Bedingungen durchaus gefährlich sein können. Besonders kritisch sind die sogenannten Resonanzerscheinungen, bei denen die Anregungsfrequenz mit einer Eigenfrequenz der Maschinenstruktur übereinstimmt, was zu einer Verstärkung der Schwingungsamplituden führt.

Maschinenschwingungen werden problematisch, wenn sie zu hohe Materialbeanspruchungen verursachen. Überschreiten sie die zulässigen Spannungswerte der Werkstoffe, können Schäden am Material auftreten. Um die Funktionsfähigkeit von Maschinen zu gewährleisten, müssen auch Verformungsgrenzen eingehalten werden. Schwingungen stellen nicht nur eine Herausforderung für die Maschine selbst dar, sondern sind auch eine Belastung für die Umwelt. Dies betrifft nicht nur die als unangenehm empfundenen Schwingbewegungen, sondern insbesondere den durch Schwingungen erzeugten Lärm, auch bekannt als Körperschall. Des Weiteren beeinflussen Schwingungen die Bearbeitungsqualität von Werkstücken während Fertigungsprozessen negativ. In der Fertigung von Werkstücken mit Werkzeugmaschinen ist es daher besonders wichtig, die Relativbewegungen zwischen Werkzeug und Werkstück möglichst gering zu halten.

5.2.1 Bewegungsgleichungen

In der Maschinendynamik werden Bewegungsgleichungen benötigt, um den Zusammenhang zwischen den zeitabhängigen Eingangsgrößen $\mathbf{F}(t)$ und den Ausgangsgrößen

$\mathbf{x}(t)$ bei Schwingungen zu verstehen. Hierbei werden die grundlegenden mechanischen Gleichungen, wie beispielsweise die von Newton und d'Alembert, sowie das Prinzip der virtuellen Arbeit auf das mechanische Ersatzsystem angewendet. Dieser Ansatz führt zu den Bewegungsgleichungen, die für die Analyse von Schwingungssystemen von entscheidender Relevanz sind. Die Gleichungen können sowohl linear als auch nichtlinear sein, wobei lineare Modelle in vielen praktischen Anwendungen ausreichend sind.

In diesem Kontext beschränken wir uns auf die Betrachtung linearer, zeitinvarianter Schwingungssysteme mit deterministischen Eingangsgrößen. Unter diesen Annahmen ergibt sich, unabhängig von der Anzahl der Freiheitsgrade des Systems, ein System von Bewegungsgleichungen 2. Ordnung. Diese Gleichungen sind zeitinvariant, was bedeutet, dass die Massenmatrix $\mathbf{M}$, die Dämpfungsmatrix $\mathbf{D}$ und die Steifigkeitsmatrix $\mathbf{K}$ nicht von der Zeit abhängen.

$$\mathbf{M}\ddot{\mathbf{x}}(t) + \mathbf{D}\dot{\mathbf{x}}(t) + \mathbf{K}\mathbf{x}(t) = \mathbf{F}(t) \tag{5.15}$$

Hierbei ist $\mathbf{M}$ eine quadratische $N \times N$-Massenmatrix, die die Trägheitskoeffizienten des Systems enthält und symmetrisch ist. $\mathbf{D}$ ist eine quadratische $N \times N$-Dämpfungsmatrix, die die Dämpfungskoeffizienten des Systems enthält und sowohl symmetrisch als auch nichtsymmetrisch sein kann. $\mathbf{K}$ ist ebenfalls eine quadratische $N \times N$-Steifigkeitsmatrix, die die Steifigkeitskoeffizienten des Systems enthält und ebenfalls sowohl symmetrisch als auch nichtsymmetrisch sein kann. Die Größe $\mathbf{F}(t)$ ist ein $N \times 1$-Vektor, der die zeitabhängigen Erregerkräfte repräsentiert, während $\mathbf{x}(t)$ ein $N \times 1$-Vektor ist, der die zeitabhängigen Verschiebungen bzw. Winkel darstellt.

Beispiel 5.3 (Schwingende Masse mit Tilger). In diesem Beispiel betrachten wir eine schwingende Masse m, die durch ein Feder-Masse-Dämpfer-System (Tilger) gedämpft wird. Abbildung 5.3 zeigt das System, in dem die Masse m an einer Feder befestigt ist. Die Masse kann aus ihrer Ruhelage ausgelenkt werden, woraufhin sie zu schwingen beginnt. Der Tilger ist in der Lage, eine dämpfende Kraft zu erzeugen, jedoch nur dann, wenn die Eigenkreisfrequenz des Tilgers mit der Eigenkreisfrequenz der Masse m übereinstimmt.

Das Kräftegleichgewicht in den Richtungen x und y liefert die Gleichungen des Systems, die durch die Differentialgleichungen $\ddot{x}_1$ und $\ddot{x}_2$ beschrieben werden.

$$m\ddot{x}_1 + d_T\dot{x}_1 + (c + c_T)x_1 = c_T x_2 + d_T\dot{x}_2 \tag{5.16}$$

$$m_T\ddot{x}_2 + d_T\dot{x}_2 + c_T x_2 = c_T x_1 + d_T\dot{x}_1 \tag{5.17}$$

Hierbei sind m und m_T die Massen der Hauptmasse und des Tilgers, d_T ist die Dämpferkonstante des Tilgers, c ist die Federsteifigkeit des Hauptsystems und c_T ist die Federsteifigkeit des Tilgers. Diese Gleichungen werden anschließend in Matrixnotation umgewandelt.

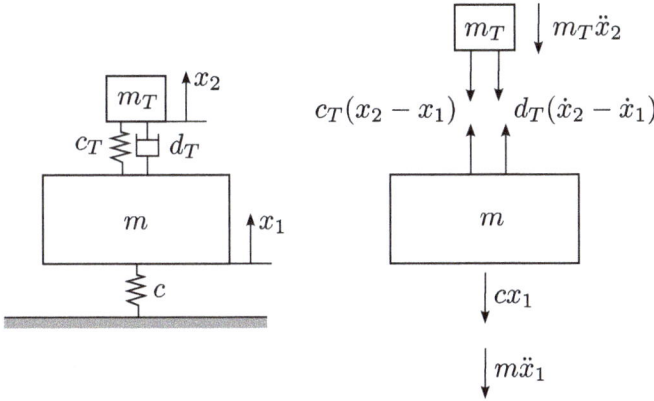

Abb. 5.3: Schwingende Masse mit Tilger.

$$\begin{bmatrix} m & 0 \\ 0 & m_T \end{bmatrix} \ddot{\mathbf{x}}(t) + \begin{bmatrix} d_T & 0 \\ 0 & d_T \end{bmatrix} \dot{\mathbf{x}}(t) + \begin{bmatrix} c + c_T & 0 \\ 0 & c_T \end{bmatrix} \mathbf{x}(t) = \mathbf{F}(t) \tag{5.18}$$

$$\mathbf{F}(t) = \begin{bmatrix} 0 & c_T \\ c_T & 0 \end{bmatrix} \mathbf{x}(t) + \begin{bmatrix} 0 & d_T \\ d_T & 0 \end{bmatrix} \dot{\mathbf{x}}(t) \tag{5.19}$$

Die Eigenfrequenz der Hauptmasse m ist

$$\omega_0 = \sqrt{\frac{c}{m}} = \sqrt{\frac{1000 \, \text{N} \, \text{m}^{-1}}{500 \, \text{kg}}} = 1{,}414 \, \text{s}^{-1}. \tag{5.20}$$

Damit eine optimale Dämpfung entsteht, muss das Tilgersystem die gleiche Eigenkreisfrequenz besitzen. Damit folgt bei einer Tilgermasse von 20 kg eine Federsteifigkeit von

$$c_T = \frac{m_T}{m} c = \frac{20 \, \text{kg}}{500 \, \text{kg}} 1000 \, \text{N} \, \text{m}^{-1} = 40 \, \text{N} \, \text{m}^{-1}. \tag{5.21}$$

Die Dämpferkonstante beträgt $11 \, \text{N} \, \text{s} \, \text{m}^{-1}$. Für die Simulation muss die Gleichung (5.18) noch nach $\ddot{\mathbf{x}}(t)$ umgestellt werden.

$$\ddot{\mathbf{x}}(t) = \mathbf{M}^{-1}(\mathbf{F}(t) - \mathbf{K}\mathbf{x}(t) - \mathbf{D}\dot{\mathbf{x}}(t)) \tag{5.22}$$

Die Implementierung ist in Abb. 5.4 dargestellt. Der Integrator, der den Weg x berechnet, wird mit einer Anfangsbedingung x_0 initialisiert. Die Simulationsergebnisse sind in Abbildung 5.5 dargestellt. x_1 ist der Weg der Hauptmasse und beginnt bei $t = 0$ mit einer Auslenkung von $x_0 = 0{,}1$. Durch den Tilger nimmt die Energie im System ab, wodurch nach 60 s keine Schwingungen mehr durchgeführt werden.

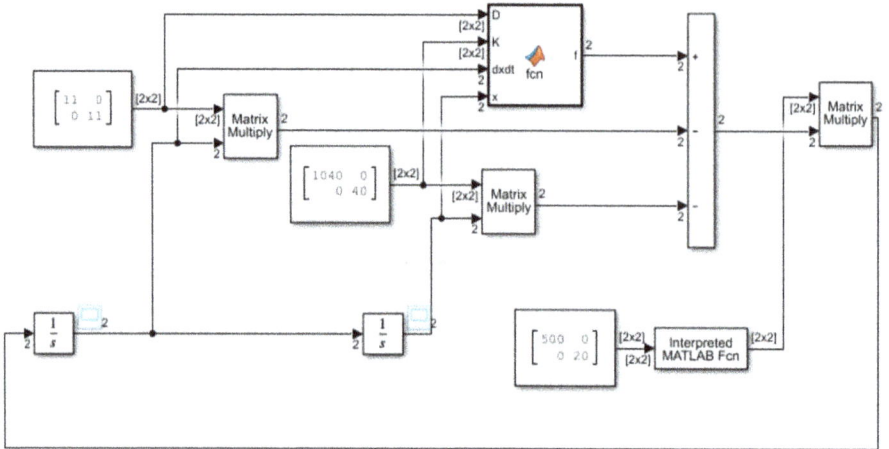

Abb. 5.4: Blockschaltbild des Tilgersystems.

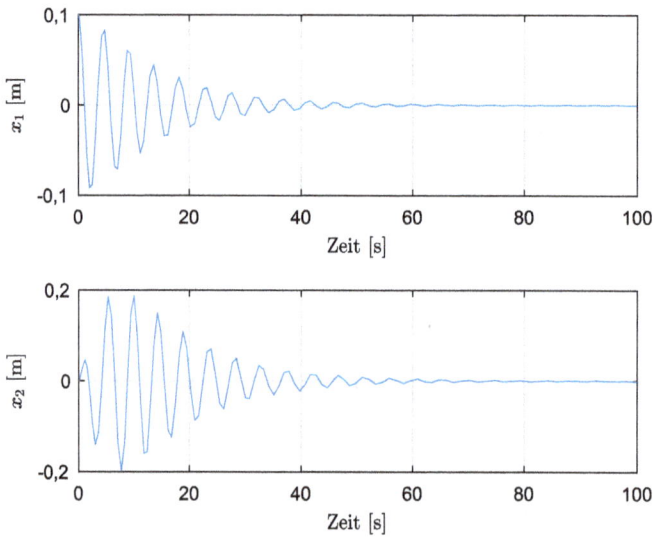

Abb. 5.5: Durch den Tilger gedämpfte Schwingung der Hauptmasse.

5.2.2 Eigenfrequenzen, modale Dämpfungen, Eigenvektoren

In der Maschinendynamik sind Eigenfrequenzen, modale Dämpfungen und Eigenvektoren besonders relevant, um das Schwingungsverhalten von linearen Schwingungssystemen zu verstehen. Ein solches Schwingungssystem zeigt charakteristische Eigenschwingungen, die durch die Eigenfrequenzen, Abklingfaktoren und Eigenvektoren definiert sind. Diese Größen sind essenziell, um die Dynamik schwingungsfähiger Systeme zu charakterisieren, und ermöglichen die Vorhersage von Resonanzeffekten sowie die Beurteilung des Dämpfungsvermögens.

Ein lineares Schwingungssystem kann durch eine Summe von Teilschwingungen beschrieben werden, wobei jede Teilschwingung aus einer Exponentialfunktion für das Abklingen bzw. Aufklingen und harmonischen Sinus- bzw. Kosinusfunktionen für das Schwingungsverhalten besteht:

$$x(t) = \sum_{n=1}^{N} A_n e^{a_n t} (\varphi_n^{\mathrm{Re}} \cos(\omega_n t + \psi_n) - \varphi_n^{\mathrm{Im}} \sin(\omega_n t + \psi_n)). \tag{5.23}$$

Dabei gehören zur n-ten Teillösung die Eigenkreisfrequenz ω_n, der Abklingfaktor $-a_n$, sowie der Realteil und Imaginärteil des Eigenvektors φ, ausgedrückt als φ_n^{Re} und φ_n^{Im}. Die Konstante A_n wird durch Anfangsbedingungen angepasst. Die Eigenschwingungsgrößen ω_n, a_n und die Eigenvektorkomponenten φ_n^{Re}, φ_n^{Im} können durch Messung der Stoßantwort $x_t(t)$ oder der Beschleunigung $\ddot{x}_t(t)$ ermittelt werden. Diese Größen sind auch als modale Parameter bekannt und charakterisieren die dynamischen Eigenschaften des Schwingungssystems.

Die Eigenwertanalyse ist ein mathematisches Verfahren, um die modalen Kenngrößen zu bestimmen. Hierbei setzt man die rechte Seite der Bewegungsgleichung zu 0 (homogene Gleichung) und verwendet den Ansatz $x(t) = \varphi e^{\lambda t}$, wobei λ die Eigenwerte darstellt. Dies führt zum Eigenwertproblem

$$(\lambda^2 \mathbf{M} + \lambda \mathbf{D} + \mathbf{K})\varphi = 0. \tag{5.24}$$

Die Lösungen $\lambda_n = a_n \pm i\omega_n$ sind die Eigenwerte und $\varphi_n = \varphi_n^{\mathrm{Re}} \pm i\varphi_n^{\mathrm{Re}}$ die entsprechenden Eigenvektoren. Die Bestimmung der Dämpfungsmatrix gestaltet sich oft herausfordernd, insbesondere bei schwach gedämpften Strukturen im Maschinenbau. In solchen Fällen greift man auf die Annahme von modalen Dämpfungen zurück. Man löst zunächst das Eigenwertproblem für das ungedämpfte System ($\mathbf{D} = 0$) in reeller Form.

$$(\mathbf{K} - \omega^2 \mathbf{M})\varphi = 0 \tag{5.25}$$

Daraus resultieren die Eigenkreisfrequenzen ω_n und die zugehörigen reellen Eigenvektoren φ_n. Die Dämpfungen, die in dieser Berechnung nicht berücksichtigt wurden, werden abgeschätzt oder aus Versuchen ermittelt. Jedem Eigenwert wird dann ein Abklingfaktor $-a_n$ bzw. ein modaler Dämpfungswert zugeordnet.

In der Praxis verwendet man häufig die Eigenfrequenz $f_n = \omega_n/(2\pi)$, die modale Dämpfung $D_n = -a/\omega_n$ und den Eigenvektor φ_n. Insbesondere die Kenntnis der modalen Dämpfung ist von Bedeutung, um die Amplituden der durch Krafterregung erzwungenen Schwingungen in den Resonanzen zu bestimmen. Der Eigenvektor gibt an, welche Verformung im System auftritt, wenn es mit der zugehörigen Eigenfrequenz schwingt.

5.2.3 Darstellung von Schwingungen im Zeitbereich

Schwingungen in Maschinen resultieren durch die zeitlich veränderlichen Bewegungen einzelner Punkte in der Maschine. Diese Bewegungen können entweder regelmäßig wiederkehren, in einem einmaligen Vorgang abklingen (Eigenschwingungen mit begrenzter Dauer) oder stochastisch verlaufen. Das Gebiet der Kinematik befasst sich mit der Zeitabhängigkeit von Schwingungsvorgängen. Hierbei liegt der Fokus auf dem zeitlichen Verlauf einzelner Komponenten von $x(t)$. Da auch die Erregerkräfte $F(t)$ zeitabhängig sind, werden sie in die Betrachtungen einbezogen.

Die Schwingungssignale können in deterministische und stochastische Signale unterteilt werden. Diese werden weiter unterteilt in periodische und nicht-periodische Verläufe. Zu den periodischen Signalen gehören die harmonischen Sinus- und Kosinusfunktionen, die sich aus Sinus- und Kosinuskomponenten aufbauen, deren Frequenzen Vielfache einer Grundfrequenz Ω_0 sind. Nicht-periodische Signale umfassen abklingende Schwingungen, Stoßfunktionen und Sprungfunktionen. Allen Signalen ist gemeinsam, dass sie über der Zeit dargestellt sind.

Der zeitliche lineare Mittelwert von $x(t)$ wird als Gleichwert bezeichnet:

$$\bar{x}(t) = \frac{1}{T} \int_0^T x(t) dt. \tag{5.26}$$

Der Effektivwert (RMS-Wert, Root Mean Square Value) ergibt sich aus der Wurzel des quadratischen Mittelwerts:

$$x_{\text{eff}}(t) = \sqrt{\frac{1}{T} \int_0^T x^2(t) dt}. \tag{5.27}$$

5.2.4 Darstellung von Schwingungen im Frequenzbereich

Um die Eingangsgrößen $F(t)$ und die Ausgangsgrößen $x(t)$ von Schwingungssystemen besser interpretieren und analysieren zu können, bietet es sich an, die Schwingungen im Frequenzbereich darzustellen. Diese Darstellung erfolgt mittels einer Transformation in den Frequenzbereich, wobei die Zeitfunktionen $x(t)$ und $F(t)$ in ihre entsprechenden Frequenzspektren $x(\Omega)$ und $F(\Omega)$ überführt werden. Hierbei stellt $\Omega = 2\pi f$ die Kreisfrequenz und f die Frequenz dar.

Die Frequenzbereichsdarstellung bietet entscheidende Vorteile, da sie es ermöglicht, die einzelnen Frequenzanteile einer Schwingung klar zu identifizieren. Dies ist von großer Bedeutung, da sich dadurch tiefergehende Zusammenhänge mit den dynamischen Eigenschaften des Systems erkennen lassen. Eine gängige Methode zur Transformation in den Frequenzbereich ist die Fourier-Analyse.

Die Fourier-Analyse ermöglicht die Darstellung einer periodischen Funktion $x(t)$ mit der Periodendauer $T = 2\pi/\Omega_0$ als eine Summe von Sinus- und Kosinusfunktionen. Mathematisch kann dies durch die Fourier-Reihe ausgedrückt werden.

$$x(t) = x_0 + \sum_{n=1}^{\infty}(a_n \cos(n\Omega_0 t) + b_n \sin(n\Omega_0 t)) \tag{5.28}$$

Ω_0 stellt die Grundkreisfrequenz dar und a_n sowie b_n die Fourier-Koeffizienten.

Beispiel 5.4 (Diskrete Fourier-Transformation einer Kosinusfolge). In diesem Beispiel wird eine diskrete Fourier-Transformation (DFT) an einer Kosinusfolge durchgeführt. Die Kosinusfolge ist durch

$$x[n] = \cos\left(\frac{\pi}{8}n\right) \tag{5.29}$$

definiert. Diese Folge soll nun in den Frequenzbereich transformiert werden, dazu wird die DFT-Funktion in der Euler'schen Form benutzt

$$X[k] = \sum_{n=0}^{N} x[n]e^{-i\frac{2\pi}{N}nk}. \tag{5.30}$$

Die Implementierung der DFT ist in Listing 5.1 dargestellt.

Listing 5.1: Funktion zur Berechnung der diskreten Fourier-Transformation.

```
1  function X = dft(x)
2  % dft computation in the direct form
3  % function X = dft(x)
4  %   x : time-domain signal
5  %   X : dft spectrum of x
6  N = length(x);          % length of input signal and dft
7  w = exp(-1i*2*pi/N);    % complex exponential
8  X = zeros(1,N);         % allocate memory for dft spectrum
9  for k = 0:N-1
10     wk = w^k;
11     for n = 0:N-1
12         X(k+1)= X(k+1) + x(n+1)*wk^n;
13     end
14 end
15 end
```

Der MATLAB-Code in 5.2 demonstriert die diskrete Fourier-Transformation (DFT) einer Kosinusfolge mit einer gegebenen Kreisfrequenz Ω. Die Länge der zu analysierenden Folge beträgt $N = 32$ und die diskreten Zeitpunkte sind $n = 0, 1, \ldots, N - 1$. Die Kreisfrequenz der Kosinusfolge wird durch $\Omega = \frac{\pi}{8}$ definiert, wobei die entsprechenden Abtastwerte der Kosinusfolge als x gespeichert werden. Nach der Berechnung der Kosinusfolge wird die DFT mithilfe der Funktion dft (Diskrete Fourier-Transformation) durchgeführt. Die Ergebnisse werden in den Variablen X gespeichert. Anschließend werden die Ergebnisse in einem 2×2-Subplot dargestellt (siehe Abb. 5.6).

Listing 5.2: DFT einer Kosinusfolge.

```
1  N = 32;
2  n = 0:N-1;
3  Omega = pi/8;
4  x = cos(Omega*n);
5  X = dft(x);
6  subplot(2,2,1), stem(0:N-1,real(x),'filled'), grid
7      axis([0 N-1 -1 1]);
8      xlabel('{\itn} \rightarrow')
9      ylabel('Re( {\itx}[{\itn}] ) \rightarrow')
10 subplot(2,2,2), stem(0:N-1,imag(x),'filled'), grid
11      axis([0 N-1 -1 1]);
12      xlabel('{\itn} \rightarrow')
13      ylabel('Im( {\itx}[{\itn}] ) \rightarrow')
14 subplot(2,2,3), stem(0:N-1,real(X),'filled'), grid
15      MAX = max(abs(X)); axis([0 N-1 -MAX MAX]);
16      xlabel('{\itk} \rightarrow')
17      ylabel('Re( {\itX}[{\itk}] ) \rightarrow')
18 subplot(2,2,4), stem(0:N-1,imag(X),'filled'), grid
19      axis([0 N-1 -MAX MAX]);
20      xlabel('{\itk} \rightarrow')
21      ylabel('Im( {\itX}[{\itk}] ) \rightarrow')
```

In Subplot 1 und 2 werden die Real- und Imaginärteile der Kosinusfolge x dargestellt, während in Subplot 3 und 4 die Real- und Imaginärteile der DFT-Ergebnisse X angezeigt werden. Die Darstellung erfolgt jeweils über den Index k im Bereich von 0 bis $N - 1$. Die Visualisierung der Real- und Imaginärteile der Kosinusfolge sowie ihrer DFT ermöglicht es, die Auswirkungen der DFT auf die ursprüngliche Folge zu untersuchen und die Transformationsvorgänge im Frequenzbereich zu visualisieren.

Möchte man die Schwingungsanteile für eine gegebene harmonische Komponente n berechnen, dann muss man lediglich den Real- und Imaginärteil des entsprechenden Fourier-Koeffizienten mit der zugehörigen Sinus- bzw. Kosinusfunktion multiplizieren.

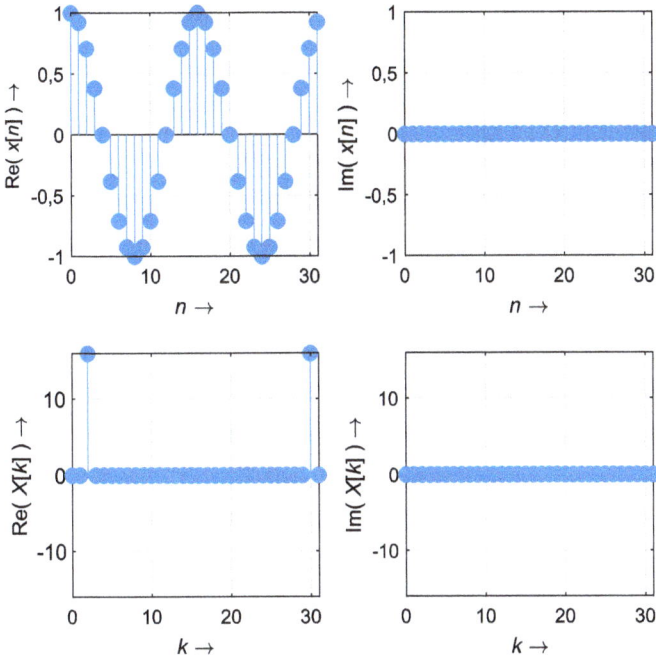

Abb. 5.6: Kosinusfolge (oben) und ihr DFT-Spektrum (unten).

Die Fourier-Transformation ermöglicht somit die präzise Analyse von periodischen Signalen, indem sie ihre Schwingungsanteile anhand der Fourier-Koeffizienten aufschlüs-
selt.

6 Kraftfahrzeugtechnik

Kraftfahrzeugtechnik umfasst ein breites Feld von Studien und Anwendungen, die sich mit der Konstruktion, Entwicklung, Herstellung, Wartung und Verbesserung von selbstfahrenden, maschinell angetriebenen Landfahrzeugen beschäftigen. Diese Fahrzeuge, die nicht an Gleise gebunden sind, spielen eine wichtige Rolle im Transportwesen, indem sie Personen und Güter bewegen und die Grundlage für eine weitreichende Arbeitsteilung bilden. Sie ermöglichen eine vielfältige Differenzierung in der Darstellung von Statusansprüchen und dienen auch dem Vergnügen.

Die UN-ECE hat ein Gliederungsschema für Kraftfahrzeuge festgelegt, das vor allem in der europäischen Gesetzgebung häufig Verwendung findet. In der Regel werden Personenkraftwagen (Pkw) und leichte Nutzfahrzeuge (Nfz) mit Frontantrieb angeboten, bei denen der Motor quer oder auch längs eingebaut sein kann. Zusätzlich existieren Fahrzeuge mit Standardantrieb, bei denen der Motor längs vorne und der Achsantrieb hinten positioniert sind, sowie Fahrzeuge mit Allradantrieb in zahlreichen Varianten. Pkw mit hinten oder mittig eingebauten Motoren sind eher selten anzutreffen. Es existieren weitere Einbauvarianten wie beispielsweise Transaxle, bei denen der Motor vorne und das Getriebe an der Hinterachse angeordnet sind.

Die Dimensionen von Kraftfahrzeugen im öffentlichen Straßenverkehr sind durch gesetzliche Bestimmungen beschränkt. In Deutschland darf die Breite höchstens 2,55 m (2,60 m bei Kühlaufbauten) und die Höhe 4,00 m betragen. Die maximale Masse wurde auf 40 t festgelegt (44 t im kombinierten Verkehr mit intermodaler Transportkette). Die zulässigen Achslasten überschreiten in der Regel nicht mehr als 11,5 t. Behörden können jedoch Ausnahmen von diesen Regelungen zulassen, wobei spezielle Auflagen bezüglich Fahrzeugtechnik, Fahrerqualifikation, Strecken und anderen Aspekten festgelegt werden, wobei einige europäische Länder von diesen Standardabmessungen abweichen.

6.1 Kinematik und Dynamik des Fahrzeugaufbaus

Der Fahrzeugaufbau, bestehend aus Fahrgestell und Karosserie, bildet den Grundkörper, auf dem sämtliche anderen Fahrzeugkomponenten ruhen und interagieren. Hierzu zählen beispielsweise Vorder- und Hinterradaufhängungen sowie der Antriebsstrang.

Die Kinematik beschäftigt sich mit der Bewegungsbeschreibung von Körpern, ohne die dabei auftretenden Kräfte zu berücksichtigen. Im Kontext des Fahrzeugaufbaus betrachtet die Kinematik die Bewegung von Teilen wie Rädern, Lenkung und Aufhängung. Sie analysiert die Bewegungsmuster, Geschwindigkeiten und Beschleunigungen dieser Komponenten, was eine grundlegende Basis für das Verständnis der Fahrzeugdynamik bildet.

Die Dynamik des Fahrzeugaufbaus bezieht sich hingegen auf die Kräfte und Momente, die auf die Fahrzeugstruktur einwirken und die Bewegung beeinflussen. Dies schließt Trägheitskräfte, Reaktionskräfte von Rädern auf Fahrbahnunebenheiten und

https://doi.org/10.1515/9783111068794-006

aerodynamische Kräfte mit ein. Die Analyse der Fahrzeugdynamik ist essenziell für die Stabilität, das Fahrverhalten und die Sicherheit des Fahrzeugs.

6.1.1 Fahrzeugfestes Referenzsystem

In der Kraftfahrzeugtechnik bildet das fahrzeugfeste Referenzsystem einen wichtigen Bestandteil zur präzisen Beschreibung der Lage und Bewegung eines Fahrzeugs. Dabei werden das Fahrgestell und die Karosserie des Fahrzeugs als ein starrer Körper betrachtet, wobei Torsionen oder andere Verformungen der Karosserie außer Acht gelassen werden. Das Fahrgestell hat die Freiheit, sich im Raum zu bewegen, und zur Lagebeschreibung wird ein fahrzeugfestes Koordinatensystem $K_V = 0_V; x_V, y_V, z_V$ eingeführt.

Der fahrgestellfeste Bezugspunkt 0_V befindet sich in der Fahrzeugmittelebene auf Höhe des Radmittelpunktes zwischen den Vorderrädern. Die x-Achse zeigt in Fahrzeuglängsrichtung nach vorn, die y-Achse in Fahrzeugquerrichtung nach links und die z-Achse nach oben. Zur räumlichen Lagebeschreibung des Fahrgestells dienen drei Komponenten ${}^E x_V, {}^E y_V, {}^E z_V$ des Ortsvektors $\mathbf{r}_V$ in den Koordinaten des Inertialsystems sowie die drei Kardanwinkel ψ_V (Gierwinkel), θ_V (Nickwinkel) und φ_V (Wankwinkel) [6].

Die Orientierung des Fahrzeugsystems im Verhältnis zum Inertialsystem wird durch diese Kardanwinkel festgelegt. Dabei startet man in einer Ausgangslage, in der beide Systeme die gleiche Orientierung haben. Anschließend führt man das Fahrzeug in drei aufeinanderfolgenden Drehungen um bestimmte Achsen, wobei jeder Teildrehung ein Kardanwinkel zugeordnet ist. Die Transformation eines Vektors ${}_V\mathbf{r}_i$ im Fahrzeugsystem in das Inertialsystem erfolgt mittels der Transformationsmatrix ${}^E\mathbf{T}_V$:

$$ {}^E_V\mathbf{r}_i = {}^E\mathbf{T}_V \, {}^V_V\mathbf{r}_i. \tag{6.1}$$

Die Kardanwinkel ermöglichen nicht nur die Beschreibung der räumlichen Drehung des Fahrzeugs, sondern auch die Ableitung von Winkelgeschwindigkeiten und Winkelbeschleunigungen. Dies führt zu den kinematischen Kardangleichungen. Dabei wird die Winkelgeschwindigkeit im Fahrzeugsystem als ${}^V\omega_V$ beschrieben. Die Absolutgeschwindigkeiten und -beschleunigungen beliebiger fahrzeugfester Punkte lassen sich nun mithilfe der Winkelgeschwindigkeit und Winkelbeschleunigung angeben.

$$ \dot{\mathbf{r}}_i = \dot{\mathbf{r}}_V + \boldsymbol{\omega}_V \times {}_V\mathbf{r}_i \tag{6.2}$$

$$ \ddot{\mathbf{r}}_i = \ddot{\mathbf{r}}_V + \dot{\boldsymbol{\omega}}_V \times {}_V\mathbf{r}_i + \boldsymbol{\omega}_V \times (\boldsymbol{\omega}_V \times {}_V\mathbf{r}_i) \tag{6.3}$$

Für die Bewegungsgleichungen des Fahrzeugmodells sind kinematische Ausdrücke wie Geschwindigkeiten oder Beschleunigungen in verschiedenen Koordinatensystemen von großer Bedeutung. Insbesondere im Fahrzeugsystem können zahlreiche Ortsvektoren konstant oder durch einfache Transformation ins Fahrzeugsystem überführt werden, was die Modellierung und Analyse erleichtert.

6.1.2 Kinematische Analyse des Fahrgestells

In der Kraftfahrzeugtechnik ist die kinematische Analyse des Fahrgestells besonders wichtig bei der Untersuchung und Optimierung des Fahrverhaltens sowie der Sicherheit von Fahrzeugen. Die Kinematik beschäftigt sich mit der Bewegung von starren Körpern ohne Berücksichtigung der Kräfte, die diese Bewegungen verursachen. Um die Bewegung des Fahrzeugs zu analysieren, wird das d'Alembert'sche Prinzip angewendet, welches für die Dynamik eines Systems aus n_B starren Körpern von großer Bedeutung ist.

Das d'Alembert'sche Prinzip ermöglicht die Formulierung der Bewegungsgleichungen für jedes einzelne Fahrzeugsegment. Es berücksichtigt die Massen, Trägheitstensoren, Beschleunigungen der Massezentren, Winkelgeschwindigkeiten sowie Kräfte und Momente, die auf die einzelnen Fahrzeugsegmente wirken.

$$\sum_{i=1}^{n_B}[(m_i\ddot{\mathbf{r}}_{S_i} - \mathbf{F}_i)\delta r_{S_i} + (\boldsymbol{\theta}_{S_i}\boldsymbol{\omega}_i + \boldsymbol{\omega}_i \times \boldsymbol{\theta}_{S_i}\boldsymbol{\omega}_i - \mathbf{T}_i)\delta\boldsymbol{\varphi}_i] = 0 \qquad (6.4)$$

Hierbei stehen m_i für die Masse, $\boldsymbol{\theta}_{S_i}$ für den Trägheitstensor, $\ddot{\mathbf{r}}_{S_i}$ für die Beschleunigung des Massezentrums, $\boldsymbol{\omega}_i$ für die Winkelgeschwindigkeit, $\mathbf{F}_i$ für die Kräfte und $\mathbf{T}_i$ für die Momente auf Körper i. Die virtuellen Verschiebungen sind durch δr_{S_i} und $\delta\boldsymbol{\varphi}_i$ für jeden Körper angegeben. Es ist wichtig, zu betonen, dass die Trägheitstensoren und Momente bezüglich der jeweiligen Körperschwerpunkte definiert werden müssen.

Die Analyse des Fahrgestells ermöglicht es, die Bewegung und die Reaktionen des Fahrzeugs auf verschiedene äußere Einflüsse zu verstehen. Sie spielt eine zentrale Rolle bei der Entwicklung von Fahrzeugen mit verbessertem Fahrverhalten, Komfort und Sicherheit. Zudem bildet sie die Grundlage für weiterführende Untersuchungen, wie beispielsweise die dynamische Analyse und die Auslegung von Fahrwerkskomponenten.

6.2 Radaufhängung

Radaufhängungen sind Komponenten in der Kraftfahrzeugtechnik, die durch immer ausgefeiltere kinematische Strukturen die präzise und reproduzierbare Bewegung der Räder ermöglichen. Mit vertieftem Verständnis des Schwingungsverhaltens des Fahrzeugs und der fahrdynamischen Abläufe hat die Feinabstimmung der Bewegungsgeometrie an Bedeutung gewonnen. Heutzutage stehen eine Vielzahl von Radführungsvarianten mit unterschiedlichen Zielsetzungen und Eigenschaften zur Verfügung.

Durch den Einsatz von computergestützten Verfahren ist es heute möglich, das Fahrwerk so auszulegen, dass es sowohl ein sicheres Fahrverhalten als auch höchsten Fahrkomfort bietet. Die traditionelle Definition einer Radachse in der Fahrzeugtechnik beinhaltet die starre Verbindung der gegenüberliegenden Räder, die unabhängig voneinander drehbar gelagert sind und diese Achse verbindet die Räder mit dem Fahrzeugaufbau. Diese Definition gilt für alle Arten von Starr- und Halbstarrachsen.

Die Hauptaufgabe von Radaufhängungen besteht darin, den Fahrzeugrahmen mit den Rädern zu verbinden, um das Tragen des Aufbaus über den Fahrweg zu realisieren. Die Radaufhängung gewährt dem Rad in erster Linie eine vertikal ausgerichtete Bewegungsfreiheit, die es ihm ermöglicht, innerhalb bestimmter Grenzen den Unebenheiten der Fahrbahn zu folgen. Durch den Einsatz von Feder- und Dämpferelementen werden die resultierenden Aufbaubewegungen minimiert, um so den Fahrkomfort und die Fahrsicherheit zu verbessern.

Insbesondere bei Vorderradaufhängungen wird die Lenkbewegung auf das Rad übertragen, üblicherweise über einen speziellen Lenker der Radaufhängung, die sogenannte Spurstange. Dieses Element dient der Steuerung des Fahrzeugs und trägt zur Präzision und Reaktionsfähigkeit des Lenksystems bei.

6.2.1 Kenngrößen von Radaufhängungen

Kenngrößen werden bei der Radaufhängung dazu genutzt, um Fahrzeugeigenschaften zu bewerten. Es ist von besonderer Bedeutung, spezifische Begriffe und Kenngrößen zu definieren, die die Charakteristika der Radaufhängungen präzise beschreiben. Eine Größe ist der Sturzwinkel γ, welcher den Winkel zwischen der Radebene und der Ebene angibt, die parallel zur Fahrzeugmittelachse und senkrecht zur Standebene des Fahrzeugs steht (siehe Abb. 6.1). Der Sturzwinkel ist positiv, wenn das Rad oben vom Fahrzeug weg geneigt ist.

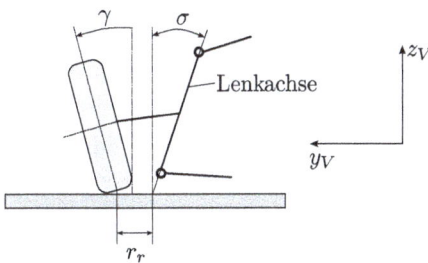

Abb. 6.1: Darstellung des Sturzwinkels γ, Lenkrollhalbmessers r_r und des Spreizungswinkels σ.

Ein weiterer wichtiger Parameter ist die Spurweite s, die den Abstand zwischen den Radaufstandspunkten einer Achse definiert. Die Spur des Fahrzeugs beschreibt die Differenz des Abstands $(B - C)$ der Felgenhörner und ist besonders relevant bei Abbremsmanövern (siehe Abb. 6.2). Eine positive Spur tritt auf, wenn das Rad vorne zur Fahrzeugmitte geneigt ist $(B > C)$. Im Gegensatz dazu spricht man von einer Nachspur, wenn $B < C$ ist. Der Vorspurwinkel δ_{VS} stellt den Winkel zwischen der Fahrzeuglängsachse und der Reifenmittelebene dar.

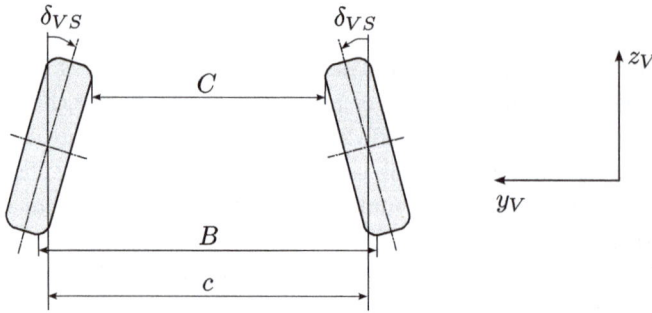

Abb. 6.2: Darstellung der Spurweite.

Der Lenkrollhalbmesser r_r bezeichnet den Abstand der Schnittlinie der Radmittelebene mit der Standebene vom Schnittpunkt der Lenkachse mit der Standebene. Dieser Parameter ist bedeutend für die Lenkeigenschaften des Fahrzeugs. Des Weiteren spielt der Spreizungswinkel σ eine entscheidende Rolle, welcher den Winkel zwischen einer Ebene, die senkrecht zur Standebene des Fahrzeugs sowie parallel zur Längsachse verläuft und der Lenkachse (Schraubachse des Radträgers) angibt. Diese definierten Kenngrößen ermöglichen eine präzise Beschreibung der Radaufhängung und sind fundamental für die Analyse und Optimierung der Fahrzeugeigenschaften.

6.2.2 Eindimensionale Viertelfahrzeugmodelle

In der Kraftfahrzeugtechnik werden zur Abschätzung von Möglichkeiten und Grenzen mechanischer Systeme theoretische Rechenverfahren eingesetzt. Diese ermöglichen eine geeignete Reduktion des Modells, um den Rechenaufwand zu minimieren und die Interpretierbarkeit der Ergebnisse zu verbessern. Insbesondere für die theoretische Untersuchung von Fahrzeugschwingungen in vertikaler Richtung kann ein vereinfachtes Schwingungsersatzsystem ausreichen. Ein solches System, das als Viertelfahrzeugmodell bekannt ist, erlaubt die Beurteilung des Einflusses von Aufbaufederung, -dämpfung, Radmasse und Reifenfederung auf Komfort, Fahrsicherheit und Federweg.

Das Viertelfahrzeugmodell besteht aus einem Zweimassensystem, das mit einem Reifenmodell gekoppelt ist. Diese Modellreduktion ist insbesondere bei Personenkraftwagen (Pkw) zulässig, da die Koppelmassen im Vergleich zur Aufbauteilmasse in der Regel vernachlässigbar klein sind. Auch wenn die gegenseitigen Beeinflussungen der Schwingungen gering sind, sind bestimmte Einschränkungen zu beachten. Bei der Komfortbewertung werden beispielsweise die Auswirkungen von Nick- und Wankschwingungen nicht berücksichtigt. Auch die Auswirkungen von Radlastschwankungen auf die Querdynamik des Fahrzeugs können mit diesem vereinfachten Modell nicht untersucht werden. Hierfür ist die Verwendung eines komplexeren Reifenmodells notwendig.

Das ebene Viertelfahrzeugmodell setzt sich aus der Radmasse m_R und einem Anteil der Aufbaumasse m_A zusammen (siehe Abb. 6.3). Diese Massen sind über eine Feder mit der Federsteifigkeit c_A und einem parallel geschalteten Dämpfer mit der Dämpfungskonstante d_A miteinander gekoppelt. Der Kontakt zur Fahrbahn wird über den Reifen hergestellt, der durch die Federsteifigkeit c_R modelliert wird. In der Regel kann die Dämpfung des Reifens vernachlässigt werden.

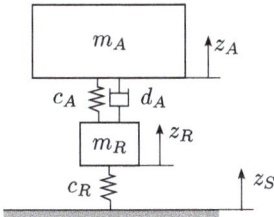

Abb. 6.3: Ebenes Viertelfahrzeugmodell.

Die Grundstruktur des Viertelfahrzeugmodells lautet für den Aufbau

$$m_A \ddot{z}_A + d_A(\dot{z}_A - \dot{z}_R) + c_A(z_A - z_R) = 0 \tag{6.5}$$

und für das Rad

$$m_R \ddot{z}_R - d_A(\dot{z}_A - \dot{z}_R) - c_A(z_A - z_R) = c_R z_S. \tag{6.6}$$

Hierbei sind $\ddot{z}_R$ und $\ddot{z}_A$ die Beschleunigungen des Rads und der Aufbaumasseeinheit in vertikaler Richtung. Die Koordinaten z_R und z_A geben die vertikalen Verschiebungen des Rads und der Aufbaumasseeinheit an.

Beispiel 6.1 (Viertelfahrzeugmodell). In dieser Übung wird die Systemmodellierung eines eindimensionalen Viertelfahrzeugmodells in MATLAB durchgeführt. Zunächst werden die Systemparameter definiert, darunter die Massenanteile der Aufbaumasse (m_A) und der Radmasse (m_R), die Federkonstanten der Aufhängung (c_A), die Dämpfungskonstante der Aufhängung (d_A) und die Federkonstante des Rads (c_R). Anschließend werden Matrizen für das Zustandsraummodell des Systems erstellt.

Listing 6.1: Simulation eines Viertelfahrzeugmodell.

```
1  clear all;
2  close all;
3  clc;
4
5  % Define system parameters
```

```
6   mA = 280 % Proportional body mass [kg]
7   mR = 45 % Wheel mass [kg]
8   cA = 16000 % Suspension spring constant [N/m]
9   dA = 2250 % Suspension damping constant [Ns/m]
10  cR = 190500 % Wheel spring constant [N/m]
11
12  h1 = figure;
13  h2 = figure;
14  h3 = figure;
15  h4 = figure;
16  t = 0:0.01:4;
17  u = 0.1*sin(10*t);
18
19  for mA = 50:100:550
20      % State-space model matrices
21      A = [0            0      1     0
22           0            0      0     1
23          -cA/mA      cA/mA  -dA/mA  dA/mA
24           cA/mR  -(cA+cR)/mR dA/mR -dA/mR]  % System matrix
25      B =  [0
26            0
27            0
28            cR/mR]  % Control/Input matrix
29      C = [1  0  0  0] % Output/Observer matrix
30      D = 0  % Feedthrough matrix
31      % Initial state
32      x0 = [1 0 0 0]'
33      % Define state-space model
34      sys = ss(A,B,C,D);
35      figure(h1);
36      pzmap(sys);
37      grid;
38      hold on
39      figure(h2);
40      step(sys); grid on;
41      hold on
42      figure(h3);
43      initial(sys,x0); grid on;
44      hold on
45      figure(h4);
46      lsim(sys,u,t);
47      grid on
```

```matlab
48      hold on
49 end
50
51 %----------------System Analysis-----------------%
52 % System eigenvalues = Eigenvalues of the system matrix A
53 % Stability?
54 [EigV,EigW] = eig(A) % Or eig(sys)
55
56 % Step response/Transfer function
57 h_step_time = figure;
58 step(sys); grid on;
59 set(h_step_time,'NumberTitle','Off','Name','Step Response
       ')
60
61 % Impulse response/Weighting function
62 h_impulse_time = figure;
63 impulse(sys); grid on;
64 set(h_impulse_time,'NumberTitle','Off','Name','Impulse
       Response')
65
66 % Eigen-dynamics/Eigen-movement (no external system
       excitation)
67 h_initial = figure;
68 initial(sys,x0); grid on;
69 set(h_initial,'NumberTitle','Off','Name','Eigen-Movement
       1')
70
71 % Harmonic excitation
72 h_sim = figure;
73 lsim(sys,u,t);
74 grid;
75
76 % State-space representation -> Transfer function matrix
77 G = tf(sys) % Transfer function matrix
78
79 % Poles from the frequency domain representation (FD)
80 pole(G)
81
82 % Pole-zero map
83 h_pz = figure;
84 iopzmap(G), grid on;
85 set(h_pz,'NumberTitle','Off','Name','Pole-Zero Plot')
```

Die Matrizen **A**, **B**, **C** und **D** repräsentieren das Zustandsraummodell. Matrix **A** enthält die Systemparameter und beschreibt die Dynamik des Systems. Matrix **B** ist die Steuermatrix, Matrix **C** die Ausgangsmatrix und **D** die Durchgangsmatrix.

Für verschiedene Werte der Aufbaumasse (m_A) zwischen 50 und 550 kg werden die Eigenwerte des Systems analysiert sowie verschiedene Systemantworten im Zeitbereich und Frequenzbereich visualisiert. Die Zeitbereichsanalyse umfasst die Pole-Zero-Karte, die Sprungantwort, die Impulsantwort und die Eigendynamik des Systems bei verschiedenen Anfangszuständen. Im Frequenzbereich werden die Übertragungsfunktion und das Pol-Nullstellendiagramm betrachtet.

Die Übung zeigt, wie MATLAB effizient genutzt werden kann, um die Systemmodellierung und -analyse von eindimensionalen Viertelfahrzeugmodellen in der Kraftfahrzeugtechnik durchzuführen und dabei unterschiedliche Systemparameter zu berücksichtigen.

6.3 Rad-Straße-Kontakt

Diese Wechselwirkung zwischen den Reifen und der Fahrbahn ist von großer Bedeutung für die Beschreibung und Beurteilung der Dynamik von Kraftfahrzeugen. Abgesehen von aerodynamischen Maßnahmen ist der Kontakt zwischen Straße und Fahrzeug die einzige Möglichkeit, die Bewegung des Fahrzeugs aktiv zu beeinflussen. Dies geschieht durch die Übertragung sämtlicher Kräfte und Momente über die Reifen auf das Fahrzeug. Diese Kräfte und Momente werden über die sogenannten Reifenlatschen übertragen.

Unter dem Begriff des Rades versteht man sämtliche sich um die Raddrehachse drehenden Teile des Fahrwerks. Dazu zählen neben der als starr angenommenen Felge auch die sich drehenden Bestandteile der Bremse, gegebenenfalls Teile der Antriebswelle und des Antriebsstrangs sowie natürlich der Reifen selbst. Das Rad ist im Radträger mit einem Drehgelenk befestigt. Räder erfüllen drei grundlegende Funktionen, die je nach Anwendung in der Modellierung der Reifenkräfte berücksichtigt werden müssen. Die Räder tragen die Gewichtsbelastung des Fahrzeugs und dienen als Puffer, um Erschütterungen und Stöße von der Fahrbahn abzufangen. Sie sind maßgeblich an der Übertragung der Kräfte beteiligt, die während Beschleunigung und Bremsung auftreten. Sie gewährleisten den Kraftschluss zwischen Reifen und Fahrbahn. Ebenso sind die Räder dafür verantwortlich, seitliche Kräfte zu übertragen, die die Richtung des Fahrzeugs beeinflussen. Dies ermöglicht das Lenken.

Moderne Reifen sind äußerst komplexe viskoelastische Strukturen. Bei der Modellierung im Bereich der Kraftfahrzeugtechnik stellen sie Kraftelemente dar, die aufgrund ihrer komplexen nichtlinearen und dynamischen Systemeigenschaften besondere Herausforderungen mit sich bringen. Diese Modelle können von einfachen linearen Ansätzen bis hin zu äußerst komplexen nichtlinearen Modellen reichen, abhängig von der spezifischen Anwendung.

Für die mathematische Beschreibung in der Fahrzeugdynamik sind insbesondere folgende Bestandteile des Reifens von Relevanz:

1. Der Laufstreifen: Dieser Teil des Reifens besteht aus Gummi und enthält das Laufstreifenprofil mit Profilstollen und Profilrillen, die maßgeblich für die Haftung auf der Fahrbahn verantwortlich sind.

2. Die Karkasse: Die Karkasse besteht aus zugfesten Fäden, die mit Gummi ummantelt sind. Diese Fäden, oft aus Materialien wie Kunstseide, Nylon und Rayon, verleihen dem Reifen zusammen mit dem Luftdruck seine Festigkeit. Sie verlaufen quer zur Laufrichtung von einem Wulstring zum anderen.

3. Der Gürtel: Dieser besteht heute in der Regel aus einem Lagenverbund aus Stahl und liegt im Laufflächenbereich auf der Karkasse auf. Der Gürtel umschließt den Reifen radial von außen und verleiht der Lauffläche ihre Steifigkeit.

4. Die Wulstringe: Die beiden Wulstringe sorgen für einen festen Sitz des Reifens auf der Felge und gewährleisten zusammen mit dem umschließenden Gummi eine Dichtung zwischen Reifen und Felge.

6.3.1 Stationäre Reifenkontaktkräfte

Stationären Reifenkontaktkräfte sind verantwortlich für die Übertragung von Antriebs-, Brems- und Seitenführungskräften zwischen den Reifen und der Fahrbahn. Die Kontaktfläche, auch als Radaufstandsfläche oder Latsch bezeichnet, bildet sich unter der Radlast im Kontaktbereich zwischen dem Reifen und der Fahrbahnoberfläche aus. Es ist zu beachten, dass aufgrund des Profils des Reifens nur der Profilstollenanteil der Lauffläche direkt mit der Fahrbahn in Berührung steht.

Die stationären Reifenkontaktkräfte werden im Rahmen der Fahrzeugmodellierung als Mehrkörpersystem durch resultierende Einzelkontaktkräfte und -momente beschrieben. Diese Kräfte und Momente sind in der Regel von Lage- und Geschwindigkeitsgrößen abhängig und wirken auf das Rad. Die Aufteilung der Kräfte in verschiedene Raumrichtungen erfolgt in einem radträgerfesten Koordinatensystem, bei dem die Drehung des Rades um seine Achse nicht berücksichtigt wird. Entsprechend wird die Geschwindigkeit des Radmittelpunktes in Längs- und Querkomponenten aufgeteilt, wobei v die aktuelle Geschwindigkeit des Radmittelpunktes, v_x die Längskomponente und v_y die Querkomponente ist.

In vertikaler Richtung fungiert der Reifen hauptsächlich als Luftfeder. Die Radlast F_z führt zur Bildung einer Kontaktfläche zwischen dem Reifen und der Fahrbahn. Selbst bei einem stehenden Rad gibt es eine statische Einfederung, die sich aus dem Konstruktionsradius des Reifens r_0 und dem statischen Radradius r_{stat} ergibt.

$$\Delta r = t_0 - r_{stat} \tag{6.7}$$

Die Länge der Kontaktfläche L kann näherungsweise durch die Reifeneinfederung $|\Delta r|$ bestimmt werden.

$$\left(\frac{L}{2}\right)^2 = r_0^2 - (r_0 - \Delta r)^2 \approx 2r_0\Delta r \quad \Rightarrow \quad L \approx 2\sqrt{2}r_0\Delta r \qquad (6.8)$$

Die Radlast F_z hängt im Wesentlichen von der Reifeneinfederung ab, und die Verformungen des Reifens führen zu einer schwach progressiven Federkennlinie.

Die Dämpfungseigenschaften des Reifengummis führen dazu, dass die Pressung im vorderen Latschbereich in Rollrichtung geschwindigkeitsabhängig zunimmt, während sie im hinteren Latschbereich abnimmt. Die resultierende Normalkraft F_z ändert sich jedoch aufgrund des Abrollens des Reifens fast nicht. Dennoch verschiebt sich der fiktive Angriffspunkt der Normalkraft um den Betrag e von der Mitte des Latsches in Rollrichtung. Das Momentengleichgewicht des beschleunigungsfrei rollenden Rades ergibt die Rollwiderstandskraft F_R:

$$F_x r_{\text{stat}} - F_z e = 0 \quad \Rightarrow \quad F_R = F_x = \frac{e}{r_{\text{stat}}} F_z. \qquad (6.9)$$

Die Umfangskräfte im Latsch werden im Wesentlichen durch zwei physikalische Effekte übertragen.

1. Kraftschluss durch Adhäsionsreibung in der Latschfläche: Dieser Effekt beruht auf den intermolekularen Bindungskräften zwischen dem Reifengummi und der Fahrbahnoberfläche. Adhäsionsreibung dominiert auf trockenen Fahrbahnen die Kraftübertragung zwischen Reifen und Fahrbahn, reduziert sich jedoch auf nassen Straßen erheblich.

2. Hysteresereibung: Diese Art der Reibung beruht auf den viskoelastischen Eigenschaften des Reifengummis. Sie führt zu einem Verzahnungseffekt zwischen dem Reifenlatsch und der Fahrbahnoberfläche. Hysteresereibung ist weniger anfällig für Wasser auf der Straße. Beide Effekte sind abhängig von kleinen Relativbewegungen der Kontaktpartner Lauffläche und Fahrbahn im Latsch.

Das Verhältnis zwischen der Umfangskraft F_x und der Normalkraft F_z wird als Kraftschlussbeiwert μ in Umfangsrichtung bezeichnet.

6.3.2 Reifenmodelle

Die Modellierung von Reifenkräften erfordert besondere Sorgfalt, insbesondere wenn das instationäre Verhalten der Reifen berücksichtigt werden soll. In der Kraftfahrzeugtechnik werden grundsätzlich drei Arten von Reifenmodellen unterschieden, das sind mathematische Modelle, physikalische Modelle sowie ihre Mischformen. Im folgenden Text werden zunächst Modelle betrachtet, die die physikalischen Eigenschaften von Reifen durch eine rein mathematische Beschreibung wiedergeben. Dabei basieren sie auf bekannten gemessenen Eigenschaften, die in einem Kennfeld gespeichert werden. Die Weiterverarbeitung erfolgt entweder durch die Approximation mittels algebraischer Funktionen (wie der „Magic Formula" von Pacejka) oder durch Interpolation.

Solche mathematischen Modelle sind in der Regel ausreichend, um Fahrmanöver zu simulieren, bei denen die Anregungsfrequenzen weit unterhalb der Gürteleigenfrequenzen liegen. Probleme treten jedoch auf, wenn eine große Anzahl von Einflussfaktoren berücksichtigt werden muss, da umfangreiche Kennfelder erstellt und ausgewertet werden müssen. Zudem gestaltet sich die Anpassung einzelner Parameter schwierig, ohne die gesamten Kennfelder neu zu erstellen.

Eine andere Gruppe von Reifenmodellen sind die physikalischen Modelle. Diese umfassen verschiedene Typen wie Finite-Elemente-Modelle (FE-Modelle), Modelle zur Untersuchung von Membranschwingungen und sowohl stationäre als auch instationäre Modelle. Die ersten beiden Modelle werden hauptsächlich verwendet, um das Deformationsverhalten von Reifen im Rahmen von Komfort- und Schwingungsuntersuchungen zu analysieren. In der Fahrdynamiksimulation liegt das Hauptinteresse jedoch in den Kräften und Momenten, die zwischen Reifen und Fahrbahn auftreten und nicht in den Verformungen des Reifens selbst. Daher werden FE-Modelle und Modelle zur Membranschwingung trotz heutiger leistungsstarker Computer in der Fahrdynamiksimulation selten eingesetzt.

Stationäre Modelle betrachten in der Regel nur die Felge als massiv und träge, ohne den Gürtel als separaten Körper zu modellieren. Solche Modelle sind hauptsächlich zur Simulation stationärer Fahrmanöver geeignet. Um den Anwendungsbereich dieser Modelle zu erweitern, werden manchmal Glieder höherer Ordnung verwendet, um den zeitlichen Aufbau der Tangentialkräfte zu berücksichtigen. Wenn jedoch Anregungen im Bereich der Gürteleigenfrequenzen von etwa 30 bis 50 Hz auftreten, beispielsweise durch den Einsatz elastischer Bauteile in den Radaufhängungen oder durch die Pulsation des Bremsdrucks bei ABS-geregelten Bremsvorgängen und dies Auswirkungen auf das Fahrzeug hat, muss die Eigendynamik des Gürtels berücksichtigt werden. In diesem Fall wird der Gürtel als ein massebehafteter, starrer Kreisring modelliert. Dies führt jedoch zu hochgradig instationären Transportvorgängen in der Kontaktfläche zwischen Reifen und Fahrbahn bei niedrigen Geschwindigkeiten, was eine spezielle Beschreibung erfordert.

Eine der am häufigsten verwendeten mathematischen Reifenmodelle ist das sogenannte Magic-Formula-Modell, das von Pacejka und anderen entwickelt wurde. Dieses Modell bietet eine rein mathematische Beschreibung des Ein- und Ausgangsverhaltens des Rad-Bodenkontakts unter quasi-stationären Bedingungen. Mit diesem Ansatz können die Charakteristika von Seitenführungskraft (F_x), Bremskraft (F_y) und Rückstellmoment (M_z) des Reifens mathematisch erfasst werden.

Die Magic-Formula-Modelle wurden entwickelt, um die genannten Kraftgrößen mit den Starrkörperschlupfen zu verknüpfen. Dabei werden typischerweise Sinus- und Arkustangensfunktionen kombiniert, um die Beziehung zwischen Umfangskraft, Längskraft und Rückstellmoment als Funktion des Längs- und Querschlupfs genau zu beschreiben. Diese Beschreibung beschränkt sich jedoch auf stationäre Zustandseigenschaften.

$$y(x) = D \sin(C \arctan(Bx - E(Bx - \arctan(Bx)))) \tag{6.10}$$

$$Y(X) = y(x) + S_v \tag{6.11}$$

$$x = X + S_h \tag{6.12}$$

In diesen Gleichungen repräsentiert $Y(X)$ entweder die Umfangskraft, die Querkraft oder das Rückstellmoment. Die Variable X steht für den Längsschlupf s oder den Schräglaufwinkel α. D steht für die maximale Kraft oder das maximale Moment, C beeinflusst die Form der Kurve in x-Richtung, E stellt eine zusätzliche Dehnung oder Kompression der Kennlinien dar, S_v beschreibt die Vertikalverschiebung der Kennlinien und S_h beschreibt die Horizontalverschiebung der Kennlinien. Diese Parameter müssen aus Messdaten approximiert werden, um realistische Fahrzeugmodelle zu erstellen. Die Anforderungen an die Beschreibungsfunktionen sind die Darstellung aller stationären Reifenzustandseigenschaften, die leichte Beschaffbarkeit der Daten, die Möglichkeit einer gewissen physikalischen Interpretation der Zusammenhänge, hohe Genauigkeit und einfache Auswertbarkeit.

6.4 Einspurmodelle

Einspurmodelle ermöglichen die Analyse des Fahrverhaltens von Kraftfahrzeugen in Simulationen mit vergleichsweise geringem Modellierungsaufwand und Parametrierungsaufwand. Diese Modelle liefern wertvolle Einblicke in das Verhalten von Fahrzeugen auf einer einzelnen Spur und erlauben die Vorhersage von dynamischen Aspekten während der Fahrt. In diesem Kapitel werden verschiedene Einspurmodelle vorgestellt, darunter lineare und nichtlineare Ansätze, die eine breite Palette von Fahrsituationen abdecken.

6.4.1 Lineares Einspurmodell

Das lineare Einspurmodell, auch bekannt als das Ackermann-Modell, ist eine grundlegende Modellierungsmethode in der Kraftfahrzeugtechnik. Es erlaubt eine angenäherte, aber dennoch physikalisch plausible Beschreibung der Querdynamik eines Kraftfahrzeugs. Dieses Modell basiert auf einer Reihe von vereinfachenden Annahmen, die es ermöglichen, die Fahrzeugbewegung auf einer einzigen Spurachse zu analysieren. Obwohl diese Annahmen stark vereinfacht sind, liefert das lineare Einspurmodell wichtige Einblicke in das Fahrverhalten von Fahrzeugen und bildet die Grundlage für weiterführende Modelle und Simulationen. Die grundlegenden Annahmen des linearen Einspurmodells sind:

1. Die Geschwindigkeit des Fahrzeugschwerpunkts bleibt längs seiner Bahnkurve konstant.

2. Alle Bewegungen wie Auf- und Abwärtsbewegungen sowie Wank- und Nickbewe-
    gungen werden vernachlässigt.
3. Die gesamte Fahrzeugmasse wird am Massenschwerpunkt zusammengefasst.
4. Die Vorder- und Hinterräder werden jeweils zu einem Rad zusammengefasst, wobei
    die angenommenen Radaufstandspunkte in der Achsmitte liegen.
5. Reifennachläufe und Rückstellmomente aufgrund von Schräglaufwinkeln der Rei-
    fen werden vernachlässigt.
6. Die Radlastverteilung zwischen Vorder- und Hinterachse bleibt konstant.
7. Die Umfangskräfte an den Reifen, die sich aus der Annahme konstanter Geschwin-
    digkeit ergeben, werden vernachlässigt.

Diese Annahmen führen zu vier Zwangsbedingungen, die die sechs Freiheitsgrade des
Modells beschränken. Die verbleibenden Bewegungsmöglichkeiten sind der Gierwinkel
ψ_V und der Schwimmwinkel β. Der Gierwinkel ψ_V hängt nur von der Giergeschwindig-
keit $\dot{\psi}_V$ ab, während der Schwimmwinkel β die Abweichung der Richtung der Schwer-
punktsgeschwindigkeit von der Fahrzeuglenkachse beschreibt (siehe Abb. 6.4). Der
Lenkwinkel δ der Vorderachse dient als Eingangsgröße. Im Ackermann-Modell bewegen
sich sämtliche Punkte des Fahrzeugs aufgrund der Annahme kleiner Lenkbewegungen
und großer Kurvenradien auf einer Kreisbahn um den Krümmungskreismittelpunkt
K_A. Der Ackermann-Lenkwinkel δ_A ist unter dieser Annahme gegeben durch

$$\tan \delta_A = \frac{l}{\sqrt{p_M^2 - l_h^2}}. \tag{6.13}$$

Hierbei repräsentiert l den Abstand zwischen Vorderrand und Hinterrad, p_M den Abstand des Massenschwerpunkts zum Krümmungskreismittelpunkt und l_h den Abstand

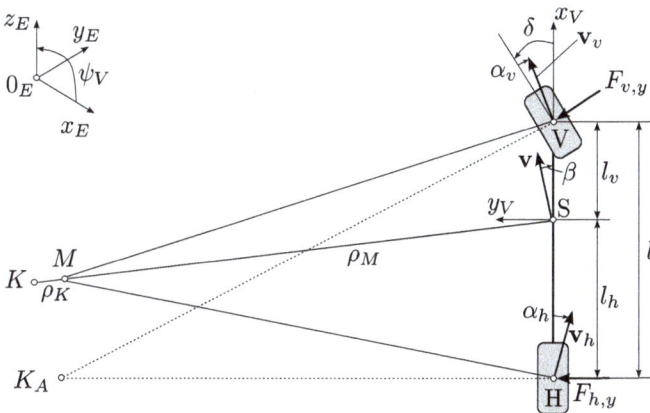

Abb. 6.4: Mathematische Beschreibung des linearen Einspurmodells.

des Hinterrads zum Massenschwerpunkt. Die Berechnung der Fahrzeuggeschwindigkeit im fahrzeugfesten Koordinatensystem K_V erfolgt durch

$$^V\mathbf{v} = \begin{bmatrix} v\cos\beta \\ v\sin\beta \\ 0 \end{bmatrix}. \tag{6.14}$$

Dabei steht v für die Geschwindigkeit des Fahrzeugs, β für den Schwimmwinkel. Die Beschleunigung des Fahrzeugschwerpunkts S ergibt sich aufgrund der Annahme konstanter Längsgeschwindigkeit als reine Normalbeschleunigung $\mathbf{a}_n$ quer zur Fahrtrichtung.

$$^V\mathbf{a} = \frac{d^V\mathbf{v}}{dt} + {}^V\boldsymbol{\omega} \times {}^V\mathbf{v} = \begin{bmatrix} -v(\dot{\psi}_V + \dot{\beta})\sin\beta \\ v(\dot{\psi}_V + \dot{\beta})\cos\beta \\ 0 \end{bmatrix} \tag{6.15}$$

Die Berechnung der horizontalen Reifenkräfte erfordert noch die Geschwindigkeiten der Radaufstandspunkte mit

$$^V\mathbf{v}_v = {}^V\mathbf{v} + {}^V\boldsymbol{\omega} \times {}^V_S\mathbf{r}_V = \begin{bmatrix} v\cos\beta \\ v\sin\beta + l_v\dot{\psi}_V \\ 0 \end{bmatrix} \tag{6.16}$$

an der Vorderrädern und

$$^V\mathbf{v}_h = {}^V\mathbf{v} + {}^V\boldsymbol{\omega} \times {}^V_S\mathbf{r}_H = \begin{bmatrix} v\cos\beta \\ v\sin\beta + l_h\dot{\psi}_V \\ 0 \end{bmatrix} \tag{6.17}$$

an den Hinterrädern. Zunächst betrachten wir die Normalkräfte auf die Räder des Fahrzeugs. Diese Kräfte entstehen aufgrund der Gewichtsbelastung des Fahrzeugs und sind entscheidend für die Reifenhaftung. Die Berechnung der Normalkräfte erfolgt unter Berücksichtigung der Lage des Massenschwerpunkts des Fahrzeugs.

$$F_{v,z} = mg\frac{l_v}{l} \tag{6.18}$$

$$F_{h,z} = mg\frac{l_h}{l} \tag{6.19}$$

Hierbei repräsentiert $F_{v,z}$ die Normalkraft auf das Vorderrad, $F_{h,z}$ die Normalkraft auf das Hinterrad, m die Gesamtmasse des Fahrzeugs, g die Erdbeschleunigung, l_v den Abstand des Vorderrads zum Massenschwerpunkt und l_h den Abstand des Hinterrads zum Massenschwerpunkt. Die Verteilung der Normalkräfte auf die Vorder- und Hinterräder beeinflusst die Reifenhaftung und somit das Fahrverhalten. Die Gleichungen für die Berechnung der seitlichen Reifenkräfte an den Vorder- und Hinterrädern lauten wie folgt:

$$F_{v,y} = c_{a,v}\alpha_v \tag{6.20}$$
$$F_{h,y} = c_{a,h}\alpha_h. \tag{6.21}$$

Dabei stehen $F_{v,y}$ und $F_{h,y}$ für die seitlichen Reifenkräfte an den Vorder- und Hinterrädern, $c_{a,v}$ und $c_{a,h}$ für die Reifenkennwerte (Reifensteifigkeit), α_v für den Schräglaufwinkel der Vorderräder und α_h für den Schräglaufwinkel der Hinterräder.

Beispiel 6.2 (Einspurmodell). Im Rahmen dieser Übung wird die Steuerung und Modellierung eines Fahrzeugs anhand eines Einspurmodells betrachtet. Das Ziel der Übung sind die Analyse und Simulation verschiedener Modellparameter, um das Fahrverhalten in verschiedenen Szenarien zu verstehen und zu optimieren. In Listing 6.2 werden dafür die verschiedenen Modell- und Simulationsparameter definiert.

Listing 6.2: Definition der Parameter für das Einspurmodell.

```
1  clear all;
2  clc;
3
4  %%%%%%%%%% Modellparameter %%%%%%%%%%
5  %
6  % Fahrzeug- und Umgebungsparameter
7  fzg_m = 1770;          % Masse des Fahrzeuges in kg mit 2
           Personen
8  r_dyn = 0.33;          % Reifenhalbmesser in m
9  l = 2.709;             % Radstand
10 lh = 1.75;             % Schwerpunktslage zur Hinterachse
11 lv = (l-lh);           % Schwerpunktslage zur Hinterachse
12 g = 9.81;              % Gravitationskraft
13 fzg_Jz = 1752;         % Massentraegheit um Gierachse
14
15 %
16 % Reifenparameter
17 % simple Pacejka
18 Bf = 10.96;            % Parameter B Pacejka
19 Br = 12.67;            % Parameter B Pacejka
20 Cf = 1.1;              % Parameter C Pacejka
21 Cr = 1.3;              % Parameter C Pacejka
22 Fzeta0 = 8000;         % Peak Value in N
23 Fzetaf = fzg_m*g*lh/l; % tire normal force front
24 Fzetar = fzg_m*g*(l-lh)/l; % tire normal force rear
25 mu = 1.05;             % friction coefficient
26 k_Fzeta = 0.25;        % Degressivitaetsfaktor
27
```

```
28  %
29  % linear tire model
30  %
31  cf = 60000;              % tire cornering stiffness (front)
32  cr = 75000;              % tire cornering stiffness (rear)
33
34  %
35  % Lenkungsparameter
36  %
37  % nr = 0.02;             % Reifennachlauf
38  % nk = 0.06;             % Konstruktiver Radnachlauf
39  iL = 14;                 % transformation steering angle to
        tire angle
40
41  %%%%%%%%%%% Simulationsparameter %%%%%%%%%%
42  %
43  speed = 10;                      % vehicle speed [m/s]
44
45  tire_choice = 1;                 % 0 ... linear tire model
46                                   % 1 ... simple Pacejka model
47
48  steering_angle = 30*pi/180;  % steering angle in [rad]
49
50  manoever_choice = 1;             % 0 ... sinus
51                                   % 1 ... constant
52  sinus_freq = 1/6;                % Frequenz Sinusmanoever [hz]
53
54  SIM_time = 20;                   % simulation time
```

Diese Parameter werden in der Simulation verwendet, um das Verhalten des Fahrzeugs in verschiedenen Situationen zu analysieren und die Auswirkungen der Modellparameter auf das Fahrverhalten zu untersuchen. Die grobe Implementierung des Einspurmodells ist in Abbildung 6.5 dargestellt. Dieses ist aufgeteilt in ein Lenkmodell, ein Reifenmodell und das eigentliche Einspurmodell. Es können dabei verschiedene Lenkbedingungen eingestellt werden.

Die Ergebnisse sind in Abbildung 6.6 dargestellt. In dem ersten Diagramm wird der Schwimmwinkelverlauf des Fahrzeugs in Grad über der Zeit dargestellt. Der Schwimmwinkel ist der Winkel zwischen der Fahrzeuglängsachse und der Richtung, in die das Fahrzeug tatsächlich fährt. Dieser Graph zeigt, wie das Fahrzeug in Kurvenfahrten schwenkt und wie sich der Schwimmwinkel im Laufe der Zeit ändert. Das zweite Diagramm zeigt die Gierrate des Fahrzeugs in Grad pro Sekunde über der Zeit.

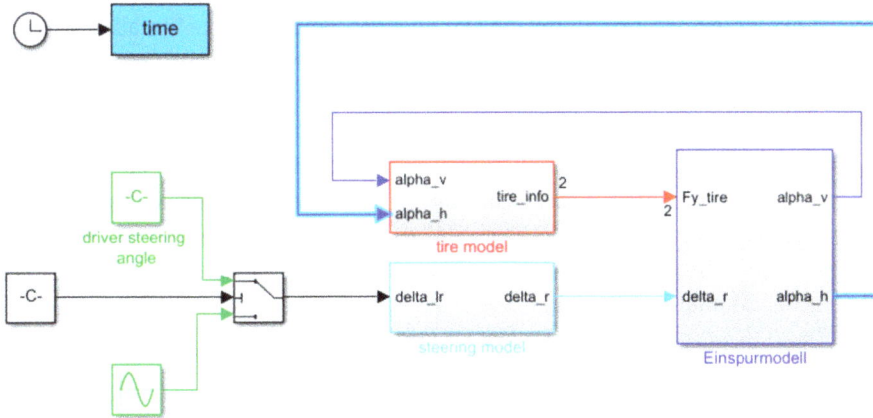

Abb. 6.5: Darstellung der Implementierung des Einspurmodells in Simulink.

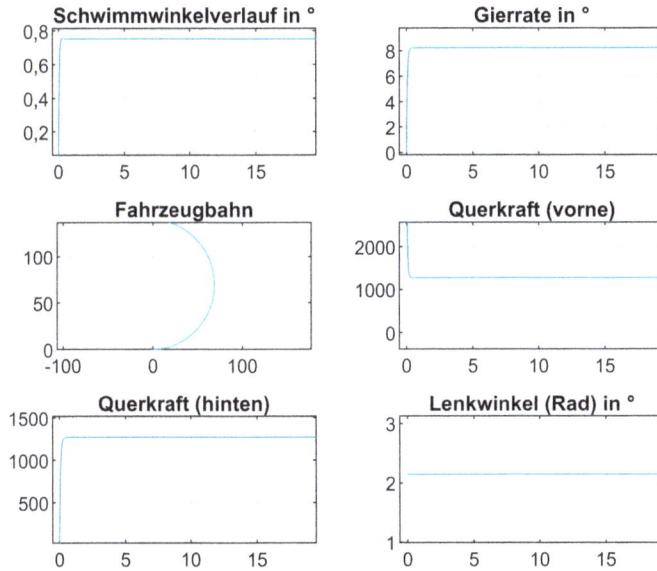

Abb. 6.6: Darstellung der Simulationsergebnisse des Einspurmodells.

Diese Visualisierung ermöglicht es, die Dynamik des Fahrzeugs in Bezug auf seine Drehbewegung zu beobachten. Diagramm 3 stellt die Fahrzeugbahn dar, wobei die Fahrzeugpositionen über die Zeit aufgezeichnet sind. Die Achsen sind so skaliert, dass die Bahn des Fahrzeugs proportional wiedergegeben wird. Dies ermöglicht die Beobachtung des tatsächlichen Pfads, den das Fahrzeug während der Simulation durchläuft. Das vierte Diagramm zeigt die Querkraft an den Vorderrädern des Fahrzeugs über der Zeit. Die Querkraft ist die seitliche Kraft, die von den Vorderrädern erzeugt wird, und sie beeinflusst die Kurvenfahrt und die Stabilität des Fahrzeugs. Die Visualisierung ermöglicht die Beobachtung von Änderungen in der Querkraft während der Simulation. Im fünften Diagramm wird die Querkraft an den Hinterrädern des Fahrzeugs über der Zeit dargestellt. Die Hinterrad-Querkraft ist entscheidend für die Traktion und das Übersteuerungsverhalten des Fahrzeugs. Änderungen in der Hinterrad-Querkraft sind von großer Bedeutung für die Fahrzeugkontrolle. Das sechste Diagramm visualisiert den Lenkwinkel des Fahrzeugs in Grad über der Zeit. Dieser Lenkwinkel gibt an, wie stark die Vorderräder eingeschlagen sind. Die Visualisierung zeigt, wie sich der Lenkwinkel während der Simulation ändert und wie er die Fahrzeugbewegung beeinflusst.

6.4.2 Lineares Wankmodell

Das lineare Wankmodell ist ein wichtiges Konzept, das verwendet wird, um die Wankbewegung eines Fahrzeugs zu modellieren. Diese tritt in Kurvenfahrten auf und ist die Neigung des Fahrzeugs zur Seite. Im Rahmen dieses Modells werden die Vorder- und Hinterachse zu einer Achse zusammengefasst und der Wankpol (symbolisiert durch W) wird auf der Höhe des Achsmittelpunktes angenommen (siehe Abb. 6.7). In Reaktion auf das Wankmoment, das sich aus der Querbeschleunigung a_y des Fahrzeugaufbaus ergibt, wirken Kräfte $A_{l,v}$, $A_{r,v}$, $A_{l,h}$ und $A_{r,h}$, die durch Aufbaufedern, -dämpfer und Stabilisatoren erzeugt werden, um der Wankbewegung entgegenzuwirken. Diese Kräfte sind stationär in Bezug auf die Wankbewegung und werden über virtuelle Drehlager auf die Radachsen übertragen.

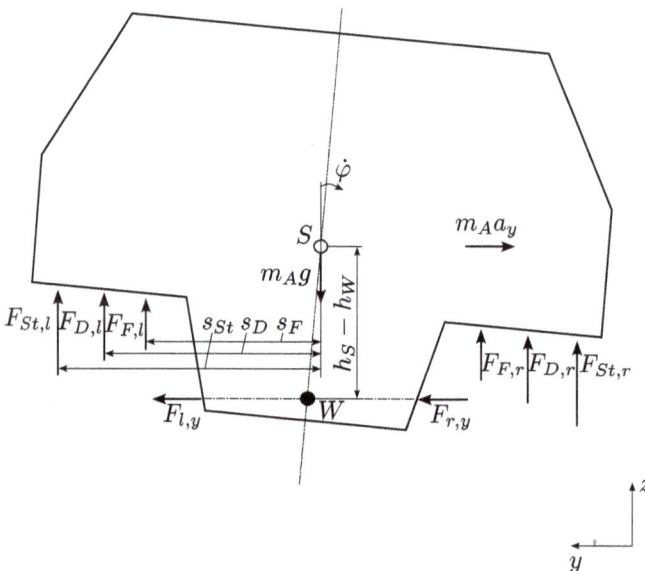

Abb. 6.7: Beschreibung der Wankdynamik des Aufbaus.

Das Gleichgewicht des Gesamtfahrzeugs um den Wankpol W führt zu einer wichtigen Beziehung, die die Schwerpunkthöhe h_S, die Radspurweite $2s_R$ sowie die Radvertikalkräfte $F_{l,z}$, $F_{r,z}$ und die Querkräfte $F_{l,y}$, $F_{r,y}$ der Fahrzeuggesamtmasse m berücksichtigt:

$$0 = (h_S - h_W)ma_y + h_W(F_{l,y} + F_{r,y}) + s_R(F_{l,z} - F_{r,z}). \qquad (6.22)$$

Wenn wir das Kräftegleichgewicht in Querrichtung hinzufügen, ergibt sich die vereinfachte Gleichung zu

$$0 = h_S ma_y + s_R(F_{l,z} - F_{r,z}). \qquad (6.23)$$

Um die Radaufstandskräfte für die einzelnen Räder zu ermitteln, müssen wir die durch die Radaufhängungen verursachten Elastizitäten berücksichtigen. Dazu schneiden wir den Fahrzeugaufbau frei und nutzen den Drallsatz, um die Bewegungsgleichung für den Aufbau zu erhalten. Diese Bewegungsgleichung berücksichtigt die Trägheitskraft des Aufbaus, die aufgrund der Wankbewegung wirkt:

$$\begin{aligned}
\theta_A \ddot{\varphi} = {} & (h_S - h_W)\cos\varphi m_A a_y \\
& + s_{F,v}(F_{F,l,v} - F_{F,r,v}) + s_{F,h}(F_{F,l,h} - F_{F,r,h}) \\
& + s_{D,v}(F_{D,l,v} - F_{D,r,v}) + s_{D,h}(F_{D,l,h} - F_{D,r,h}) \\
& + s_{St,v}(F_{St,l,v} - F_{St,r,v}) + s_{St,h}(F_{St,l,h} - F_{St,r,h}),
\end{aligned} \qquad (6.24)$$

wobei h_W die Wankpolhöhe und $s_{F,(v/h)}$, $s_{D,(v/h)}$ und $s_{St,()}$ den Abstand der Feder-, Dämpfer- und Stabilisatorangriffspunkte von der Mittelebene des Fahrzeugaufbaus repräsentieren. Dieses Gleichungssystem ermöglicht es, die dynamischen Radvertikalkräfte aller vier Räder zu berechnen, und ist besonders nützlich für Untersuchungen von Lastwechselreaktionen in Kurvenfahrten sowie für die Analyse des Über- und Untersteuerverhaltens von Fahrzeugen. Es erlaubt auch die Untersuchung des Einflusses von passiven und aktiven Stabilisatoren auf das Fahrverhalten von Kraftfahrzeugen.

7 Elektrotechnik

Die Elektrotechnik befasst sich speziell im Maschinenbau mit der Anwendung elektrischer Ströme und den Eigenschaften elektrischer und magnetischer Felder in der Entwicklung und Herstellung von Maschinen. Dieser Bereich der Elektrotechnik hat eine breite Anwendungspalette und durchdringt sowohl den öffentlichen als auch den privaten Sektor.

Ein grundlegender Aspekt der Elektrotechnik ist die elektrische Energietechnik. Diese Disziplin beschäftigt sich mit der Erzeugung, Übertragung und Verteilung elektrischer Energie, die in vielfältiger Weise in Maschinen und Anlagen genutzt wird. Elektrische Antriebe in Maschinen sind ein gutes Beispiel dafür. Elektrische Energie wird in diesen Maschinen in mechanische Arbeit umgewandelt, was eine hohe Effizienz und Präzision ermöglicht. Die Anwendung elektrischer Energie in Maschinen trägt zur Automatisierung von Prozessen und zur Steigerung der Produktivität bei.

Ein weiterer Teilbereich ist die Mess- und Automatisierungstechnik. Diese Disziplin nutzt Komponenten und Methoden aus der Mess-, Steuer- und Regelungstechnik, um Prozesse in verschiedenen technischen Anwendungen zu überwachen und zu steuern. Hierbei kommt die Prozessdatenverarbeitung zum Einsatz, um die Effizienz, Qualität und Sicherheit von Maschinen und Anlagen zu gewährleisten. Die Mess- und Automatisierungstechnik spielt eine entscheidende Rolle in der modernen Produktion und ermöglicht die Optimierung von Fertigungsprozessen.

Die Elektrotechnik unterliegt internationalen und nationalen Normen, die technische Anforderungen und Sicherheitsvorschriften für elektrotechnische Geräte und Verfahren festlegen. Diese Normen dienen der Sicherheit von Menschen und Sachen und gewährleisten die Zuverlässigkeit und Qualität von Elektrogeräten in Maschinen und Anlagen.

7.1 Grundgesetze

Dieses Kapitel bildet das Fundament für das Verständnis der Elektrotechnik und der zugrunde liegenden elektromagnetischen Phänomene. Hier werden die grundlegenden Prinzipien und Gesetze vorgestellt, die die Wechselwirkungen zwischen elektrischen und magnetischen Feldern beschreiben. Diese Grundgesetze sind unerlässlich für die Analyse, das Design und die Optimierung von elektrischen Schaltungen und Systemen.

7.1.1 Feldgrößen und -gleichungen

In der Elektrotechnik werden Feldgrößen und -gleichungen dazu genutzt, um elektromagnetische Phänomene zu beschreiben. Das elektromagnetische Feld, das den Raum

https://doi.org/10.1515/9783111068794-007

durchdringt, wird durch fünf wichtige Feldgrößen charakterisiert, die allesamt Vektor-
charakter haben. Diese Feldgrößen sind:

Elektrische Feldstärke E:

Das elektrische Feld ist verantwortlich für die Wechselwirkungen von elektrisch ge-
ladenen Teilchen. Es übt eine Kraft auf geladene Teilchen aus und kann elektrischen
Strom in Leitern erzeugen.

Magnetische Feldstärke H:

Das magnetische Feld ist eng mit elektrischem Strom verknüpft und beeinflusst
geladene Teilchen in Bewegung. Es spielt eine Schlüsselrolle in der Funktion von
Spulen, Transformatoren und elektromagnetischen Schaltkreisen.

Elektrische Verschiebungsdichte D:

Die elektrische Verschiebungsdichte beschreibt, wie elektrische Ladung in einem
Dielektrikum verteilt ist, und ist wichtig für die Analyse von Kondensatoren und
Dielektrika.

Magnetische Flussdichte B:

Die magnetische Flussdichte ist eng mit der magnetischen Permeabilität von Materialien verknüpft und spielt eine entscheidende Rolle in elektromagnetischen Schaltungen und Transformatoren.

Elektrische Stromdichte S:

Die elektrische Stromdichte beschreibt die räumliche Verteilung des elektrischen
Stroms in einem Material oder Leiter und ist für die Analyse von Leiterstrukturen
von großer Bedeutung.

Die Wechselwirkungen zwischen diesen Feldgrößen werden durch die Maxwell'schen
Gleichungen beschrieben, die das grundlegende Gerüst der Elektrodynamik darstellen.
Diese Gleichungen sind von fundamentaler Bedeutung für das Verständnis elektroma-
gnetischer Phänomene. Die Maxwell'schen Gleichungen lauten wie folgt:

Durchflutungsgesetz (Gauß'sches Gesetz für das Magnetfeld):

$$\oint_C \mathbf{H}ds = \iint_A \left(\mathbf{S} + \frac{\partial \mathbf{D}}{\partial t} \right) dA \tag{7.1}$$

Induktionsgesetz (Gauß'sches Gesetz für das elektrische Feld):

$$\oint_C \mathbf{E}ds = -\frac{\partial}{\partial t} \iint_A \mathbf{B}dA \tag{7.2}$$

Quellenfreiheit des Magnetfelds:

$$\oiint_A \mathbf{B}dA = 0 \tag{7.3}$$

Maxwell'sche Gleichung der Ladungsdichte:

$$\oint_A \mathbf{D}d\mathbf{A} = \iiint_V \varrho dV \tag{7.4}$$

Diese Gleichungen beschreiben die grundlegenden Prinzipien der Elektrodynamik und legen die Beziehungen zwischen den Feldgrößen und ihrer Wechselwirkung fest. Sie dienen als Grundlage für die Analyse und das Design elektrischer und elektronischer Systeme.

Zusätzlich zu den Maxwell'schen Gleichungen sind die Feldgrößen durch Materialgleichungen verknüpft, die die Materialeigenschaften berücksichtigen. Diese Materialgleichungen beschreiben die Wechselwirkungen zwischen den Feldern und den Materialeigenschaften. Bei isotropen Materialien sind die Materialkonstanten in der Regel skalare Ortsfunktionen, aber bei anisotropen Materialien werden sie zu Tensoren.

7.1.2 Elektrostatisches Feld

Das elektrostatische Feld bildet die Grundlage für das Verständnis elektrischer Phänomene. Es beschreibt die räumliche Verteilung der elektrischen Feldstärke in Abhängigkeit von Ladungen und deren Anordnung.

$$\oint_S \mathbf{E}ds = 0 \tag{7.5}$$

Diese Gleichung, auch bekannt als das geschlossene Wegintegral der elektrischen Feldstärke, besagt, dass die resultierende Arbeit, die auf eine Ladung entlang eines geschlossenen Pfades im elektrostatischen Feld verrichtet wird, gleich 0 ist. Dies bedeutet, dass in einem solchen Feld die Energieerhaltung gewährleistet ist.

Die Grundgleichungen der Elektrostatik basieren auf dieser Beziehung und werden durch die Materialgleichung $\mathbf{D} = \epsilon\mathbf{E}$ ergänzt. Die Konstante ϵ in dieser Gleichung ist die Dielektrizitätskonstante des Materials:

$$\epsilon = \epsilon_0 \cdot \epsilon_r. \tag{7.6}$$

ϵ_0 ist hierbei die elektrische Feldkonstante des Vakuums, die eine universelle Konstante darstellt, und ϵ_r ist die relative Dielektrizitätszahl, die eine spezifische Materialeigenschaft ist. Die Dielektrizitätskonstante ϵ charakterisiert die Fähigkeit eines Materials, elektrische Felder zu polarisieren und die elektrische Flussdichte $\mathbf{D}$ in einem Medium im Vergleich zum Vakuum zu verändern.

Die Bedeutung der Dielektrizitätskonstante liegt in der Modellierung und Analyse elektrostatischer Felder in unterschiedlichen Materialien. Sie beeinflusst die elektrischen Eigenschaften von Dielektrika, Kondensatoren und anderen elektronischen Bauelementen erheblich. Die Kenntnis der Dielektrizitätskonstante ermöglicht es, die elektrische Feldstärke und die Polarisation von Materialien genau zu berechnen.

7.1.3 Stationäres Strömungsfeld

Das stationäre Strömungsfeld in der Elektrotechnik bezieht sich auf Situationen, in denen sich elektrische Ströme und elektrische Felder im Laufe der Zeit nicht ändern. Dies ist bei der Analyse von elektrischen Schaltkreisen und Geräten, bei denen die Ströme und Felder konstant sind, von besonderer Bedeutung. In einem stationären elektromagnetischen Feld sind die fließenden Ströme zeitlich konstant, was es ermöglicht, die elektrischen Eigenschaften eines Systems genau zu beschreiben.

Die grundlegende Beziehung in einem stationären Strömungsfeld ist das Integral der Stromdichte über eine Fläche $\mathbf{A}$:

$$I = \iint\limits_{\mathbf{A}} \mathbf{S}d\mathbf{A}. \tag{7.7}$$

Hierbei repräsentiert I den resultierenden Strom, der durch die betrachtete Fläche $\mathbf{A}$ fließt. Die Stromdichte $\mathbf{S}$ beschreibt die Verteilung des Stroms in der Fläche und wird als Flächenintegral über die Stromdichte dargestellt.

Die Beziehung zwischen der Stromdichte $\mathbf{S}$ und dem elektrischen Feld $\mathbf{E}$ ist bereits in dieser Gleichung impliziert und stellt die Differentialform des Ohm'schen Gesetzes dar. Sie kann als $\mathbf{S} = \kappa\mathbf{E}$ ausgedrückt werden, wobei κ den spezifischen Widerstand des Materials beschreibt. In isotropen Leitern, in denen die elektrische Feldstärke und die Stromdichte die gleiche Richtung aufweisen, entspricht κ dem Verhältnis von Feldstärke zu Stromdichte und stellt somit den spezifischen Widerstand ϱ des Materials dar.

7.1.4 Stationäres magnetisches Feld

Ein stationäres magnetisches Feld entsteht, wenn sich die magnetischen Felder in einem System im Zeitverlauf nicht ändern. Eine der grundlegenden Gleichungen für das stationäre magnetische Feld ist die erste Maxwell'sche Gleichung, die besagt, dass das Umlaufintegral der magnetischen Feldstärke längs einer geschlossenen Bahnkurve gleich dem durch diese Bahnkurve umschlossenen elektrischen Strom ist. Diese Gleichung wird oft als Ampère'sches Gesetz bezeichnet:

$$\oint \mathbf{H}d\mathbf{s} = I. \tag{7.8}$$

Hierbei steht $d\mathbf{s}$ für ein infinitesimales Wegelement entlang der geschlossenen Bahnkurve und I für den elektrischen Strom, der von der Kurve umschlossen wird.

Ein fundamentales Prinzip im Zusammenhang mit dem stationären magnetischen Feld ist die Quellenfreiheit. Anders als im elektrischen Feld, in dem es elektrische Ladungen gibt, die als Quellen und Senken für elektrische Feldlinien dienen, gibt es im magnetischen Feld keine magnetischen Monopole. Dies bedeutet, dass magnetische Feldlinien immer geschlossen sind und sich keine einzelnen Quellen oder Senken für die magnetische Flussdichte ergeben.

Eine weitere wichtige Beziehung im Kontext des stationären magnetischen Felds ist die Verknüpfung zwischen magnetischer Flussdichte $\mathbf{B}$ und magnetischer Feldstärke $\mathbf{H}$. Diese Verbindung wird durch die magnetische Permeabilität μ des Materials definiert:

$$\mathbf{B} = \mu\mathbf{H}. \tag{7.9}$$

Diese Beziehung zeigt, dass die magnetische Flussdichte direkt proportional zur magnetischen Feldstärke ist und dass das Material, in dem sich das Feld befindet, durch seine magnetische Permeabilität beeinflusst wird.

7.2 Elektrische Stromkreise

In der Elektrotechnik bilden elektrische Stromkreise das Fundament für nahezu alle elektronischen Geräte und Systeme. Dieses Kapitel widmet sich der umfassenden Untersuchung und dem Verständnis elektrischer Stromkreise, ihrer Komponenten, Gesetze und Anwendungen.

7.2.1 Gleichstromkreise

Gleichstromkreise bestehen aus Gleichspannungsquellen, elektrischen Widerständen und verbindenden Leitungen. Ein Gleichstromkreis ermöglicht die kontinuierliche Übertragung von elektrischer Energie durch ein System, in dem der Stromfluss konstant ist. Im Gleichstromkreis gilt das Ohm'sche Gesetz, welches die Beziehung zwischen Spannung (U), Stromstärke (I) und Widerstand (R) beschreibt:

$$U = R \cdot I. \tag{7.10}$$

Das Ohm'sche Gesetz verdeutlicht, dass die Spannung über einem Widerstand direkt proportional zur Stromstärke ist, wobei der Proportionalitätsfaktor der Widerstand R ist. Die Leistung (P), die in einem Widerstand umgesetzt wird, kann ebenfalls mithilfe der Spannung und Stromstärke berechnet werden:

$$P = U \cdot I = R \cdot I^2 = \frac{U^2}{R}. \tag{7.11}$$

Eine Gleichstromquelle, wie zum Beispiel eine Batterie, kann durch eine ideale Quelle mit einer Quellenspannung (U_s) und einem in Reihe geschalteten Innenwiderstand (R_s) dargestellt werden. Dieses Modell ermöglicht es, die realen Eigenschaften von Batterien in Schaltungen zu berücksichtigen. Der Innenwiderstand R_s beeinflusst die Spannung, die an der Quelle abfällt, wenn ein Strom fließt.

Ein weiterer wichtiger Aspekt bei der Betrachtung von Gleichstromkreisen ist der Widerstand eines langgestreckten Leiters in Form eines Drahts. Dieser Widerstand kann unter der Annahme einer konstanten Stromdichte für Gleichstrom durch

$$R = \frac{\varrho l}{A} \tag{7.12}$$

berechnet werden. Hierbei steht ϱ für den spezifischen Widerstand des Materials, aus dem der Draht besteht. Diese Formel ermöglicht die Berechnung des Widerstands eines Drahts in Abhängigkeit von seiner Länge und seinem Querschnitt.

7.2.2 Kirchhoff'sche Sätze

In der Elektrotechnik sind die Kirchhoff'schen Sätze entscheidende Prinzipien, die bei der Analyse von Stromkreisen und elektrischen Netzwerken ihre Anwendung finden. Sie ermöglichen eine systematische Herangehensweise an komplexe Schaltungen und sind von zentraler Bedeutung, um elektrische Ströme und Spannungen zu verstehen und zu berechnen.

Die erste Grundlage bei der Anwendung der Kirchhoff'schen Sätze ist die Festlegung eines Zählpfeilsystems, das die Stromrichtung in einem Stromkreis definiert. In der Regel wird die Konvention des Verbrauchersystems verwendet. Das bedeutet, dass an Verbrauchern, also passiven Elementen wie Widerständen, der Strom und der Spannungsabfall in gleicher Richtung gemessen werden. Im Gegensatz dazu werden von Erzeugern, wie Generatoren, eingeprägte (Quellen-)Spannungen entgegen der Stromrichtung gezählt.

Der erste Kirchhoff'sche Satz besagt, dass in jedem Knoten eines elektrischen Netzwerks die Summe der zufließenden Ströme gleich der Summe der abfließenden Ströme ist. Für einen Knoten mit n abgehenden Zweigen kann dieser Grundsatz wie folgt ausgedrückt werden:

$$\sum_{i=1}^{n} I_i = 0. \tag{7.13}$$

Hierbei steht I_i für die Ströme in den einzelnen Zweigen. Dieser Satz impliziert die Erhaltung der elektrischen Ladung an einem Knotenpunkt.

Der zweite Kirchhoff'sche Satz besagt, dass die Summe der Spannungen in einem beliebigen geschlossenen Umlauf (einer Schleife) in einem elektrischen Netzwerk gleich null ist:

$$\sum_{i=1}^{n} U_i = 0. \tag{7.14}$$

Hierbei steht U_i für die Spannungen in den einzelnen Zweigen. Die Kirchhoff'schen Sätze ermöglichen die Berechnung von unbekannten Strom- und Spannungsgrößen in Schaltungen, bei denen Widerstände in verschiedenen Konfigurationen, wie Reihen- und Parallelschaltungen, miteinander verbunden sind. Die Anwendung dieser Sätze erleichtert die Lösung von komplexen elektrischen Schaltungen und ist unerlässlich für die Konstruktion und Analyse von elektrischen Systemen in der Elektrotechnik.

Beispiel 7.1 (Anwendung der Kirchhoff'schen Sätze an einem einfachen Netzwerk). Das betrachtete Netzwerk besteht aus vier Widerständen, die in verschiedenen Konfigurationen miteinander verbunden sind. Die Widerstandswerte sind durch $R_1 = 10$, $R_2 = 20$, $R_3 = 30$ und $R_4 = 40$ Ohm festgelegt. Eine Quellenspannung U_s von 12 Volt ist gegeben, zusammen mit einem Innenwiderstand R_s von 5 Ohm (siehe Abb. 7.1).

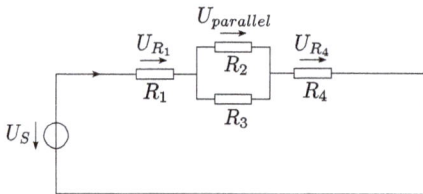

Abb. 7.1: Darstellung des einfachen Stromkreises mit reihen- und parallelgeschalteten Widerständen.

In diesem Netzwerk sind Reihen- und Parallelschaltungen der Widerstände vorhanden. Der Gesamtwiderstand R_{total} der Schaltung kann wie folgt berechnet werden:

$$R_{\text{total}} = R_1 + \frac{1}{\frac{1}{R_2} + \frac{1}{R_3}} + R_4 = 62\,\Omega. \tag{7.15}$$

Der Gesamtstrom I_{total} in der Schaltung kann mithilfe des Ohm'schen Gesetzes berechnet werden:

$$I_{\text{total}} = \frac{U_s}{R_{\text{total}}} = 0{,}1935\,\text{A}. \tag{7.16}$$

Die Spannung an R_1 beträgt:

$$U_{R_1} = I_{\text{total}} \cdot R_1 = 1{,}935\,\text{V}. \tag{7.17}$$

Die Spannung an der Parallelschaltung von R_2 und R_3 (U_{parallel}) ist ebenfalls 2,323 V. Die Spannung an R_4 beträgt:

$$U_{R_4} = I_{\text{total}} \cdot R_4 = 7{,}742\,\text{V}. \tag{7.18}$$

Der Strom durch R_2 ergibt sich aus der Spannung U_{parallel} und R_2:

$$I_{R_2} = \frac{U_{\text{parallel}}}{R_2} = 0{,}1161\,\text{A}. \tag{7.19}$$

Der Strom durch R_3 wird ebenfalls aus der Spannung U_{parallel} und R_3 berechnet:

$$I_{R_3} = \frac{U_{\text{parallel}}}{R_3} = 0{,}0774\,\text{A}. \tag{7.20}$$

Listing 7.1: Berechnung eines einfachen Netzwerks.

```
1  % Define resistance values in ohms
2  R1 = 10;
3  R2 = 20;
4  R3 = 30;
5  R4 = 40;
6
7  % Specify the source voltage and the internal resistance
       of the source
8  Us = 12;
9  Rs = 5;
10
11 % Calculate the total resistances of the series and
       parallel combinations
12 R_parallel = 1 / (1/R2 + 1/R3); % Parallel resistance of
       R2 and R3
13 R_total = R1 + R_parallel + R4; % Total resistance of the
       circuit
14
15 % Calculate the total current using Ohm's law (Us = I *
       R_total)
16 I_total = Us / R_total;
17
18 % Calculate the voltages across individual resistors in
       the series and parallel combinations
19 V_R1 = I_total * R1;
20 V_R_parallel = I_total * R_parallel;
21 V_R4 = I_total * R4;
22
23 % Calculate the currents in the individual branches
24 I_R2 = V_R_parallel / R2;
25 I_R3 = V_R_parallel / R3;
```

```
26
27  % Display the calculated values
28  fprintf('Total resistance of the circuit: %.2f ohms\n',
        R_total);
29  fprintf('Total current in the circuit: %.2f A\n', I_total
        );
30  fprintf('Voltage across R1: %.2f V\n', V_R1);
31  fprintf('Voltage across R2: %.2f V\n', V_R_parallel);
32  fprintf('Voltage across R3: %.2f V\n', V_R_parallel);
33  fprintf('Voltage across R4: %.2f V\n', V_R4);
34  fprintf('Current through R2: %.2f A\n', I_R2);
35  fprintf('Current through R3: %.2f A\n', I_R3);
```

7.2.3 Kapazitäten

Die Kapazität C ist eine physikalische Größe, die die Fähigkeit eines Bauelements beschreibt, elektrische Ladung zu speichern und bei Bedarf freizusetzen. Die Kapazität, die in Farad gemessen wird, zeigt die Beziehung zwischen der gespeicherten Ladung Q und der Spannung U. Diese Beziehung ist linear und wird durch

$$C = \frac{Q}{U} = \frac{\iint_A \mathbf{D} d\mathbf{A}}{\int_s \mathbf{E} ds} \tag{7.21}$$

beschrieben. Diese Gleichung verdeutlicht, dass die Kapazität eines Bauelements die Menge an Ladung angibt, die es pro Einheit Spannung speichern kann. Eine weitere Möglichkeit, die Kapazität zu beschreiben, ist mithilfe der elektrischen Flussdichte $\mathbf{D}$ und des elektrischen Feldes $\mathbf{E}$. In diesem Fall ergibt sich die Kapazität C aus dem Verhältnis der zweifachen Flächenintegration über die Fläche $\mathbf{A}$ der Elektroden des Bauelements zur einfachen Wegintegration entlang des Abstands s zwischen den Elektroden.

Ein Kondensator ist ein häufig verwendetes Bauelement in der Elektrotechnik, das die Kapazität nutzt, um Ladung zu speichern. Ein Kondensator besteht aus zwei flächenhaften Elektroden, die in einem gewissen Abstand voneinander platziert sind, und einem Dielektrikum, das den Raum zwischen den Elektroden ausfüllt. Die Kapazität des Kondensators hängt von der Fläche der Elektroden, dem Abstand zwischen ihnen und den dielektrischen Eigenschaften des Materials ab. Die zeitliche Ableitung der gespeicherten Ladung $q(t)$ eines Kondensators ergibt den elektrischen Strom $i(t)$, der durch den Kondensator fließt:

$$i = \frac{dq}{dt} = C \frac{du}{dt}. \tag{7.22}$$

Hierbei ist i der elektrische Strom, dq/dt die zeitliche Änderung der Ladung und du/dt die zeitliche Änderung der Spannung.

Beispiel 7.2 (RC-Tiefpass). Im Rahmen dieser Übung beschäftigen wir uns mit einem RC-Tiefpass, einem grundlegenden elektrischen Schaltkreis, der aus einer Reihenschaltung eines Widerstands und eines Kondensators besteht. Ein RC-Tiefpass ist ein häufig vorkommendes Bauelement in der Elektrotechnik und wird zur Filterung von elektrischen Signalen verwendet. In dieser Übung werden wir die Differentialgleichung dieses Systems diskutieren und die Implementierung des RC-Tiefpasses in Simulink betrachten. Die Differentialgleichung dieses Systems ergibt sich zu

$$\frac{du_c}{dt} = \frac{U_S - u_c}{RC}. \tag{7.23}$$

Hierbei repräsentiert u_c die Spannung über dem Kondensator, U_S die Spannungsquelle, R den Widerstand und C die Kapazität des Kondensators. Diese Differentialgleichung gibt an, wie sich die Spannung über dem Kondensator im Laufe der Zeit ändert. Die rechte Seite der Gleichung beschreibt den Ladungsfluss in den Kondensator und den Entladungsprozess, der durch die Werte von R und C beeinflusst wird.

Die Implementierung des RC-Tiefpasses in Simulink wird in Abbildung 7.2 dargestellt. Dieses Blockschaltbild veranschaulicht die Verbindung der verschiedenen Komponenten, nämlich der Spannungsquelle $U_S = 12\,\text{V}$, des Widerstands $R = 10\,\Omega$ und des Kondensators $C = 0{,}1\,\text{A}\,\text{s}\,\text{V}^{-1}$.

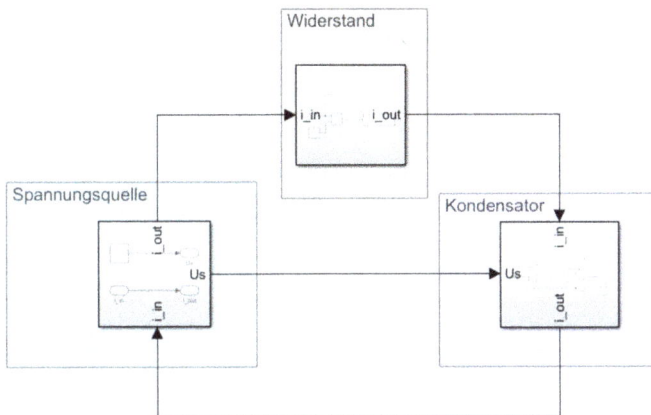

Abb. 7.2: Blockschaltbild des RC-Tiefpasses in Simulink.

Die Implementierung des Kondensators ist in Abbildung 7.3 dargestellt. Hier wird Gleichung (7.23) umgesetzt, um die aktuelle Spannung am Kondensator zu berechnen. Darüber hinaus wird die aktuelle Stromstärke berechnet, die dann an die Spannungsquelle weitergeleitet wird. Die Simulation eines RC-Tiefpasses in Simulink ermöglicht es uns, das Verhalten des Systems unter verschiedenen Bedingungen zu analysieren. Wir können die Werte von R, C und die anfängliche Kondensatorspannung festlegen und beobachten, wie sich das Ausgangssignal u_c im Zeitverlauf verändert (siehe Abb. 7.4). Dies ermöglicht es, die Funktionsweise eines RC-Tiefpasses bei der Filterung von Signalen zu verstehen und zu analysieren.

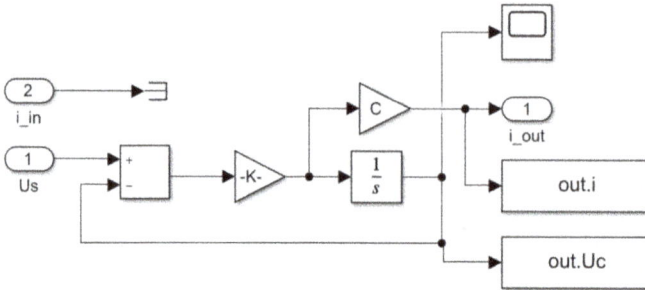

Abb. 7.3: Blockschaltbild des Kondensators in Simulink.

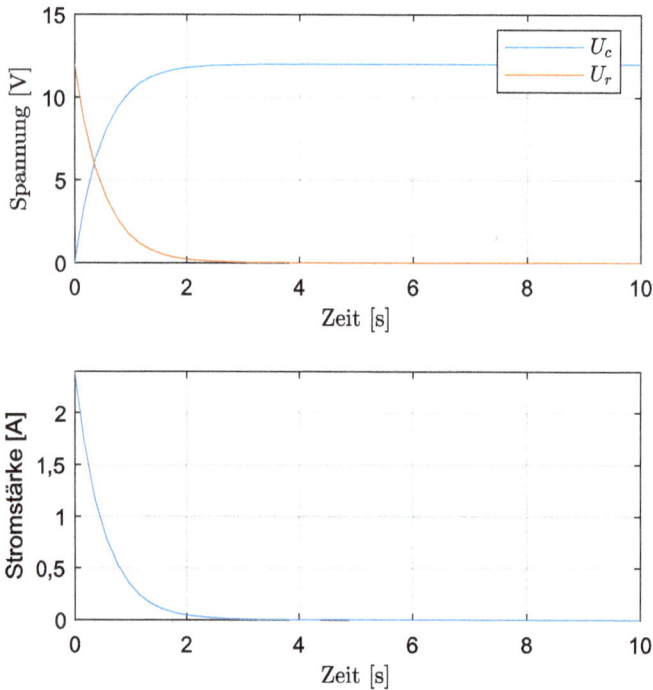

Abb. 7.4: Zeitlicher Verlauf der Spannungen und der Stromstärke.

7.2.4 Induktivitäten

Die Induktivität befasst sich hauptsächlich mit der Wechselwirkung zwischen elektrischen Strömen und Magnetfeldern. Beginnen wir mit einer Leiterschleife, die von einem

Magnetfeld durchsetzt wird. Gemäß dem Induktionsgesetz entsteht in dieser Schleife eine Umlaufspannung e, wenn sich der magnetische Fluss Θ durch die Schleife ändert. Diese induzierte Spannung wirkt der Änderung des Flusses entgegen und kann mathematisch als

$$e = -\frac{d\Theta}{dt} = -u_i \tag{7.24}$$

ausgedrückt werden.

Es gibt zwei Möglichkeiten, die Flussänderung in einer Leiterschleife herbeizuführen. Die generatorische Flussänderung tritt auf, wenn sich die Leiterschleife relativ zu einem zeitlich konstanten Magnetfeld bewegt. In diesem Fall ändert sich der magnetische Fluss durch die Schleife und eine induzierte Spannung entsteht. Bei der transformatischen Flussänderung bleibt die Leiterschleife relativ zur Feldachse ruhend, während sich das Magnetfeld zeitlich ändert. Die zeitliche Flussänderung führt ebenfalls zu einer induzierten Spannung.

Bei komplexer geformten Schleifen oder Spulen, die aus mehreren Windungen bestehen, wird die maßgebende Fläche von einem Teil der Feldlinien mehrfach durchsetzt. Insbesondere bei Spulen ist der verkettete Fluss ψ gleich der Summe der Teilflüsse Θ_n, die jede einzelne Windung durchsetzen. Der Quotient aus ψ und dem durch die Schleife fließenden Strom I stellt eine wichtige Kenngröße der Anordnung dar, die als Koeffizient der Selbstinduktion oder Selbstinduktivität bezeichnet wird.

Die Selbstinduktivität L einer Spule wird durch

$$L = \frac{\psi}{I} = \frac{\sum_n \Theta_n}{I} \tag{7.25}$$

beschrieben. Sie gibt an, wie stark eine Änderung des Stroms in der Spule eine induzierte Spannung hervorruft. Je größer die Selbstinduktivität ist, desto stärker ist die Gegenwirkung gegenüber einer Änderung des Stroms.

Bei einer Änderung des Stroms in einer Spule wird durch die Selbstinduktion eine Spannung u induziert, die der Änderung des magnetischen Flusses entgegenwirkt. Mathematisch lässt sich dies als

$$u = \frac{d\psi}{dt} = L\frac{dI}{dt} \tag{7.26}$$

ausdrücken.

7.3 Wechselstromtechnik

Die Wechselstromtechnik befasst sich mit der Erzeugung, Übertragung und Nutzung von elektrischem Wechselstrom. Wechselstrom (AC) unterscheidet sich von Gleichstrom (DC) dadurch, dass er periodisch seine Richtung ändert, was eine Vielzahl von Anwendungen in der Elektrizität ermöglicht.

7.3.1 Wechselstromgrößen

Wechselstromgrößen bilden die Grundlage für die Übertragung, Verteilung und Nutzung elektrischer Energie. Wechselströme zeichnen sich durch ihre periodische Variation im Zeitverlauf aus, wobei der zeitliche Verlauf eines Stroms $i(t)$ in der Regel durch eine bestimmte Periodendauer T charakterisiert ist, deren Kehrwert die Frequenz f darstellt:

$$f = \frac{1}{T}. \tag{7.27}$$

In diesem Zusammenhang sind zwei wichtige Größen von besonderer Bedeutung, nämlich der Gleichwert (arithmetischer Mittelwert) und der Effektivwert. Der Gleichwert eines periodischen Stroms $i(t)$ wird durch

$$\bar{i} = \frac{1}{T} \int_0^T i \, dt \tag{7.28}$$

berechnet. Hierbei handelt es sich um den arithmetischen Mittelwert des Stroms über eine volle Periodendauer T. Der Gleichwert stellt somit den Durchschnittsstromwert über einen kompletten Periodenzyklus dar.

Der Effektivwert eines periodischen Stroms $i(t)$ wird durch

$$I = \sqrt{\frac{1}{T} \int_0^T i^2 \, dt} \tag{7.29}$$

berechnet. Der Effektivwert, auch als quadratischer Mittelwert bezeichnet, ist definiert als die Quadratwurzel des zeitlichen Mittelwerts des Quadrats des Stroms über eine volle Periodendauer T. Ebenso wie für den Strom gelten die oben genannten Definitionen auch für periodische Spannungen $u(t)$, bei denen der Gleichwert $\bar{u}$ und der Effektivwert U entsprechend definiert sind.

Wechselströme können in der Elektrotechnik als Realteile komplexer periodischer Funktionen dargestellt werden. Eine solche Darstellung bietet sich insbesondere für die Analyse und Berechnung von Wechselstromkreisen an. Die allgemeine Form einer periodischen Wechselstromgröße $i(t)$ kann als Realteil eines komplexen Zeigers dargestellt werden:

$$i = \mathrm{Re}\left(\sqrt{2} I e^{j(\omega t + \varphi_j)} \right). \tag{7.30}$$

Hierbei steht I für den Effektivwert des Stroms, ω für die Kreisfrequenz in Radiant pro Sekunde, t für die Zeit, und φ_j für die Phasenlage des Stroms. Die Verwendung eines komplexen Zeigers ermöglicht eine kompakte und effiziente Beschreibung von Wechselstromgrößen, insbesondere in Bezug auf die Phasenbeziehungen zwischen verschiedenen Wechselstromgrößen in einem System. In gleicher Weise kann eine periodische Wechselspannung $u(t)$ als Realteil eines komplexen Zeigers dargestellt werden:

$$u = \text{Re}\left(\sqrt{2}Ue^{j(\omega t + \varphi_j)}\right). \tag{7.31}$$

Dabei repräsentiert U den Effektivwert der Spannung, ω die Kreisfrequenz, t die Zeit und φ_j die Phasenlage der Spannung. Die Verwendung von komplexen Zeigern ermöglicht eine effiziente Analyse von Wechselspannungen und deren Wechselwirkungen in elektrischen Schaltkreisen.

7.3.2 Leistung

Die Leistung beschreibt die Umwandlung von elektrischer Energie in andere Formen von Energie. Leistung ist ein Parameter in elektrischen Schaltungen und Geräten, da sie Aufschluss darüber gibt, wie viel Arbeit pro Zeiteinheit verrichtet wird. Die Berechnung der Leistung in einer einphasigen Schaltung erfolgt in der Regel auf der Grundlage der Strom- und Spannungswerte. Der Augenblickswert der Leistung in einer einphasigen Schaltung wird durch

$$p(t) = u(t) \cdot i(t) \tag{7.32}$$

bestimmt. Hierbei repräsentiert $u(t)$ die Spannung und $i(t)$ den Strom zu einem bestimmten Zeitpunkt t. Wenn sowohl Strom als auch Spannung Sinusgrößen sind, ergibt sich die Leistung als

$$p(t) = UI\left[\cos(\varphi_u - \varphi_i) + \cos(2\omega t + \varphi_u + \varphi_i)\right] = P + S\cos(2\omega t + \varphi_u + \varphi_i). \tag{7.33}$$

Dabei stehen U und I für die Effektivwerte von Spannung und Strom, φ_u und φ_i für die Phasenlagen von Spannung und Strom, ω für die Kreisfrequenz und t für die Zeit. Die Leistung kann somit als Summe zweier Terme dargestellt werden. Der erste Term P entspricht der Wirkleistung, während der zweite Term $S\cos(2\omega t + \varphi_u + \varphi_i)$ die Schwingungsanteile der Leistung repräsentiert. Die Wirkleistung P stellt die tatsächlich in Arbeit umgewandelte Leistung dar, während die Scheinleistung S die gesamte in der Schaltung vorhandene elektrische Leistung angibt. Die Phasenlage zwischen Spannung und Strom beeinflusst die Wirkleistung, da sie bestimmt, in welchem Maße die Leistung in nutzbare Arbeit umgewandelt wird.

7.3.3 Drehstrom

Drehstrom stellt ein verkettetes dreiphasiges Wechselstromsystem dar. Es wird in der Praxis oft in Form von Stern- oder Dreieckschaltungen realisiert und findet breite Anwendung in der Energieübertragung und in elektrischen Antrieben. Ein charakteristisches Merkmal des Drehstromsystems ist seine Symmetrie, die sich in gleicher Frequenz, gleichen Amplituden und phasenverschobenen Wechselgrößen ausdrückt.

Das Drehstromsystem besteht aus drei Wechselströmen oder -spannungen, die in der Regel mit den Buchstaben U, V und W bezeichnet werden. Diese Ströme oder Spannungen sind sinusförmig und haben die gleiche Frequenz. Die Symmetrie des Systems zeigt sich darin, dass die Amplituden der drei Phasen gleich groß sind, was zu einer ausgewogenen Verteilung der Leistung führt. Darüber hinaus sind die Phasenlagen der drei Wechselgrößen jeweils um $2\pi/3$ gegeneinander verschoben.

Eine gängige Darstellung des Drehstromsystems erfolgt in der komplexen Zeigerform. Dabei wird jeder der drei Wechselströme oder -spannungen als Realteil eines komplexen Zeigers dargestellt, wobei die Phasenverschiebung um $2\pi/3$ zwischen den Phasen berücksichtigt wird. Dies ermöglicht eine kompakte und übersichtliche Beschreibung des Drehstromsystems und erleichtert die Berechnung von Leistung und anderen elektrischen Größen.

Die Symmetrie des Drehstromsystems hat verschiedene Vorteile. Sie führt zu einer besseren Ausnutzung der Leitungen und Geräte, da sich die Ströme in den Phasen gegenseitig kompensieren. Dies reduziert Verluste und erhöht die Effizienz des Systems. Darüber hinaus ermöglicht die Symmetrie eine hohe Stabilität und eine gleichmäßige Verteilung der elektrischen Leistung, was in vielen Anwendungen von entscheidender Bedeutung ist.

8 Regelungstechnik

Die Regelungstechnik ermöglicht die gezielte Regelung von Systemen, die im Allgemeinen aus materiellen Strukturen bestehen und mit ihrer Umgebung interagieren. Diese Systeme sind durch eine Hüllfläche von ihrer Umgebung abgegrenzt und unterliegen bestimmten Vorgaben und Randbedingungen. In der Regelungstechnik betrachten wir die Wechselwirkungen zwischen einem System und seiner Umgebung, die über Verbindungen stattfinden, welche die Hüllfläche schneiden. Diese Verbindungen dienen der Übertragung von Eigenschaften und deren Beziehungen untereinander, die das Verhalten des Systems beschreiben.

In der Regelungs- und Steuerungstechnik werden Größen verwendet, um die zeitveränderlichen Eingangs- und Ausgangsgrößen von Systemen zu beschreiben. Diese Größen sind besonders für die Analyse und die Regelung von Systemen relevant. Ein wichtiges Konzept in der Regelungstechnik ist die Rückwirkungsfreiheit. Dies bedeutet, dass keine Wirkungen von den Ausgangsgrößen auf das System und umgekehrt von diesem auf die Eingangsgrößen ausgehen. Diese Annahme ist in der Praxis zumindest in ausreichender Näherung erfüllt. Diese Annahme bildet jedoch die Grundlage für die Entwicklung und Analyse von Regelungssystemen.

Die Regelung selbst ist ein Vorgang, der sich in einem Regelkreis vollzieht. Dabei wird fortlaufend die Regelgröße x als abhängige Größe mit einer vorgegebenen Größe verglichen, nämlich der Führungsgröße w. Das Ziel der Regelung ist es, die Abweichungen zwischen der Regelgröße und der Führungsgröße zu minimieren, indem sie selbsttätig im Sinne der Angleichung an die Führungsgröße beeinflusst wird. Diese Abweichungen können aufgrund der Wirkung von Störgrößen z oder aufgrund von Änderungen in der Führungsgröße w entstehen.

8.1 Lineare Übertragungsglieder

Ein lineares Übertragungsglied kann als ein System betrachtet werden, das eine Eingangsgröße $u(t)$ auf eine Ausgangsgröße $v(t)$ abbildet. Diese Größen können unterschiedliche physikalische Bedeutungen haben, wie beispielsweise Spannung, Strom, Temperatur oder andere messbare Parameter. Die grundlegende Idee hinter einem linearen Übertragungsglied besteht darin, den Zusammenhang zwischen der Eingangsgröße und der Ausgangsgröße mathematisch zu beschreiben.

Ein Übertragungsglied wird als linear bezeichnet, wenn es das Superpositionsprinzip erfüllt. Das bedeutet, dass die Reaktion des Systems auf eine Linearkombination von Eingangssignalen gleich der entsprechenden Linearkombination der Reaktionen auf die einzelnen Eingangssignale ist.

Ein weiteres wichtiges Konzept bei linearen Übertragungsgliedern ist die Zeitinvarianz. Ein System wird als zeitinvariant bezeichnet, wenn seine Eigenschaften und seine Übertragungsfunktion über die Zeit konstant bleiben. Dies bedeutet, dass das

https://doi.org/10.1515/9783111068794-008

Verhalten des Systems unabhängig von einem bestimmten Zeitpunkt ist. Zeitinvariante Systeme sind von großer Bedeutung, da sie es ermöglichen, Zeitverzögerungen und -verschiebungen in der Analyse und dem Entwurf elektrischer Schaltungen zu berücksichtigen.

Die mathematische Beschreibung von linearen Übertragungsgliedern erfolgt oft durch Differentialgleichungen oder Übertragungsfunktionen. Diese Gleichungen und Funktionen ermöglichen es, das Verhalten des Systems für verschiedene Eingangssignale vorherzusagen und zu analysieren. Die Wahl der geeigneten Darstellung hängt von der spezifischen Anwendung und den Komplexitätsanforderungen ab.

8.1.1 Statisches Verhalten

Das statische Verhalten von Systemen oder Übertragungsgliedern beschreibt die Beziehung zwischen der Ausgangs- und der Eingangsgröße im stationären Zustand. Der stationäre Zustand, auch als Beharrungszustand bezeichnet, bezieht sich auf eine Situation, in der das System sich in einem Gleichgewichtszustand befindet, ohne dass dynamische Prozesse oder zeitabhängige Veränderungen berücksichtigt werden.

Die mathematische Darstellung des statischen Verhaltens erfolgt in der Regel durch eine Kennlinie, die den Zusammenhang zwischen der Eingangsgröße u und der Ausgangsgröße v im stationären Zustand beschreibt. Diese Kennlinie kann als mathematische Funktion durch

$$v = f(u) \tag{8.1}$$

dargestellt werden, wobei v die Ausgangsgröße und u die Eingangsgröße repräsentiert. Im stationären Zustand gehört zu jedem festen Wert der Eingangsgröße ein fester Wert der Ausgangsgröße. Dies bedeutet, dass das statische Verhalten die Beziehung zwischen den festen Werten der beiden Größen beschreibt, wenn das System sich im Gleichgewicht befindet. Diese Beziehung kann linear oder nichtlinear sein, abhängig von der Natur des Systems und seiner Übertragungsfunktion.

Das Verständnis des statischen Verhaltens ist besonders wichtig bei der Analyse von Regelungssystemen. Bei der Regelungstechnik ist es oft erforderlich, die Auswirkungen von Änderungen in der Eingangsgröße auf die Ausgangsgröße im stationären Zustand zu verstehen. Dies ermöglicht die Festlegung von Regelungsstrategien, die es erlauben, das gewünschte Verhalten des Systems zu erreichen.

8.1.2 Dynamisches Verhalten von Übertragungsgliedern

Das dynamische Verhalten von Übertragungsgliedern in der Regelungstechnik ist ein Schlüsselaspekt bei der Analyse und dem Entwurf von Regelungssystemen. Es beschreibt, wie ein System auf zeitlich veränderliche Eingangssignale reagiert und ermöglicht die Vorhersage des zeitlichen Verlaufs der Ausgangsgröße in Abhängigkeit von der Eingangsgröße. In diesem Kontext werden im Zeitbereich aperiodische Testsignale verwendet, darunter die Einheitssprungfunktion $\sigma(t)$, die Impulsfunktion $\delta(t)$ und die Rampenfunktion $u_r(t)$. Die Wahl dieser Signale ermöglicht es, das Zeitverhalten eines Übertragungsglieds unter verschiedenen Bedingungen zu untersuchen.

Die Sprungantwort repräsentiert den zeitlichen Verlauf des Ausgangssignals $v(t)$ eines Systems oder Übertragungsglieds als Reaktion auf eine sprunghafte Änderung seines Eingangssignals $u(t)$. Im stationären Zustand nimmt das Ausgangssignal den Wert $v(\infty)$ an. Der Übertragungsfaktor K wird als das Verhältnis zwischen $v(\infty)$ und der Sprunghöhe u_0 definiert:

$$K = \frac{v(\infty)}{u_0}. \tag{8.2}$$

Der Übertragungsfaktor K ist konstant und charakterisiert das statische Verhalten des Übertragungsglieds. Es stellt eine wichtige Größe dar, die bei der Analyse und dem Entwurf von Regelungssystemen berücksichtigt wird. Veränderungen in der Eingangssprunghöhe führen zu proportionalen Veränderungen in den Beharrungswerten des Ausgangssignals, wodurch verschiedene Sprunghöhen zu unterschiedlichen Sprungantworten führen.

Um das Übertragungsverhalten unabhängig von der Eingangssprunghöhe zu beschreiben, wird die sogenannte Übergangsfunktion $h(t)$ verwendet. Sie wird als normierte (bezogene) Sprungantwort definiert und ergibt sich als Quotient aus der Sprungantwort und der Sprunghöhe des Eingangssignals:

$$h(t) = \frac{v(t)}{u_0}. \tag{8.3}$$

Die Übergangsfunktion charakterisiert das zeitliche Verhalten des Übertragungsglieds und ist unabhängig von der spezifischen Eingangssprunghöhe. Dies macht sie zu einer geeigneten Funktion zur Beschreibung des dynamischen Verhaltens eines Übertragungsglieds.

Darüber hinaus kann das dynamische Verhalten im Frequenzbereich untersucht werden, wobei periodische Testsignale, insbesondere in Form von Kosinusfunktionen, verwendet werden. Dies ermöglicht die Analyse des Frequenzverhaltens oder des Frequenzgangs des Systems. Der Frequenzgang $G(j\omega)$ ist als eine komplexe Funktion definiert, wobei ω die Frequenz und j die imaginäre Einheit ist.

$$G(j\omega) = \text{Re}(\omega) + j\text{Im}(\omega) \tag{8.4}$$

Die mathematische Beschreibung des dynamischen Verhaltens im Zeitbereich erfolgt in der Regel durch gewöhnliche Differentialgleichungen.

$$a_n v^{(n)} + \cdots + a_1 \dot{v} + a_0 v = b_0 u + b_1 \dot{u} + \cdots \tag{8.5}$$

Diese Gleichungen berücksichtigen die Zeitverläufe von Eingangssignalen und Ausgangssignalen und ermöglichen die Analyse des Systems im Zeitbereich. Eine alternative Darstellungsform, die der Differentialgleichung gleichwertig ist, ist die Übertragungsfunktion $G(s)$ mit der komplexen Bild- oder Frequenzvariablen s. Die Übertragungsfunktion basiert auf der Laplace-Transformation und ermöglicht die Analyse und das Design von Regelungssystemen.

8.1.3 Lineare Grundglieder

Lineare Übertragungsglieder spielen eine entscheidende Rolle bei der Modellierung und Analyse von Regelkreisen. Sie bieten eine wichtige Grundlage für die systematische Untersuchung dynamischer Systeme. In der Regelungstechnik betrachten wir diese Übertragungsglieder, um das Verhalten von Systemen und deren Reaktionen auf Eingangsänderungen zu verstehen.

Das erste dieser Grundglieder ist das Proportionalglied, auch als P-Glied bekannt. Dieses Glied stellt eine lineare Beziehung zwischen der Ausgangsgröße $v(t)$ und der Eingangsgröße $u(t)$ dar, wobei der Proportionalbeiwert K_P die Stärke dieser Beziehung bestimmt.

$$v(t) = K_P u(t) \tag{8.6}$$

Das Verhalten des P-Glieds ist zeit- und frequenzunabhängig. In der komplexen Ebene $G(s)$ wird es durch einen Punkt auf der positiven reellen Achse dargestellt. Die Übertragungsfunktion des P-Glieds ist für $t > 0$ konstant und nimmt den Wert K_P an.

$$G(s) = K_P \tag{8.7}$$

Das zweite Grundglied ist das integrierende Übertragungsglied, auch als I-Glied bezeichnet. Es berechnet das Zeitintegral der Eingangsgröße, wodurch die Ausgangsgröße $v(t)$ beeinflusst wird. Der Integrierbeiwert K_I bestimmt die Stärke dieser Beeinflussung.

$$v(t) = K_I \int_0^\tau u(\tau) d\tau \tag{8.8}$$

Im Bildbereich entspricht die Integration der Multiplikation mit $1/s$.

$$G(s) = \frac{K_I}{s} \tag{8.9}$$

Die Ortskurve des Frequenzgangs ($s = j\omega$) zeigt für alle Frequenzen eine Phasendrehung von $\varphi = -90°$, was als Phasennacheilung bekannt ist. Die Übergangsfunktion des

I-Glieds hat einen zeitproportionalen Anstieg, wobei jedem Wert der Eingangsgröße eine Änderungsgeschwindigkeit zugeordnet ist, die durch den *I*-Beiwert bestimmt wird. Dieses Glied eignet sich besonders zur Reduzierung von stationären Fehlern in Regelkreisen.

Das dritte Grundglied ist das differenzierende Übertragungsglied, auch als *D*-Glied bezeichnet. Es bildet den Differentialquotienten der Eingangsgröße nach der Zeit und multipliziert das Ergebnis mit einer Konstanten K_D.

$$v(t) = K_D \frac{du(t)}{dt} \tag{8.10}$$

Die Übertragungsfunktion des *D*-Glieds ist

$$G(s) = K_D s. \tag{8.11}$$

Die Ortskurve des Frequenzgangs zeigt bei frequenzproportionaler Betragsänderung nur die positive imaginäre Achse, was einer Phasendrehung von $\varphi = 90°$ entspricht, bekannt als Phasenvoreilung. Die Übergangsfunktion des *D*-Glieds hat die Form einer Impulsfunktion. Wenn am Eingang des *D*-Glieds eine Änderung der Eingangsgröße vorliegt, ergibt sich am Ausgang ein konstanter Wert, dem eine Änderungsgeschwindigkeit der Eingangsgröße zugeordnet ist, die durch K_D bestimmt wird.

Das vierte Grundglied ist das Totzeitglied, das eine Funktionseinheit darstellt, deren Kennlinie der eines *P*-Glieds mit $K_P = 1$ entspricht. Das Besondere am Totzeitglied ist die zeitliche Verzögerung des Eingangssignals um die Totzeit T_t.

$$G(s) = e^{-sT_t} \tag{8.12}$$

In der Ortskurve des Totzeitglieds zeigt sich bei konstantem Betrag eine frequenzproportionale Phasendrehung. Das Totzeitglied wird genutzt, um Verzögerungen in einem Regelkreis zu modellieren, beispielsweise in Prozessen, bei denen die Reaktionszeit eine entscheidende Rolle spielt. Es ermöglicht die Analyse der Auswirkungen von Verzögerungen auf die Regelung und die Implementierung von Kompensationsstrategien.

8.2 Regelstrecken

Regelstrecken sind die Elemente in Regelungssystemen, die es ermöglichen, gewünschte Ausgangsgrößen zu regulieren oder zu steuern. Die Regelstrecke kann als die Funktionseinheit definiert werden, die in Abhängigkeit von den Regelungs- oder Steuerungsaufgaben angepasst wird. Sie repräsentiert die physikalischen, chemischen oder biologischen Prozesse, die gesteuert oder reguliert werden sollen. Dabei kann es sich um eine Vielzahl von Systemen handeln, von einfachen mechanischen Systemen wie einem Pendel bis hin zu komplexen, hochtechnologischen Anwendungen wie industriellen Produktionsanlagen, chemischen Reaktoren oder elektrischen Kraftwerken.

Um das Verhalten von Regelstrecken zu analysieren, ist es von entscheidender Bedeutung, mathematische Modelle zu entwickeln, die diese Strecken repräsentieren. Diese Modelle sind essentiell für die Konzeption, die Analyse und die Implementierung von Regelungssystemen. Sie ermöglichen es, die Dynamik und das Verhalten der Regelstrecken unter verschiedenen Bedingungen zu verstehen und vorherzusagen.

8.2.1 Struktur und Größen des Regelkreises

Der Hauptzweck besteht darin, die Regelgröße x so zu beeinflussen, dass sie möglichst präzise mit der Führungsgröße w übereinstimmt. Hierbei kann auch die Geschwindigkeit der Anpassung an Änderungen in w von Interesse sein. Der Regelkreis kann jedoch auch eine Aufgabengröße x_A beinhalten, die zwar mit der Regelgröße x zusammenhängt, jedoch nicht notwendigerweise unmittelbar dem Regelkreis angehört.

Die Struktur des Regelkreises umfasst mehrere Schlüsselkomponenten. Die Regeleinrichtung setzt sich nicht nur aus dem Regler, auch als Regelglied bezeichnet, zusammen, sondern beinhaltet auch das Vergleichsglied. Dieses Vergleichsglied ist eine Additionsstelle, die das von der Messeinrichtung gebildete Signal der Regelgröße, auch als Rückführgröße r bezeichnet, mit negativem Vorzeichen der Regeldifferenz e zuführt. Die Regeldifferenz e wiederum ergibt sich aus der Differenz zwischen der Führungsgröße w und der Regelgröße x:

$$e = w - x. \tag{8.13}$$

Die Regeleinrichtung ist somit für die Bildung dieser Regeldifferenz verantwortlich, die als Eingang für den Regler dient. Dieser Regler transformiert die Regeldifferenz e unter Berücksichtigung seiner spezifischen Funktion in die Reglerausgangsgröße y_R. Es ist wichtig, anzumerken, dass das Vergleichsglied je nach technischer Ausführung entweder ein eigenständiger Bestandteil des Reglers oder ein funktionelles Element des Regelalgorithmus sein kann. Die Stelleinrichtung, die im Regelkreis enthalten ist, kann einen Steller beinhalten. Dieser Steller nimmt die Reglerausgangsgröße y_R und bildet die erforderliche Stellgröße y zur Ansteuerung des Stellglieds.

In der Regelungstechnik sind Regelstrecken jedoch nicht nur von den Steuerungs- und Reglerelementen abhängig, sondern auch von äußeren Einflüssen in Form von Störgrößen. Diese Störgrößen, dargestellt als z, können die beabsichtigte Beeinflussung der Regelgröße x durch die Stellgröße y beeinträchtigen. Daher ist der Regelkreis notwendig, um die Auswirkungen von Störgrößen zu kompensieren und das gewünschte Regelverhalten aufrechtzuerhalten.

Bei der Charakterisierung der Wirkungen der Eingangsgrößen auf die Regelgröße x unterscheidet man zwischen dem Stellverhalten und dem Störverhalten der Regelstrecke. Das Stellverhalten beschreibt, wie die Stellgröße y die Regelgröße x in Abhängigkeit von der Führungsgröße w beeinflusst. Das Störverhalten hingegen beschreibt, wie die

Störgröße z die Regelgröße x beeinflusst und somit die Notwendigkeit des Regelkreises unterstreicht.

8.2.2 Regelstrecken mit Ausgleich

Regelstrecken mit Ausgleich werden auch als Proportionalstrecken bezeichnet. Diese Strecken zeichnen sich durch ihr stationäres P-Verhalten aus, was bedeutet, dass sie nach einem dynamischen Übergangsvorgang einen neuen Beharrungszustand oder Ausgleichswert erreichen.

Die erste Art von Proportionalstrecke ist die P-T_0-Strecke, die ein unverzögertes Proportionalverhalten aufweist und funktionell direkt dem P-Glied entspricht.

$$S(s) = K_{PS} \tag{8.14}$$

Ein einfaches Beispiel für eine solche Strecke ist ein mechanisches Gestänge, bei dem sich die Enden eines starren Hebels, der in einem Punkt gelagert ist, in proportionalem Verhältnis bewegen. Der Proportionalbeiwert K_{PS} wird durch das Verhältnis der Hebelleistung bestimmt. Dieses Verhalten ist charakteristisch für Systeme, bei denen die Regelgröße ohne Verzögerung auf Änderungen in der Stellgröße reagiert.

Die zweite Art von Proportionalstrecke ist die P-T_1-Strecke, die ein verzögertes Proportionalverhalten aufweist. Die Übergangsfunktion dieser Strecke entspricht qualitativ der des T_1-Glieds, wobei der stationäre Endwert bei K_{PS} liegt.

$$S(s) = \frac{K_{PS}}{1 + sT_S} \tag{8.15}$$

Hierbei repräsentiert T_S die Verzögerungszeit der Strecke. Im Vergleich zur P-T_0-Strecke gibt es in dieser Variante eine Verzögerung in der Reaktion auf Änderungen in der Stellgröße. Das bedeutet, dass die Regelgröße nicht unmittelbar auf Stellgrößenänderungen reagiert, sondern sich mit einem bestimmten zeitlichen Verzug anpasst.

Die dritte Art von Proportionalstrecke ist die T_t-Strecke, die ein charakteristisches Verhalten eines Übertragungsglieds mit Totzeit T_t aufweist. Ein typisches Beispiel für diese Strecke ist ein Bandförderer, bei dem das Fördergut eine gewisse Zeit benötigt, um die Distanz zwischen der Beladestelle und der Abwurf- oder Übergabestelle zu überbrücken. Die Totzeit T_t ergibt sich aus dem Verhältnis zwischen dieser Distanz und der Bandgeschwindigkeit. Diese Art von Strecke zeigt ein verzögertes und totzeitbehaftetes Verhalten und erfordert spezielle Ansätze bei der Regelung, um die Totzeit zu kompensieren.

8.2.3 Regelstrecken ohne Ausgleich

Regelstrecken ohne Ausgleich weisen ein charakteristisches Verhalten auf, bei dem zu jedem konstanten Wert der Stellgröße ein proportionaler Wert der Änderungsgeschwindigkeit der Regelgröße gehört. Dieses Verhalten entspricht dem des integrierenden Grundgliedes und wird daher als Integralstrecke (*I*-Strecke) bezeichnet. *I*-Strecken zeichnen sich grundsätzlich durch eine negative Phasendrehung von $\varphi = -90°$ aus, die durch zusätzliche Verzögerungs- oder Totzeitanteile modifiziert werden kann.

Die erste Art von *I*-Strecke ist die *I*-T_0-Strecke, die ein unverzögertes Integralverhalten aufweist und dem reinen *I*-Glied entspricht.

$$S(s) = \frac{K_{IS}}{s} \tag{8.16}$$

Hierbei repräsentiert K_{IS} den Integrierbeiwert der Strecke, der das Verhältnis zwischen der Änderungsgeschwindigkeit der Streckenausgangsgröße und dem Wert der Stellgröße darstellt. Ein anschauliches Beispiel für eine *I*-T_0-Strecke ist ein zylindrischer Behälter, dessen Füllstand bei konstantem Volumenzufluss zeitproportional ansteigt. Das bedeutet, dass die Regelgröße proportional zur akkumulierten Stellgröße ansteigt, ohne jegliche Verzögerung.

Die zweite Art von *I*-Strecke ist die *I*-T_1-Strecke, die ein verzögertes *I*-Verhalten zeigt. Ihre Übergangsfunktion weist für kleine Zeiten einen langsameren Anstieg auf als beim reinen *I*-Glied, erreicht jedoch letztendlich die gleiche Änderungsgeschwindigkeit. Dies wird durch die Ortskurve verdeutlicht, die eine über den Wert von −90° hinausgehende negative Phasendrehung aufweisen kann. Ein Beispiel für eine *I*-T_1-Strecke ist der Drehwinkel eines Motors unter Belastung. Nach einer anfänglichen Verzögerung wächst der Drehwinkel zeitproportional, was auf das verzögerte integrierende Verhalten der Strecke zurückzuführen ist.

In der Praxis sind *I*-Strecken weit verbreitet. Je nach Art der Strecke und den spezifischen Anforderungen sind unterschiedliche Ansätze bei der Regelung erforderlich, um die gewünschten Regelziele zu erreichen.

8.3 Regler

Die grundlegende Aufgabe eines Reglers besteht darin, die Regeldifferenz (auch als Regelabweichung) zwischen der Regelgröße *x* und der Führungsgröße *w* zu ermitteln. Diese Regeldifferenz, oft als *e* bezeichnet, wird als Eingangsgröße für den Regler verwendet. Das Ziel ist es, die Regelgröße so schnell und genau wie möglich der Führungsgröße nachzuführen, selbst wenn Störgrößen im Regelkreis auftreten.

Es gibt verschiedene Arten von Reglern, von denen zwei Hauptkategorien hervorstechen: lineare (stetige) Regler und nichtlineare Regler. In den nächsten Kapiteln werden wir uns zunächst auf die linearen Regler konzentrieren, die aufgrund ihrer weitverbreiteten Anwendung und ihres mathematisch gut verstandenen Verhaltens von großer Bedeutung sind.

8.3.1 *P*-Regler

Der *P*-Regler ist ein grundlegender Bestandteil eines Regelkreises und hat die Aufgabe, die Regeldifferenz *e* zwischen der Regelgröße *x* und der Führungsgröße *w* zu berechnen und in eine proportionale Stellgröße *y* umzuwandeln. Dies bedeutet, dass die Stellgröße *y* direkt proportional zur Regeldifferenz *e* ist. Diese proportionale Beziehung wird durch

$$y(t) = K_{PR}e(t) \tag{8.17}$$

beschrieben, wobei K_{PR} als Proportionalitätskonstante oder Proportionalverstärkung bezeichnet wird. Die Proportionalverstärkung ist ein entscheidender Parameter des *P*-Reglers, der die Empfindlichkeit und Reaktion des Reglers auf Abweichungen steuert.

Die Nutzung des *P*-Reglers ist technischen Anwendungen weitverbreitet. Insbesondere in der Industrieautomatisierung, der Regelung von Prozessen und in der Regelung von Temperatur- oder Geschwindigkeitskontrollsystemen kommt der *P*-Regler häufig zum Einsatz. Seine Einfachheit und Effektivität machen ihn zu einer beliebten Wahl in der Regelungstechnik.

Es ist wichtig, zu beachten, dass der *P*-Regler allein in komplexen Systemen möglicherweise nicht ausreicht, da er nicht in der Lage ist, langfristige Abweichungen zu korrigieren. Für solche Zwecke werden oft auch *I*- und *D*-Regler in Kombination mit dem *P*-Regler eingesetzt, um ein optimales Regelverhalten zu erreichen. Diese Kombination von Reglern wird als *PID*-Regelung bezeichnet und ermöglicht eine präzise und stabile Regelung in einer Vielzahl von Anwendungen.

8.3.2 *I*-Regler

Anders als der *P*-Regler, der die Regeldifferenz direkt in eine proportionale Stellgröße umwandelt, berücksichtigt der *I*-Regler die Gesamtheit der vorherigen Regeldifferenzen, indem er sie über die Zeit integriert.

$$y(t) = K_I \int e(t)dt \tag{8.18}$$

Die Integration der Regeldifferenz über die Zeit führt dazu, dass der *I*-Regler eine integrale Stellgröße erzeugt, die dazu beiträgt, langfristige Abweichungen zwischen der Regelgröße und der Führungsgröße zu korrigieren.

8.3.3 *PI*-Regler

Der Proportional-Integral-Regler (*PI*-Regler) setzt sich aus der Kombination des *P*- und *I*-Anteils zusammen. Diese Zusammenführung ermöglicht die präzise Steuerung von dynamischen Systemen, indem sie die unmittelbare Reaktion auf den aktuellen Fehler (Proportionalanteil) und die langfristige Fehlerkompensation (Integralanteil) integriert.

$$y(t) = K_{PR}e(t) + K_I \int e(t)dt \qquad (8.19)$$

Der *PI*-Regler findet breite Anwendung in verschiedenen technischen und industriellen Bereichen. Ein typisches Einsatzgebiet ist die Temperaturregelung, bei der der *PI*-Regler dazu verwendet wird, den Sollwert aufrechtzuerhalten und Schwankungen in der Temperatur zu minimieren. Darüber hinaus wird der *PI*-Regler in der Geschwindigkeits- und Positionsregelung von Motoren eingesetzt, um präzise Bewegungen und Positionen zu erreichen.

8.3.4 *PD*-Regler

Der *PD*-Regler stellt eine Kombination des *P*- und des *D*-Anteils dar.

$$y(t) = K_{PR}e(t) + K_D \frac{de(t)}{dt} \qquad (8.20)$$

Die Anwendung des *PD*-Reglers ist besonders in Systemen sinnvoll, in denen schnelle und präzise Reaktionen erforderlich sind, aber gleichzeitig eine gewisse Stabilität gewährleistet sein muss.

8.3.5 *PID*-Regler

Der *PID*-Regler vereint die Vorteile der drei grundlegenden Regelungsanteile. Diese drei Anteile arbeiten parallel zueinander, wodurch der *PID*-Regler eine bemerkenswerte Flexibilität und Präzision in der Regelung von dynamischen Systemen bietet.

$$y(t) = K_{PR}e(t) + K_I \int e(t)dt + K_D \frac{de(t)}{dt} \qquad (8.21)$$

Der *PID*-Regler ist ein äußerst vielseitiges Instrument, das in einer breiten Palette von Anwendungen in der Regelungstechnik eingesetzt wird. Durch seine Flexibilität und Anpassungsfähigkeit ist er ideal für die Regelung von komplexen dynamischen Systemen.

8.4 Linearer Regelkreis

Der lineare Regelkreis besteht aus mehreren miteinander verbundenen Komponenten, die zusammenarbeiten, um das Verhalten eines Systems zu steuern und zu regulieren (siehe Abb. 8.1). Zentral für dieses Konzept ist die Rückkopplung (Feedback), die es ermöglicht, den aktuellen Zustand des Systems zu messen und mit einem gewünschten Referenzzustand zu vergleichen. Diese Rückkopplungsinformation wird dann verwendet, um die Stellgröße zu beeinflussen, die wiederum auf das System einwirkt. Ein grundlegendes mathematisches Modell für diesen Prozess kann durch die Übertragungsfunktion $G(s)$ repräsentiert werden, wobei s die komplexe Frequenzvariable ist.

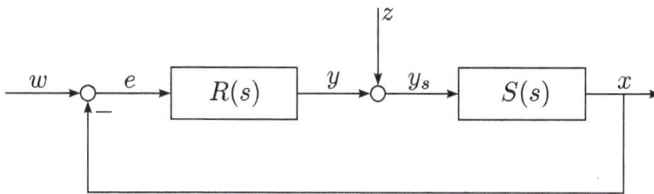

Abb. 8.1: Regelkreis mit Eingangsstörung.

Ein wesentlicher Aspekt des linearen Regelkreises ist die Stabilität des Systems. Stabilität ist von entscheidender Bedeutung, um sicherzustellen, dass das System auf Änderungen oder Störungen robust reagiert, ohne instabil zu werden. Dieser Aspekt wird durch die Polstellen der Übertragungsfunktion bestimmt, die im komplexen Frequenzraum liegen. Stabilitätsanalysen, wie die Routh-Hurwitz-Kriterien, werden verwendet, um die Lage dieser Pole zu bewerten und somit Rückschlüsse auf die Stabilität des Systems zu ziehen.

Ein weiterer Schlüsselaspekt des linearen Regelkreises ist die Regelgüte, die durch verschiedene Leistungsindikatoren wie den Regelfehler oder die Überschwingung charakterisiert wird. Die Auswahl geeigneter Regelungsparameter und die Anpassung der Regelungsstruktur spielen hierbei eine entscheidende Rolle. Dies führt zu komplexen Optimierungsaufgaben, bei denen moderne Methoden der Regelungstechnik, wie der Einsatz von Reglern höherer Ordnung oder adaptiven Regelungsalgorithmen, eine zentrale Rolle spielen.

8.4.1 Führungs- und Störungsverhalten

Es werden nun die beiden Übertragungsfunktionen $G_w(s)$ und $G_z(s)$ eingeführt, die das mathematische Abbild des Führungsverhaltens und des Störungsverhaltens darstellen. Die Führungsübertragungsfunktion $G_w(s)$ beschreibt die Wirkung der Führungsgröße w auf die Regelgröße x. In diesem Zusammenhang wird sie durch

$$G_w(s) = \frac{S(s) \cdot R(s)}{1 + S(s) \cdot R(s)} = \frac{G_0(s)}{1 + G_0(s)} \qquad (8.22)$$

beschrieben, wobei $S(s)$ die Streckenübertragungsfunktion und $R(s)$ die Reglerübertragungsfunktion sind. Die Relevanz dieser Funktion liegt in ihrer Fähigkeit, das Verhalten des Systems unter der Einwirkung der Führungsgröße zu quantifizieren.

Auf der anderen Seite steht die Störungsübertragungsfunktion $G_z(s)$, die das Störungsverhalten des Regelkreises darstellt:

$$G_z(s) = \frac{S(s)}{1 + S(s) \cdot R(s)} = \frac{S(s)}{1 + G_0(s)}. \qquad (8.23)$$

Das Verständnis dieser Funktion ermöglicht eine präzise Analyse der Reaktion des Systems auf externe Störungen, was von entscheidender Bedeutung für die Robustheit des Regelkreises ist. Es sei angemerkt, dass das Produkt aus der Strecken- und der Reglerübertragungsfunktion, zusammen mit möglichen Übertragungsfunktionen weiterer Elemente des Regelkreises wie Mess- oder Stellgliedern, abgekürzt als $G_0(s)$ fungiert. Diese Übertragungsfunktion des aufgeschnittenen Kreises, $G_0(s)$, bildet die Grundlage für die mathematische Beschreibung des gesamten Regelkreises und ermöglicht eine kompakte Darstellung der dynamischen Interaktionen im System.

8.4.2 Stabilität des Regelkreises

Ein Regelsystem wird als stabil betrachtet, wenn es nach einer sprungförmigen Änderung eines Eingangssignals, sei es die Führungs- oder Störgröße, für $t \to \infty$ eine Ruhelage einnimmt. Diese Anforderung an die regelungstechnische Stabilität ist essenziell, da ein instabiles Regelsystem technisch unbrauchbar ist. Zusätzlich muss das System bestimmte Bedingungen erfüllen, beispielsweise eine maximal zulässige Überschwingweite bei bekanntem Maximalwert einer sprungförmig wirkenden Störgröße.

Die mathematische Beschreibung des Stabilitätsverhaltens eines linearen Regelkreises erfolgt durch seine Übertragungsfunktionen. Die charakteristische Gleichung des Regelkreises ergibt sich durch das Nullsetzen des Nenners der Übertragungsfunktion und lautet $1 + G_0(s) = 0$. Die dynamischen Eigenschaften des Systems lassen sich aus den Wurzeln dieser charakteristischen Gleichung ableiten, die gleichzeitig den Polen der Regelkreisübertragungsfunktion entsprechen.

Die asymptotische Stabilität eines Regelkreises ist gegeben, wenn alle Wurzeln s_i der charakteristischen Gleichung die Bedingung $\text{Re}\{s_i\} < 0$ erfüllen, was bedeutet, dass alle Pole der Übertragungsfunktion in der linken s-Halbebene liegen müssen.

Das Stabilitätskriterium nach Hurwitz stützt sich auf ein Polynom $P(s)$ n-ten Grades, wobei $P(s) = a_n(s - s_1)(s - s_2)\ldots(s - s_n)$. Es legt Bedingungen für die Koeffizienten des Polynoms fest, darunter die Anforderung, dass alle Koeffizienten a_i von $P(s)$ von null verschieden und positiv sein müssen. Dieses Kriterium liefert jedoch nur eine Ja-

Nein-Aussage zur Stabilität und bietet wenig Anhaltspunkte zur Verbesserung instabiler Regelungen.

Im Gegensatz dazu basiert das Stabilitätskriterium nach Nyquist auf dem Frequenzgang $G_0(j\omega)$ des offenen Regelkreises. Dies ermöglicht eine grafische Darstellung als Ortskurve oder Frequenzkennlinien (siehe Abb. 8.2). Das Nyquist-Kriterium eignet sich nicht nur für die Analyse der Stabilität des Regelkreisverhaltens, sondern auch für den Entwurf stabiler Regelsysteme. Es eröffnet somit die Möglichkeit, sowohl bestehende Regelkreise zu überprüfen als auch neue Regelungen zu synthetisieren. Der erste Schritt besteht darin, die Übertragungsfunktion des offenen Regelkreises, $G_0(s)$, zu identifizieren, die die dynamische Beschreibung des Systems ohne Rückkopplung darstellt. Durch das Setzen von $s = j\omega$ wird die Übertragungsfunktion in den Frequenzbereich überführt, wobei ω die Kreisfrequenz ist. Die Bestimmung des Amplituden- und Phasenverlaufs von $G_0(j\omega)$ für verschiedene Frequenzwerte steht im Mittelpunkt des zweiten Schritts. Diese Information wird anschließend in einem Nyquist-Diagramm dargestellt, in dem der Realteil und Imaginärteil von $G_0(j\omega)$ gegenübergestellt werden, während ω variiert wird. Dabei gilt die Regel, dass die Kurve den Punkt -1 auf der komplexen Ebene links liegen lassen muss, damit der geschlossene Regelkreis stabil ist.

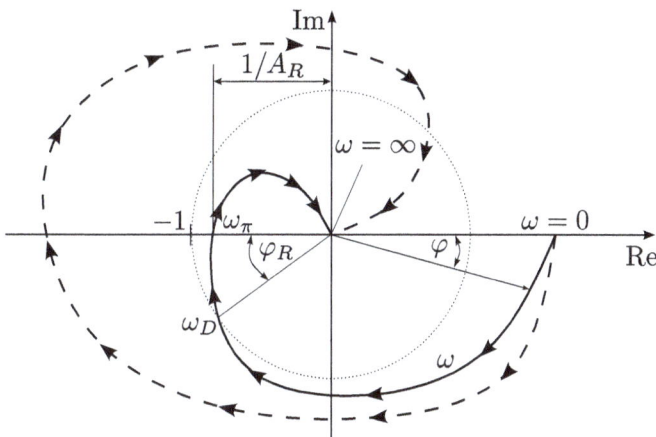

Abb. 8.2: Darstellung von Nyquist-Ortskurven.

8.4.3 Optimierung von Regelkreisen

Die Optimierung von Regelkreisen entscheidet darüber, inwieweit eine Regelung die gestellten Anforderungen erfüllt. Regelgüte ist dabei nicht nur eine wünschenswerte Eigenschaft, sondern auch eine hinreichende Anforderung, die die Stabilität des Systems einschließt. Um die Güte einer Regelung zu beurteilen, werden verschiedene Kenngrößen eingeführt, die eine Messgrundlage für die Qualität der Regelung bieten. Doch die

Herausforderung liegt nicht nur in der Beurteilung des Regelergebnisses, sondern vor allem in der Schaffung der Voraussetzungen, die notwendig sind, um dieses Ergebnis zu erreichen.

Der Entwurf einer Regelung für den Regelkreis kann als ein komplexer Prozess betrachtet werden. Hierbei ist an einer Maschine oder technischen Anlage, welche die Regelstrecke bildet und deren Eigenschaften als gegeben betrachtet werden, eine bzw. mehrere Größen selbstständig zu regeln. Die Zielvorgaben für die Regelung, wie beispielsweise die Überschwingweite $x_{\ddot{u}}$, sind dabei festgelegt. Mit diesen Vorgaben und den bekannten Eigenschaften der Regelstrecke sind die Anforderungen für den Reglerentwurf definiert.

Der Reglerentwurf gliedert sich in zwei Teile. Zuerst muss die Struktur des Reglers festgelegt werden. Diese Struktur definiert das qualitative Verhalten des Reglers und wird normalerweise durch P-, PI- oder PID-Regler beschrieben. Anschließend erfolgt im zweiten Teil des Entwurfs die quantitative Einstellung der Parameter K_{PR}, T_n und T_v.

Die Einstellregeln von Ziegler und Nichols stellen einen wichtigen Beitrag zur Optimierung von Regelkreisen in der Regelungstechnik dar. Diese Regeln bieten eine praxiserprobte Methode zur Einstellung von PID-Reglern, wodurch eine effiziente und stabile Regelung erreicht werden kann. Die Grundidee der Ziegler-Nichols-Methode besteht darin, die Regelparameter durch Beobachtung des Einschwingverhaltens des geschlossenen Regelkreises zu bestimmen. Dieser Prozess beginnt mit der Einstellung des Reglers ohne I- und D-Anteil, also einem reinen Proportionalregler K_{PR}. Dabei wird der Proportionalverstärkungsfaktor schrittweise erhöht, bis das System beginnt, instabil zu schwingen. Die kritische Verstärkung $K_{PR,\mathrm{krit}}$ und die kritische Periodendauer T_{krit} dieser Schwingung werden gemessen und dienen als Ausgangspunkt für die Bestimmung der optimalen Regelparameter für einen PID-Regler. Die Verstärkung des PID-Reglers $K_{PR,\mathrm{krit}}$ wird als 0,6-mal die kritische Verstärkung K_u gesetzt, der I-Anteil T_n als 0,5-mal die kritische Periodendauer T_{krit}, und der D-Anteil T_v als 0,125-mal die kritische Periodendauer T_v.

Die Ziegler-Nichols-Methode bietet den Vorteil, dass sie auf einfachen experimentellen Beobachtungen basiert und somit ohne aufwendige mathematische Analysen angewendet werden kann. Durch die Anpassung der Regelparameter an das spezifische Einschwingverhalten des Regelkreises ermöglichen diese Einstellregeln eine effektive Regelung verschiedener Systeme.

8.5 Entwurf von linearen Regelkreisen

Die Gestaltung linearer Regelkreise in der Regelungstechnik steht vor der Herausforderung, einen Ausgleich zwischen konträren Anforderungen zu finden. Ein optimal justierter Regelkreis strebt einerseits nach einer möglichst geringen Regeldifferenz und andererseits nach einer bestmöglichen Dämpfung. Diese Anforderungen befinden sich jedoch in einem Spannungsverhältnis zueinander. Eine Erhöhung des P- oder I-Anteils eines Reglers in Regelkreisen mit P-Strecken führt beispielsweise zu einer Reduzierung der bleibenden Regeldifferenz, jedoch gleichzeitig zu einer Abnahme der Dämpfung und somit zu potenzieller Instabilität. Der optimale Entwurf eines Regelkreises erfordert daher eine ausgewogene Lösung, die wiederum von den spezifischen Anforderungen der Regelaufgabe abhängt.

Das gewünschte Verhalten eines Regelkreises soll mehrere Gütekriterien optimal oder innerhalb definierter Grenzen erfüllen, wie in Abbildung 8.3 dargestellt ist. Neben Amplituden- und Phasenreserve, Pol- und Nullstellen, bleibender Regeldifferenz und Dämpfung gehören zur Regelgüte auch die An- und Ausregelzeit sowie die Überschwingweite. Diese Merkmale lassen sich direkt aus den Sprungantworten ablesen oder mithilfe von Differentialgleichungen bzw. Übertragungsfunktionen unter Anwendung von Stabilitätskriterien und Wurzelortskurven berechnen.

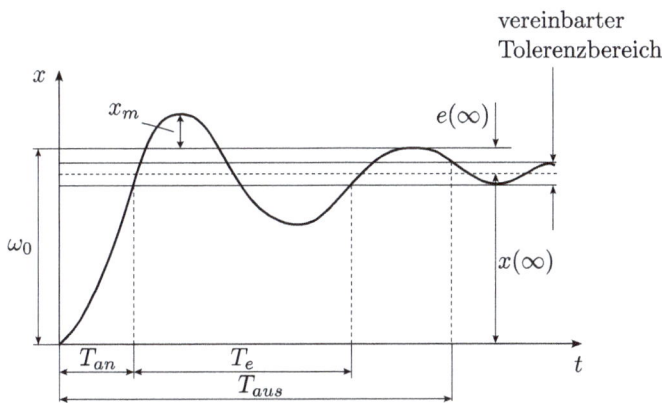

Abb. 8.3: Sprungantwort des Führungsverhalten.

Der Erfolg beim Entwurf eines Regelkreises hängt wesentlich von einer gründlichen Kenntnis der Regelstrecke ab. Daher wird verdeutlicht, wie der Entwurf des Regelkreises entweder direkt im Zeitbereich oder indirekt durch die Optimierung von Frequenzkennlinien erfolgen kann. Der direkte Ansatz im Zeitbereich erfordert ein tiefes Verständnis der dynamischen Eigenschaften des Systems, während die indirekte Methode durch die Anpassung von Frequenzkennlinien eine alternative Möglichkeit bietet.

Somit stellt der Entwurf linearer Regelkreise eine komplexe Aufgabe dar, die eine umfassende Analyse der Regelstrecke sowie ein geschicktes Abwägen verschiedener Kriterien erfordert, um einen Regelkreis zu schaffen, der den spezifischen Anforderungen optimal gerecht wird.

8.5.1 Frequenzkennlinienverfahren

In der praktischen Regelungstechnik stehen Ingenieure oft vor der Herausforderung, keine direkte Übertragungsfunktion für die Regelstrecke zur Verfügung zu haben. In solchen Fällen bietet sich das Frequenzkennlinienverfahren als nützliche Alternative an. Statt auf eine Übertragungsfunktion zurückzugreifen, können Ingenieure das Bode-Diagramm der Strecke messen und aufzeichnen, was ausreichend ist, um den Regler zu entwerfen.

Ein anschauliches Beispiel für die Anwendung des Frequenzkennlinienverfahrens ist die Regelung einer Regelstrecke mit der Übertragungsfunktion

$$G_S(s) = \frac{500}{s^2 + 105s + 500}. \tag{8.24}$$

Um diese Strecke mit einem proportionalen Regler (*P*-Regler) zu regeln und gleichzeitig eine Phasenreserve von $\varphi_R = 60°$ zu erreichen, bedient man sich des Bode-Diagramms des aufgeschnittenen Kreises $G_0(j\omega)$ mit dem eingesetzten Regler. Da zu Beginn die Reglerverstärkung K_{PR} noch nicht bekannt ist, wird vorläufig $K_{PR} = 1$ angenommen. Das Ziel ist es, die Phasenreserve von $\varphi_R = 60°$ zu erreichen, indem die 0-dB-Linie den Amplitudengang bei der Durchtrittsfrequenz $w_d = 68\,\text{s}^{-1}$ schneidet. Dies erfordert eine Verschiebung des Amplitudengangs nach oben bzw. der 0-dB-Linie nach unten um $\Delta_{\text{dB}} = 24\,\text{dB}$. Die resultierende Reglerverstärkung $K_{PR,\text{neu}}$ kann durch

$$K_{PR,\text{neu}} = K_{PR,\text{alt}} \cdot 10^{\frac{\Delta_{\text{dB}}}{20}} = 15{,}85 \tag{8.25}$$

bestimmt werden. Das Frequenzkennlinienverfahren bietet einen effizienten Ansatz für den Entwurf von linearen Regelkreisen, insbesondere wenn die genaue Übertragungsfunktion der Regelstrecke nicht verfügbar ist. Durch die Analyse des Bode-Diagramms können Ingenieure präzise Einstellungen vornehmen, um die gewünschten Phasenreserven zu erreichen und somit die Stabilität und Leistungsfähigkeit des Regelkreises zu optimieren.

Listing 8.1: Bode-Diagramm des aufgeschnittenen Kreises mit der gegebenen Phasenreserve.

```
1  % Transfer function of the plant
2  num = 500;
3  den = [1, 105, 500];
4  Gs = tf(num, den);
5
6  % Proportional controller (P-controller)
7  K_PR_old = 1; % Initial value for the controller gain
8  delta_dB = 24; % Adjustment for phase margin
9  K_PR_new = K_PR_old * 10^(delta_dB/20);
```

```
10
11  % New transfer function with the adjusted controller
12  G0 = K_PR_new * Gs;
13
14  % Bode plot of the open-loop system
15  figure;
16  margin(G0); % Bode plot of G0
17  grid on;
```

8.5.2 Betragsoptimum

Das Betragsoptimum strebt danach, den Betrag der Führungsübertragungsfunktion $G_w(j\omega)$ so nah wie möglich an eins zu bringen (siehe Abb. 8.4).

$$\left|G_w(j\omega)\right| = 1 \qquad (8.26)$$

Während die exakte Realisierung dieser Bedingung in technischen Systemen oft unerreichbar ist, verfolgt das Betragsoptimum-Verfahren das Ziel, diese Anforderung näherungsweise zu erfüllen und dabei eine maximale Bandbreite des Frequenzgangs zu gewährleisten.

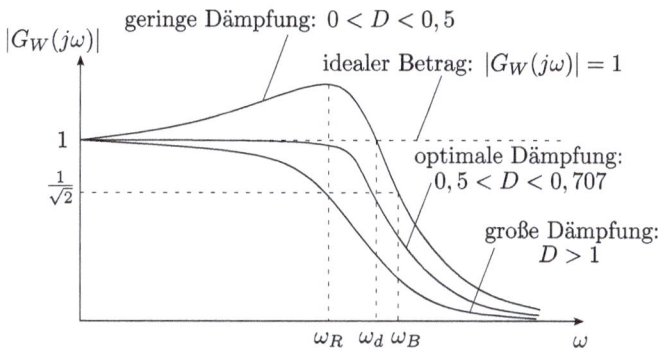

Abb. 8.4: Amplitudengänge des geschlossenen Regelkreises bei einer reinen Verzögerungsstrecke.

Der fundamentale Ausgangspunkt dieses Verfahrens liegt in der Forderung, dass die Tangente des Amplitudengangs im Anfangspunkt $w = 0$ horizontal verlaufen soll, was mathematisch als

$$\frac{d|G_w(\omega)|}{d\omega} = 0 \qquad (8.27)$$

ausgedrückt wird. Die Umsetzung des Betragsoptimum-Verfahrens erfolgt oft durch die gezielte Anpassung von Reglerparametern oder Strukturen, um die gewünschte Bedingung zu erfüllen. Dies ermöglicht eine Optimierung im Frequenzbereich, die wiederum die Stabilität und Leistungsfähigkeit des Regelkreises beeinflusst.

Beispiel 8.1 (Betragsoptimum eines Regelkreises zweiter Ordnung). Für den Regelkreis in Abbildung 8.5 soll die Einstellung nach dem Betragsoptimum erfolgen. Die Regelparameter sind so auszulegen, das die Gleichung

$$|G_w(j\omega)| = 1 \qquad (8.28)$$

für einen großen Frequenzbereich erfüllt ist. Die Frequenzfunktion des offenen Regelkreises lautet

$$G_0(j\omega) = \frac{K_{PS}}{j\omega \cdot T_1 \cdot (1 + j\omega \cdot T_E)}, \quad \text{mit} \quad \frac{1}{T_1} = \frac{K_{PR}}{T_N} \qquad (8.29)$$

und des geschlossenen Regelkreises

$$G_w(j\omega) = \frac{K_{PS}}{K_{PS} + j\omega \cdot T_1 + (j\omega)^2 \cdot T_1 \cdot T_E}. \qquad (8.30)$$

Da der Betrag von $G_w(j\omega)$ gleich eins sein soll, kann man ebenso $|G_w(j\omega)|^2 = 1$ fordern.

$$|G_w(j\omega)|^2 = \frac{K_{PS}^2}{K_{PS}^2 + (T_1^2 - 2 \cdot K_{PS} \cdot T_1 \cdot T_E) \cdot \omega^2 + T_1^2 \cdot T_E^2 \cdot \omega^4} \approx 1 \qquad (8.31)$$

Damit ergibt sich die Optimierungsgleichung zu

$$(T_1^2 - 2 \cdot K_{PS} \cdot T_1 \cdot T_E) \cdot \omega^2 = 0 \qquad (8.32)$$

mit der optimalen Einstellung

$$T_{1,\text{opt}} = 2 \cdot K_{PS} \cdot \cdot T_E. \qquad (8.33)$$

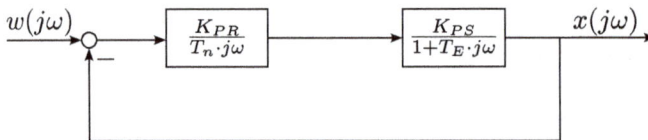

Abb. 8.5: Regelkreis zweiter Ordnung.

8.5.3 Regelung mit Hilfsregelgrößen

Die Anpassung von Regelkreisen durch Hilfsregelgrößen ist ein weitverbreiteter Ansatz, um Störgrößen zu kompensieren und eine präzisere Regelung zu erreichen. Bisherige Regelkreise arbeiten üblicherweise durch den Vergleich der gemessenen Regelgröße mit dem Sollwert, woraufhin mittels eines Regelalgorithmus die Stellgröße generiert wird, um die Regeldifferenz zu minimieren. Allerdings greift der Regler in einschleifigen Systemen erst ein, wenn bereits eine Regeldifferenz vorhanden ist. Bei großen Zeitkonstanten der Regelstrecke kann dies zu unerwünschten Schwingungen oder sogar Instabilität führen.

Um diese Nachteile zu umgehen, ist eine Umstrukturierung des Regelkreises möglich, um Störungen zu reduzieren und diese ohne signifikante Verzögerung auf den Reglereingang zu übertragen (siehe Abb. 8.6). Dieser Ansatz ermöglicht eine Art vermaschter Regelung, bei der Störungen oder Hilfsregelgrößen messbar sind und über ein Stellglied beeinflusst werden können. Eine entscheidende Anforderung für die Umsetzung dieser vermaschten Regelung ist die Messbarkeit und Beeinflussbarkeit der Störungen oder Hilfsregelgrößen.

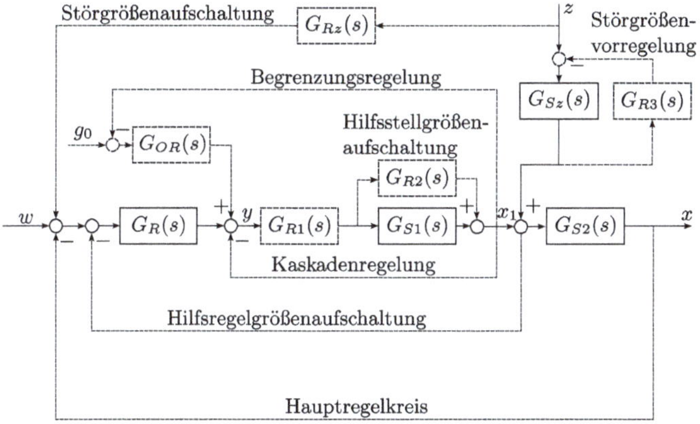

Abb. 8.6: Darstellung von verschiedenen Verfahren zur Optimierung der Struktur eines Regelkreises.

Es ist wichtig, zu betonen, dass diese Strukturveränderungen keinen Einfluss auf die Reglereinstellung gemäß bisheriger Optimierungsverfahren haben sollen. Daher wird zwischen den herkömmlichen Optimierungsverfahren und den Strukturoptimierungsverfahren unterschieden.

Die Strukturoptimierungsmethoden werden basierend auf den Abgriffsorten des Signals in Störgrößen, Stellgrößen und Hilfsregelgrößen unterteilt. Diese Unterscheidung ermöglicht eine gezielte Anpassung der Regelkreisstruktur, um die Effekte von Störgrößen zu minimieren und Hilfsregelgrößen gezielt zur Verbesserung der Regelungsqualität einzusetzen.

Ein Aspekt, der bei der Verwendung von Hilfsregelgrößen von Bedeutung ist, ist deren Wechselwirkung mit dem Regelkreis. Die Einführung zusätzlicher Größen kann unvorhergesehene Effekte haben, die sorgfältig analysiert werden müssen, um unerwünschte Instabilitäten oder Schwingungen zu vermeiden. Die optimale Integration von Hilfsregelgrößen erfordert daher eine umfassende Modellierung und Analyse des Regelkreises, um die gewünschten Effekte zu erzielen, ohne die Stabilität des Systems zu gefährden.

8.5.4 Kaskadenregelung

Die Kaskadenregelung ist eine leistungsfähige Methode, die bei der Regelung von Systemen mit träger oder totzeitbehafteter Dynamik zum Einsatz kommt. Sie basiert auf dem Konzept der Einbindung einer zusätzlichen Hilfsregelgröße, die durch einen schnelleren Teil des Systems erfasst wird als die Hauptregelgröße selbst. Das Resultat ist eine verbesserte Stabilität und ein vorteilhafteres dynamisches Verhalten des Gesamtsystems.

Im Zentrum der Kaskadenregelung steht die Integration einer Hilfsregelgröße x_1, die schneller auf die Stellgröße y reagiert als die Regelgröße x_2 selbst (siehe Abb. 8.7). Dies wird durch einen Streckenteil $G_{S1}(s)$ erreicht, der weniger Verzögerungen aufweist. Ein Folgeregler $G_{R1}(s)$ ermöglicht es, diesen schnelleren Hilfsregelkreis zu steuern, wodurch die äußere Regelungsschleife, die durch den Führungsregler $G_{R2}(s)$ gesteuert wird, entlastet wird.

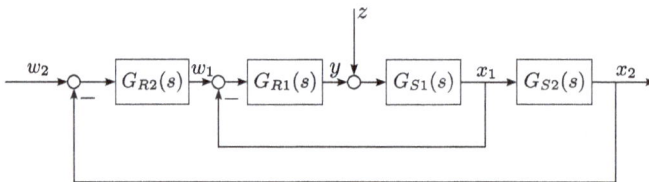

Abb. 8.7: Wirkungsplan der Kaskadenregelung.

Diese Herangehensweise bietet verschiedene Vorteile. Insbesondere in Bezug auf Eingangsstörungen wie z verhindert die Aktivität des Hilfsregelkreises, dass der Störeinfluss bis zur Hauptregelgröße gelangt. Stattdessen wird die Störung direkt und effizient aufgehoben, ohne den Streckenteil $G_{S2}(s)$ zu durchlaufen.

Für das Beispiel in Abbildung 8.7 gilt für das Führungsverhalten ohne Kaskadenregelung

$$G_W(s) = \frac{G_{R2}(s)G_{S1}(s)G_{S2}(s)}{1 + G_{R2}(s)G_{S1}(s)G_{S2}(s)} \tag{8.34}$$

und für das Störverhalten

$$G_z(s) = \frac{G_{S1}(s)G_{S2}(s)}{1 + G_{R2}(s)G_{S1}(s)G_{S2}(s)}. \tag{8.35}$$

Das Führungsverhalten mit Kaskadenregelung wird durch

$$G_w(s) = \frac{G_{R2}(s)G_{R1}(s)G_{S1}(s)G_{S2}(s)}{1 + G_{R1}(s)G_{S1}(s) + G_{R2}(s)G_{R1}(s)G_{S1}(s)G_{S2}(s)} \tag{8.36}$$

beschrieben und für das Störverhalten folgt

$$G_z(s) = \frac{G_{S1}(s)G_{S2}(s)}{1 + G_{R1}(s)G_{S1}(s) + G_{R2}(s)G_{R1}(s)G_{S1}(s)G_{S2}(s)}. \tag{8.37}$$

Beispiel 8.2 (Kaskadenregelung einer P-T_2-Strecke). Gegeben ist eine Kaskadenregelung mit einer P-T_2-Strecke, die durch die Parameter $K_{PS1} = 2$, $K_{PS2} = 3$, $T_1 = 1\,\mathrm{s}$ und $T_2 = 0{,}2\,\mathrm{s}$ charakterisiert ist. Um die Verzögerungszeitkonstante des Folgeregelkreises im Vergleich zur Streckenzeitkonstante zu reduzieren, werden die Kennwerte des Folgereglers K_{PR1} und T_{n1} entsprechend eingestellt.

Ziel ist es, dass die Verzögerungszeitkonstante des Folgeregelkreises um den Faktor 50 kleiner als die Streckenzeitkonstante T_1 wird. Zur Bestimmung der gewünschten Zeitkonstante werden die Übertragungsfunktionen des Folgekreises $G_{01}(s)$ und $G_{w1}(s)$ berechnet.

$$G_{01}(s) = G_{R1}(s)G_{S1}(s) = \frac{K_{PR1}(1 + sT_{n1})}{sT_{n1}}\frac{K_{PS1}}{1 + sT_1} \tag{8.38}$$

Durch Kompensation mit $T_{n1} = T_1 = 1$ ergibt sich

$$G_{w1}(s) = \frac{1}{1 + \dfrac{1}{G_{01}(s)}} = \frac{1}{1 + s\dfrac{T_{n1}}{K_{PS1}K_{PR1}}} = \frac{1}{1 + sT_{T_{w1}}}. \tag{8.39}$$

Aus dieser Gleichung lässt sich der Wert für K_{PR1} bestimmen:

$$K_{PR1} = \frac{50T_{n1}}{K_{PS1}T_1} = 25. \tag{8.40}$$

Somit wird ersichtlich, dass $K_{PR1} = 25$ gesetzt werden sollte, um die gewünschte Verzögerungszeitkonstante des Folgeregelkreises im Verhältnis zur Streckenzeitkonstante zu erreichen. Durch diese Einstellung werden die Anforderungen an die Kaskadenregelung gemäß den gegebenen Vorgaben erfüllt.

8.5.5 Störgrößenaufschaltung

Ein Nachteil konventioneller Regelungen besteht darin, dass der Regler erst dann interveniert, wenn eine Regeldifferenz vorhanden ist. Dieser zeitliche Verzug resultiert aus den Verzögerungen in der Regelstrecke, da Störungen erst verzögert am Eingang des Reglers auftreten. Um eine umfassende Verhinderung der Auswirkung von Störgrößen auf die Regelgröße zu gewährleisten und dabei die optimale Reglereinstellung zu nutzen, wird die messbare Störgröße durch ein korrigierendes Glied, repräsentiert durch G_{Rz}, auf den Streckeneingang oder vor den Regler geschaltet (siehe Abb. 8.8).

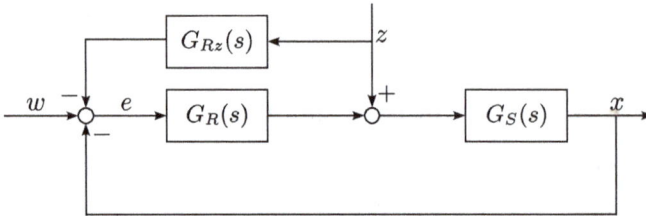

Abb. 8.8: Störgrößenaufschaltung auf den Reglereingang.

Die Aufschaltung erfolgt häufig mithilfe eines differenzierenden Glieds, um sicherzustellen, dass im stationären Zustand keine Verfälschung der Regeldifferenz auftritt. Interessanterweise beeinflusst diese Maßnahme die Stabilität des Regelkreises nicht. Die Regelparameter können so eingestellt werden, als wäre G_{Rz} nicht vorhanden. Diese Vorgehensweise ermöglicht eine effektive Kompensation von Störgrößen und trägt zur Verbesserung der Regelgüte bei.

Die Art der Aufschaltung beeinflusst den Grad der Kompensation der Störgröße. Bei vollständiger Kompensation gilt nach einem Störsprung z_0 bei $x(s) = 0$

$$x(s) = G_z(s) \cdot z_0 = \frac{G_{vz}(s)}{1 + G_0} \cdot z_0 = 0. \tag{8.41}$$

Die Kompensation der Störgröße erfolgt in diesem Fall durch die gezeigte Störgrößenaufschaltung

$$G_{vz}(s) = -G_{Rz}(s) \cdot G_R(s) \cdot G_S(s) + G_S(s) = 0. \tag{8.42}$$

Die Bedingung wird durch das korrigierende Glied G_{Rz} erfüllt, wobei

$$G_{Rz}(s) = \frac{1}{G_R(s)} \tag{8.43}$$

gilt. In der Praxis wird eine vollständige Kompensation der Störgröße selten durchgeführt, da die exakte Nachbildung von G_{Rz} aufwendig und nur in Ausnahmefällen möglich ist.

8.5.6 Mehrgrößenregelung

Die Regelung von Mehrgrößensystemen stellt eine erweiterte Herausforderung dar, verglichen mit Eingrößensystemen. Neben den üblichen Güteforderungen an den geschlossenen Regelkreis treten neue Anforderungen auf, die die Kopplungseigenschaften des Regelkreises betreffen und in Eingrößensystemen keine entscheidende Rolle spielen. Die vier Hauptkategorien von Güteforderungen, nämlich Stabilität, Sollwertfolge, Dynamik und Robustheit, bleiben erhalten und werden durch spezifische Anforderungen an Mehrgrößensysteme ergänzt.

Eine der Anforderungen in Mehrgrößensystemen ist die Forderung nach schwachen Querkopplungen zwischen den Regelgrößen. Dies bedeutet, dass im dynamischen Verhalten der Regelkreise nur minimale Querkopplungen zwischen den einzelnen Regelgrößen auftreten sollen. Zum Beispiel soll die Erhöhung des Füllstands in einem Reaktor nicht signifikant die Temperatur der Flüssigkeit im Reaktor beeinflussen, obwohl die zufließende Flüssigkeit als Störgröße für die Temperaturregelung wirkt.

Ein weiteres Schlüsselelement ist die Integrität des Regelkreises. Diese Eigenschaft bezieht sich darauf, dass der Regelkreis stabil bleibt, auch wenn einzelne Stell- oder Messglieder versagen. Die Integrität ist von großer Bedeutung für die technische Realisierung, da der Regelkreis als Ganzes stabil bleiben muss, selbst wenn einzelne Teile des Mehrgrößenreglers nicht wie vorgesehen arbeiten.

Die Festlegung eines gemeinsamen Regelungsziels für mehrere Regelkreise ist eine weitere Herausforderung. Dies kann durch die Notwendigkeit entstehen, dass mehrere Regelgrößen denselben Wert oder eine vorgegebene Differenz erreichen sollen. In Multiagentensystemen, wie einer Fahrzeugkolonne, entsteht eine Verkopplung über das gemeinsame Regelungsziel, selbst wenn die Teilsysteme keine physikalische Wechselwirkung haben. Die Kommunikation der Teilregler ist erforderlich, um eine Verbindung herzustellen und so einen Mehrgrößenregelkreis zu schaffen.

Der grundlegende Aufbau eines Regelkreises in der Mehrgrößenregelung ähnelt dem in der Eingrößenregelung. Allerdings werden die durch Pfeile dargestellten Signale als Vektoren betrachtet und die Blöcke enthalten Übertragungsfunktionsmatrizen anstelle von skalaren Übertragungsfunktionen. Die zentrale Schwierigkeit beim Reglerentwurf liegt in der Rückkopplungsstruktur, die aus der Strecke und dem Regler gebildet wird. Im Gegensatz zu Eingrößenregelkreisen zeigen Mehrgrößenregelkreise einen wesentlichen Unterschied in Bezug auf nicht zu vernachlässigende Querkopplungen. Diese treten zwischen den Regelgrößen auf und erfordern, dass der Regler diesen Querkopplungen aktiv entgegenwirkt. Das bedeutet, dass der Regler nicht nur in Abhängigkeit von einer Regelgröße, sondern unter Berücksichtigung mehrerer Regelgrößen agieren muss.

Es besteht die Möglichkeit der dezentralen Regelung in Mehrgrößensystemen. Dies bedeutet nicht zwangsläufig, dass der Regler selbst ein Mehrgrößenregler sein muss. Es erfordert jedoch, dass die Querkopplungen innerhalb der Strecke beim Reglerentwurf berücksichtigt werden. Die Regelung kann durchaus mit zwei oder mehr getrennten

Teilreglern realisiert werden, was als dezentrale Regelung bekannt ist. In diesem Ansatz werden die Querkopplungen zwischen den Regelkreisen jedoch beachtet.

Um starke Querkopplungen in der Strecke zu kompensieren, sind entsprechende Querkopplungen im Regler notwendig. Eine Entkopplung der Regelkreise kann vor dem eigentlichen Reglerentwurf durchgeführt werden. Dies ermöglicht die Entwicklung von unabhängigen Reglern für jede Regelgröße, wobei etablierte Verfahren der Eingrößenregelung angewendet werden können. Der entworfene Regler besteht dann aus den einzelnen Eingrößenrückführungen und einem Entkopplungsglied, was ihn zu einem Mehrgrößenregler macht.

Die Entwicklung von Modellformen für Mehrgrößensysteme ist entscheidend für die Analyse und Regelung komplexer Systeme. Zwei klassische Modellformen, die P-kanonische und die V-kanonische Darstellung, bieten einen strukturierten Ansatz für die Untersuchung solcher Systeme mit gleicher Anzahl von Eingangs- und Ausgangsgrößen. Die P-kanonische Struktur verwendet die Gleichungen direkt und interpretiert die Hauptdiagonalelemente G_{ii} als Direktkopplungen von y_i nach x_i (siehe Abb. 8.9). Diese Struktur ist besonders für Systeme mit gleicher Anzahl von Ein- und Ausgängen sinnvoll, da sie eine klare Unterscheidung zwischen Hauptkopplungen und Querkopplungen ermöglicht. In Experimenten ist diese Darstellung besonders geeignet, da die Elemente G_{ij} separat identifiziert werden können, beispielsweise durch die Messung von Übergangsfunktionen $h_{ij}(t)$ oder Gewichtsfunktionen $g_{ij}(t)$. Es ist jedoch zu beachten, dass die P-kanonische Struktur nicht notwendigerweise die physikalische Struktur des Systems adäquat widerspiegelt. Die einzelnen Übertragungsglieder beschreiben oft nicht voneinander getrennte physikalische Vorgänge, sondern lediglich verschiedene Signalkopplungen innerhalb desselben Systems.

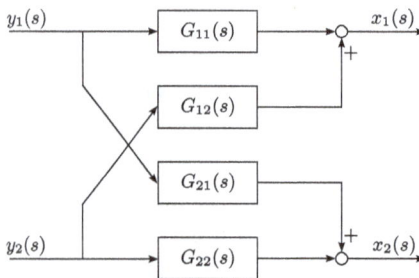

Abb. 8.9: P-kanonische Struktur.

Die V-kanonische Struktur hingegen spielt jedoch in der modernen, auf Matrixschreibweise orientierten Theorie nur eine untergeordnete Rolle. Charakteristisch für die V-kanonische Darstellung ist die Erfassung interner Rückwirkungen der Ausgangsgrößen im Modell (siehe Abb. 8.10). Diese Rückwirkungen sind typisch für dynamische Systeme, bei denen die Zustandsvariablen miteinander verkoppelt sind. In der

V-kanonischen Darstellung wird betont, dass diese Rückwirkungen auf die Eingangsgrößen bezogen werden müssen. Die Eingangssignale der Vorwärtsglieder $G_{ii}(s)$ entstehen somit aus der Summe der Systemeingänge $y_i(s)$ und der Rückwirkungen.

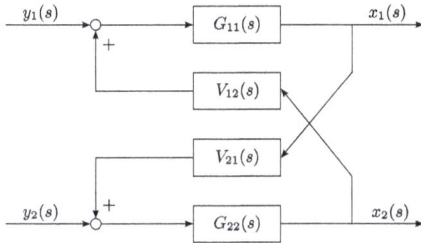

V-kanonische Struktur.

Die P-kanonische und V-kanonische Strukturen bieten unterschiedliche Perspektiven auf Mehrgrößensysteme. Während die P-kanonische Struktur die Signalflüsse betont und sich gut für experimentelle Modellierungen eignet, fokussiert sich die V-kanonische Struktur auf die Erfassung interner Rückwirkungen, was besonders in dynamischen Systemen von Bedeutung ist. Die Wahl zwischen diesen Strukturen hängt von den spezifischen Anforderungen und Eigenschaften des zu untersuchenden Mehrgrößensystems ab.

Beispiel 8.3 (Regelung einer P-kanonischen Regelstrecke mit zwei separaten *I*-Reglern). Gegeben ist eine Regelstrecke in P-kanonischer Form, die durch die Übertragungsfunktionen $G_{11}(s)$, $G_{22}(s)$, $G_{12}(s)$ und $G_{21}(s)$ beschrieben wird.

$$G_{11}(s) = \frac{K_{P11}}{1 + sT_{11}}$$

$$G_{22}(s) = \frac{K_{P22}}{1 + sT_{22}}$$

$$G_{12}(s) = K_{P12}$$

$$G_{21}(s) = K_{P21} \tag{8.44}$$

Mit den gegebenen Streckenparametern $K_{P11} = 0{,}2$, $K_{P22} = 0{,}4$, $K_{P12} = 0{,}2$, $K_{P21} = 0{,}1$, $T_{11} = 2\,\text{s}$ und $T_{22} = 3\,\text{s}$. Die Reglereinstellung erfolgt nach dem Betragsoptimum, dazu werden zunächst die Übertragungsfunktionen des offenen Regelkreises bestimmt.

$$G_{01}(s) = \frac{K_{IR1}K_{P11}}{s(1 + sT_{11})}$$

$$G_{02}(s) = \frac{K_{IR2}K_{P22}}{s(1 + sT_{22})} \tag{8.45}$$

Anschließend erfolgt die Berechnung der geschlossenen Regelkreise. Das wird nun an einem Kreis exemplarisch durchgeführt.

$$G_{w1}(s) = \frac{G_{01}}{1+G_{01}} = \frac{\frac{K_{IR2}K_{P11}}{s(1+sT_{11})}}{1 + \frac{K_{IR2}K_{P11}}{s(1+sT_{11})}}$$

$$= \frac{1}{\frac{s(1+sT_{11})}{K_{IR2}K_{P11}} + 1} = \frac{1}{\frac{s}{K_{IR2}K_{P11}} + \frac{s^2 T_{11}}{K_{IR2}K_{P11}} + 1} \qquad (8.46)$$

Der Betrag und die Quadratur von $G_{w1}(j\omega)$ führt zu

$$|G_{w1}(j\omega)|^2 = \frac{1}{\sqrt{(\frac{\omega}{K_{IR2}K_{P11}} - \frac{\omega^2 T_{11}}{K_{IR2}K_{P11}} + 1)^2}}$$

$$= \frac{1}{(1)\omega^0 + (\frac{2}{K_{IR2}K_{P11}})\omega^1 + (-\frac{2T_{11}}{K_{IR2}K_{P11}} + \frac{1}{K_{IR2}^2 K_{P11}^2})\omega^2 + \cdots}. \qquad (8.47)$$

Die Optimierungsgleichung lautet

$$-\frac{2T_{11}}{K_{IR2}K_{P11}} + \frac{1}{K_{IR2}^2 K_{P11}^2} = 0, \qquad (8.48)$$

was zu den folgenden Wert K_{IR1} für die I-Regler führt:

$$K_{IR1} = \frac{1}{2K_{P11}T_{11}} = 1{,}25. \qquad (8.49)$$

Diese Vorgehensweise wird analog für den zweiten Regelkreis durchgeführt und liefert $K_{IR2} = 0{,}42$. Die Implementierung in Simulink ist in Abbildung 8.11 dargestellt. Die beiden Regler $G_{R1}(s)$ und $G_{R2}(s)$ sind voneinander unabhängig. Es werden jeweils die Regeldifferenzen $e_1 = w_1 - x_1$ und $e_2 = w_2 - x_2$ ausgeregelt.

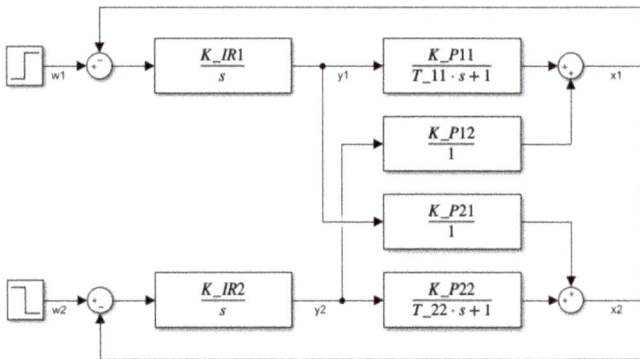

Abb. 8.11: Implementierung der dezentralen Regelung in Simulink.

Die Simulationsergebnisse in Abbildung 8.12 zeigen die Sprungantworten der dezentralen Regelung. Diese geben Aufschluss über das Regelverhalten und die Stabilität des Systems. Die Sprungantworten visualisieren, wie das System auf einen plötzlichen Sprung in den Eingangsgrößen reagiert und wie schnell es sich auf einen neuen stabilen Zustand einstellt. Die dargestellten Ergebnisse zeigen die Effektivität der gewählten Regelungsmethode und die Gültigkeit des Betragsoptimums zur Einstellung der Integralregler. Die Werte von K_{IR1} und K_{IR2} wurden so gewählt, dass die Regelkreise optimal aufgestellt sind, um eine gute Performance und Stabilität zu gewährleisten.

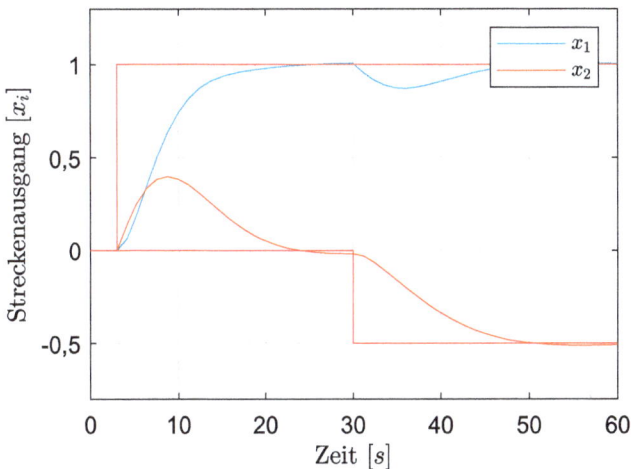

Abb. 8.12: Sprungantworten der dezentralen Regelung.

In der Simulink-Implementierung wird deutlich, wie die beiden Regelkreise unabhängig voneinander arbeiten und ihre jeweiligen Differenzen ausregeln. Dies ermöglicht eine präzise Regelung der Ausgangsgrößen und damit eine effiziente Kontrolle des Gesamtsystems. Allerdings besteht die Möglichkeit, die Regelung weiter zu optimieren und die Leistung des Systems zu steigern, indem ein Entkopplungsregler eingeführt wird. Ein Entkopplungsregler zielt darauf ab, die gegenseitige Beeinflussung der Regelgrößen zu minimieren, insbesondere wenn mehrere Regelgrößen miteinander verknüpft sind. In diesem Kontext könnten die Ausgangsgrößen x_1 und x_2 der P-kanonischen Regelstrecke durch den Einfluss der jeweils anderen Regelgröße beeinflusst werden. Ein Entkopplungsregler sorgt dafür, dass die Stellgrößen so gewählt werden, dass diese gegenseitige Beeinflussung minimiert wird.

Durch die Integration eines Entkopplungsreglers können verbesserte Regelungsergebnisse erzielt werden, da die Auswirkungen von Störungen oder Änderungen in einer Regelgröße auf die andere minimiert werden. Dies führt zu einer präziseren und effizienteren Regelung des Gesamtsystems. Ein erfolgreicher Entkopplungsregler sollte zu einer weiteren Reduzierung der Anstiegszeit, einer geringeren Überschwingung und insgesamt zu einer verbesserten Regelgüte führen.

8.5.7 Zustandsregelung

Ein Zustandsraummodell ermöglicht die Darstellung eines Mehrgrößensystems, bestehend aus r Eingangsgrößen $u_1(t), \dots, u_r(t)$ und m Ausgangsgrößen $y_1(t), \dots, y_m(t)$. Diese Größen können durch die Vektoren $\mathbf{u}(t)$ und $\mathbf{v}(t)$ repräsentiert werden. Die allgemeine Form der Zustandsraumdarstellung für ein lineares, zeitinvariantes dynamisches System wird durch die Zustandsdifferentialgleichung

$$\dot{\mathbf{x}}(t) = \mathbf{A}\mathbf{x}(t) + \mathbf{B}\mathbf{u}(t) \tag{8.50}$$

beschrieben. Hierbei steht $\mathbf{x}(t)$ für den Zustandsvektor, $\mathbf{u}(t)$ für den Eingangs- oder Steuervektor und $\mathbf{A}$ für die $n \times n$-Systemmatrix. Die Steuermatrix $\mathbf{B}$ beschreibt das Einwirken der äußeren Erregung. Die Zustandsdifferentialgleichung beschreibt die Dynamik des Systems, wobei die Matrix $\mathbf{A}$ Informationen über das Eigenverhalten und die Stabilität des Systems enthält.

Die Zustandsgleichung, die den Zusammenhang zwischen den Ausgangsgrößen $\mathbf{y}(t)$ und den Zustandsgrößen $\mathbf{x}(t)$ darstellt, lautet

$$\mathbf{y}(t) = \mathbf{C}\mathbf{x}(t) + \mathbf{D}\mathbf{u}(t). \tag{8.51}$$

Hierbei repräsentieren $\mathbf{C}$ und $\mathbf{D}$ die Ausgangs- oder Beobachtungsmatrix und die Durchgangsmatrix, jeweils in den Dimensionen $m \times n$ und $m \times r$. Die Matrix $\mathbf{C}$ gibt an, wie die Ausgangsgrößen linear von den Zustandsgrößen abhängen, während $\mathbf{D}$ einen direkten Einfluss der Eingangsgrößen auf die Ausgangsgrößen vermitteln kann.

Für die Analyse und den Entwurf von Regelkreisen sind Steuerbarkeit und Beobachtbarkeit wichtige Eigenschaften. Ein lineares System wird als vollständig steuerbar betrachtet, wenn es für jeden Anfangszustand eine Steuerfunktion gibt, die das System innerhalb einer endlichen Zeitspanne in den Endzustand überführt. Darüber hinaus gilt nach Kalman, dass die Steuerbarkeitsmatrix $\mathbf{S}_1$ vollen Rang bzw. n linear unabhängige Spaltenvektoren enthalten muss, damit das System vollständig steuerbar ist.

$$\text{Rang}[\mathbf{B} \quad \mathbf{AB} \quad \cdots \quad \mathbf{A}^{n-1}\mathbf{B}] = n \tag{8.52}$$

Der Rang der Steuerbarkeitsmatrix kann durch die Determinante überprüft werden; ist diese von 0 verschieden, dann besitzt die Steuerbarkeitsmatrix vollen Rang.

Als vollständig beobachtbar gilt ein System, wenn bei bekannter äußerer Beeinflussung und bekannten Matrizen $\mathbf{A}$ und $\mathbf{C}$ aus dem Ausgangsvektor $\mathbf{y}(t)$ über ein endliches Zeitintervall der Anfangszustand eindeutig bestimmt werden kann. Zudem gilt, dass das

System vollständig beobachtbar ist, wenn die Beobachtbarkeitsmatrix den vollen Rang besitzt.

$$\mathrm{Rang}[\mathbf{C}^T \quad \mathbf{A}^T\mathbf{C}^T \quad \cdots \quad (\mathbf{A}^T)^{n-1}\mathbf{C}^T] = n \tag{8.53}$$

Beispiel 8.4 (Zustandsregelung einer kaskadierten Antriebsregelung). Für eine kaskadierte Antriebsregelung soll eine Zustandspositionsregelung entworfen werden. Durch Approximation der unterlagerten Drehmomentregelung und Messfilterung liegt dem Entwurf der dargestellte kontinuierliche Wirkungsplan mit dem zugehörigen kontinuierlichen Zustandsraummodell zugrunde.

In diesem Abschnitt soll zunächst das Modell des Systems in der Zustandsraumbeschreibung hergeleitet werden. Aus dem Wirkungsplan in Abbildung 8.13 lassen sich folgende Zusammenhänge im s-Bereich direkt entnehmen:

$$\varepsilon_M(s) = \frac{1}{s}\omega_M(s)$$

$$\omega_M(s) = \frac{1}{Js}(M_M(s) - M_L(s))$$

$$M_M(s) = \frac{1}{T_{EM}s + 1}M_M^*(s). \tag{8.54}$$

Diese lassen sich sinnvoll umstellen, um sie danach in den Zeitbereich zu transformieren.

$$s \cdot \varepsilon_M(s) = \omega_M(s)$$

$$s \cdot \omega_M(s) = \frac{1}{J}(M_M(s) - M_L(s))$$

$$s \cdot M_M(s) = \frac{1}{T_{EM}}(M_M^*(s) - M_M(s)) \tag{8.55}$$

Mit den Laplace-Korrespondenzen und der Annahme der Energiefreiheit des Systems am Anfang (alle Anfangsbedingungen verschwinden) lassen sich die Gleichungen in den Zeitbereich transformieren.

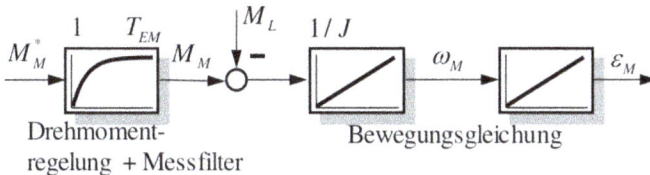

Abb. 8.13: Kaskadierte Antriebsregelung.

$$\dot{\varepsilon}_M(t) = \omega_M(t)$$

$$\dot{\omega}_M(t) = \frac{1}{J}(M_M(t) - M_L(t))$$

$$\dot{M}_M(t) = \frac{1}{T_{EM}}(M_M^*(t) - M_M(t)) \tag{8.56}$$

Für das Zustandsraummodell gilt

$$\mathbf{x}(t) = \begin{bmatrix} \varepsilon_M(t) \\ \omega_M(t) \\ M_M(t) \end{bmatrix} \quad u(t) = M_M^*(t) \quad z(t) = M_L(t) \quad y(t) = \varepsilon_M(t). \tag{8.57}$$

Damit ergibt sich für die Zustandsraumbeschreibung folgende Zustandsdifferentialgleichung

$$\underbrace{\begin{bmatrix} \dot{\varepsilon}_M \\ \dot{\omega}_M \\ \dot{M}_M \end{bmatrix}}_{\dot{\mathbf{x}}} = \underbrace{\begin{bmatrix} 0 & 1 & 0 \\ 0 & 0 & \frac{1}{J} \\ 0 & 0 & -\frac{1}{T_{EM}} \end{bmatrix}}_{\mathbf{A}} \underbrace{\begin{bmatrix} \varepsilon_M \\ \omega_M \\ M_M \end{bmatrix}}_{\mathbf{x}} + \underbrace{\begin{bmatrix} 0 \\ 0 \\ \frac{1}{T_{EM}} \end{bmatrix}}_{\mathbf{b}} \underbrace{M_M^*}_{u} + \underbrace{\begin{bmatrix} 0 \\ -\frac{1}{J} \\ 0 \end{bmatrix}}_{\mathbf{b}_z} \underbrace{M_L}_{z}. \tag{8.58}$$

Die Ausgangsgleichung lautet

$$y = \underbrace{\begin{bmatrix} 1 & 0 & 0 \end{bmatrix}}_{\mathbf{c}^T} \mathbf{x}. \tag{8.59}$$

Transformation des Modells in die Regelungsnormalform (RNF)
In diesem Abschnitt soll das Zustandsraummodell in die Regelungsnormalform gebracht werden. Dafür muss zunächst die Steuerbarkeitsmatrix gebildet werden.

$$\mathbf{S}_u = \begin{bmatrix} \mathbf{b} & \mathbf{Ab} & \mathbf{A}^2\mathbf{b} \end{bmatrix} \overset{\text{MATLAB}}{=} \begin{bmatrix} 0 & 0 & \frac{1}{J\,T_{EM}} \\ 0 & \frac{1}{J\,T_{EM}} & -\frac{1}{J\,T_{EM}^2} \\ \frac{1}{T_{EM}} & -\frac{1}{T_{EM}^2} & \frac{1}{T_{EM}^3} \end{bmatrix} \tag{8.60}$$

Es wird darauf verwiesen, dass alle nachfolgenden konkreten Berechnungen mithilfe von MATLAB und der Symbolic Toolbox durchgeführt werden. Um das Modell auf RNF zu transformieren, muss das System $(\mathbf{A}, \mathbf{b})$ steuerbar bzw. die Matrix $\mathbf{S}_u$ invertierbar sein. Wir überprüfen dies durch die Berechnung der Determinante.

$$\det(\mathbf{S}_u) = -\frac{1}{J^2 T_{EM}^3} \overset{J \neq 0,\, T_{EM} \neq 0}{\neq} 0 \quad \Leftrightarrow \quad \mathbf{S}_u \text{ ist invertierbar.} \tag{8.61}$$

Für die inverse Steuerbarkeitsmatrix ergibt sich

$$\mathbf{S}_u^{-1} = \begin{bmatrix} 0 & J & T_{EM} \\ J & J\,T_{EM} & 0 \\ J\,T_{EM} & 0 & 0 \end{bmatrix} = \begin{bmatrix} \mathbf{s}_{U1}^T \\ \mathbf{s}_{U2}^T \\ \mathbf{s}_{U3}^T \end{bmatrix}. \tag{8.62}$$

Wir nutzen die letzte Zeile der inversen Steuerbarkeitsmatrix und **A**, um die Transformationsmatrix zu bilden und berechnen danach deren Inverse.

$$\mathbf{T}_R = \begin{bmatrix} \mathbf{s}_{U3}^T \\ \mathbf{s}_{U3}^T\mathbf{A} \\ \mathbf{s}_{U3}^T\mathbf{A}^2 \end{bmatrix} = \begin{bmatrix} J\,T_{EM} & 0 & 0 \\ 0 & J\,T_{EM} & 0 \\ 0 & 0 & T_{EM} \end{bmatrix}$$

$$\mathbf{T}_R^{-1} = \begin{bmatrix} \frac{1}{J\,T_{EM}} & 0 & 0 \\ 0 & \frac{1}{J\,T_{EM}} & 0 \\ 0 & 0 & \frac{1}{T_{EM}} \end{bmatrix} \tag{8.63}$$

Nun kann das ursprüngliche System in RNF überführt werden.

$$\mathbf{A}_R = \mathbf{T}_R\mathbf{A}\mathbf{T}_R^{-1} = \begin{bmatrix} 0 & 1 & 0 \\ 0 & 0 & 1 \\ 0 & 0 & -\frac{1}{T_{EM}} \end{bmatrix} = \begin{bmatrix} 0 & 1 & 0 \\ 0 & 0 & 1 \\ -\frac{a_0}{a_3} & -\frac{a_1}{a_3} & -\frac{a_2}{a_3} \end{bmatrix}$$

$$\mathbf{b}_R = \mathbf{T}_R\mathbf{b} = \begin{bmatrix} 0 \\ 0 \\ 1 \end{bmatrix} = \begin{bmatrix} 0 \\ 0 \\ \frac{1}{a_3} \end{bmatrix}$$

$$\mathbf{b}_{zR} = \mathbf{T}_R\mathbf{b} = \begin{bmatrix} 0 \\ -T_{EM} \\ 0 \end{bmatrix}$$

$$\mathbf{c}_R^T = \mathbf{c}^T\mathbf{T}_R^{-1} = \begin{bmatrix} \frac{1}{J\,T_{EM}} & 0 & 0 \end{bmatrix} = \begin{bmatrix} b_0 & b_1 & b_2 \end{bmatrix} \tag{8.64}$$

Das Zustandsraummodell in RNF lautet (mit der Transformation $\mathbf{x}_R = \mathbf{T}_R\mathbf{x}$)

$$\dot{\mathbf{x}}_R = \mathbf{A}_R\mathbf{x}_R + \mathbf{b}_R u + \mathbf{b}_{zR} z \tag{8.65}$$

$$y = \mathbf{c}_R^T\mathbf{x}_R. \tag{8.66}$$

Die Koeffizienten $a_0, a_1, a_2, a_3, b_0, b_1, b_2$ beschreiben dabei die Übertragungsfunktion zwischen Eingang u und Ausgang y im s-Bereich, sodass

$$G(s) = \frac{b_0 + b_1 \cdot s + b_2 \cdot s^2}{a_0 + a_1 \cdot s + a_2 \cdot s^2 + a_3 \cdot s^3} \tag{8.67}$$

gilt. Aus der Gleichung (8.64) ergibt sich

$$a_2 = \frac{1}{T_{EM}} \quad a_3 = 1 \quad b_0 = \frac{1}{J\,T_{EM}} \quad a_0 = a_1 = b_1 = b_2 = 0. \tag{8.68}$$

Transformation des Modells in die Beobachtungsnormalform (BNF)

In diesem Abschnitt soll das Zustandsraummodell in die Beobachtungsnormalform gebracht werden. Da zuvor bereits die RNF gebildet wurde und die Koeffizienten in Gleichung (8.68) eindeutig sind, müssen wir hier nur die Beobachtbarkeit prüfen. Die BNF lässt sich dann direkt aus der RNF bestimmen. Die Beobachtbarkeitsmatrix lautet

$$\mathbf{B}_y = \begin{bmatrix} \mathbf{c}^\mathrm{T} \\ \mathbf{c}^\mathrm{T}\mathbf{A} \\ \mathbf{c}^\mathrm{T}\mathbf{A}^2 \end{bmatrix} = \begin{bmatrix} 1 & 0 & 0 \\ 0 & 1 & 0 \\ 0 & 0 & \frac{1}{J} \end{bmatrix}$$

$$\det(\mathbf{B}_y) = \frac{1}{J} \overset{J \neq 0}{\neq} 0 \quad \Leftrightarrow \quad \text{System } (\mathbf{A}, \mathbf{c}^\mathrm{T}) \text{ ist beobachtbar.} \tag{8.69}$$

Damit ergeben sich die Matrizen der BNF zu

$$\mathbf{A}_B = \mathbf{A}_R^\mathrm{T} = \begin{bmatrix} 0 & 0 & 0 \\ 1 & 0 & 0 \\ 0 & 1 & -\frac{1}{T_{EM}} \end{bmatrix}$$

$$\mathbf{b}_B = \mathbf{c}_R = \begin{bmatrix} \frac{1}{J\,T_{EM}} \\ 0 \\ 0 \end{bmatrix}$$

$$\mathbf{c}_B^\mathrm{T} = \mathbf{b}_R^\mathrm{T} = \begin{bmatrix} 0 & 0 & 1 \end{bmatrix}. \tag{8.70}$$

Zur Berechnung von $\mathbf{b}_{zB}$ benötigen wir die Transformationsmatrix $\mathbf{T}_B$.

$$\mathbf{B}_y^{-1} = \begin{bmatrix} 1 & 0 & 0 \\ 0 & 1 & 0 \\ 0 & 0 & J \end{bmatrix} = \begin{bmatrix} \mathbf{b}_{Y1} & \mathbf{b}_{Y2} & \mathbf{b}_{Y3} \end{bmatrix}$$

$$\mathbf{T}_B^{-1} = \begin{bmatrix} \mathbf{b}_{Y3} & \mathbf{A}\mathbf{b}_{Y3} & \mathbf{A}^2\mathbf{b}_{Y3} \end{bmatrix} = \begin{bmatrix} 0 & 0 & 1 \\ 0 & 1 & -\frac{1}{T_{EM}} \\ J & -\frac{J}{T_{EM}} & \frac{J}{T_{EM}^2} \end{bmatrix}$$

$$\mathbf{T}_B = \begin{bmatrix} 0 & \frac{1}{T_{EM}} & \frac{1}{J} \\ \frac{1}{T_{EM}} & 1 & 0 \\ 1 & 0 & 0 \end{bmatrix} \Rightarrow \mathbf{b}_{zB} = \mathbf{T}_B \mathbf{b}_z = \begin{bmatrix} -\frac{1}{J\,T_{EM}} \\ -\frac{1}{J} \\ 0 \end{bmatrix} \tag{8.71}$$

Das Zustandsraummodell in BNF lautet (Transformation $\mathbf{x}_B = \mathbf{T}_B\mathbf{x}$)

$$\dot{\mathbf{x}}_B = \mathbf{A}_B\mathbf{x}_B + \mathbf{b}_B u + \mathbf{b}_{zB}z \tag{8.72}$$

$$y = \mathbf{c}_B^\mathrm{T}\mathbf{x}_B. \tag{8.73}$$

Regler- und Vorfilterkoeffizienten

In diesem Abschnitt sollen die Regler- und Vorfilterkoeffizienten für den aperiodischen Grenzfall (binominale Polvorgabe) und für Butterworth-Verhalten bestimmt werden. Für die vollständige Zustandsregelung wird folgendes Stellgesetz angesetzt

$$u(t) = q_F \cdot w(t) - \mathbf{r}^T \mathbf{x}_R(t) \quad \text{mit } \mathbf{r}^T = \begin{bmatrix} r_1 & r_2 & r_3 \end{bmatrix}, \tag{8.74}$$

wobei q_F der Vorfilterkoeffizient, $w(t)$ die Führungsgröße und $\mathbf{r}^T$ der Rückführvektor ist. Damit ergibt sich für den geschlossenen Regelkreis folgende Übertragungsfunktion (Koeffizienten aus Gleichung (8.68))

$$\begin{aligned} G_W(s) &= q_F \cdot \frac{b_0 + b_1 s + b_2 s^2}{(a_0 + r_1) + (a_1 + r_2)s + (a_2 + r_3)s^2 + a_3 s^3} \\ &= q_F \cdot \frac{\frac{1}{JT_{EM}}}{r_1 + r_2 s + (\frac{1}{T_{EM}} + r_3)s^2 + s^3}. \end{aligned} \tag{8.75}$$

Die Reglerkoeffizienten lassen sich dann bestimmen, indem man ein Wunschpolynom definiert (welches das Verhalten des geschlossen RK vorgibt) und die Koeffizienten dieses Polynoms mit den Koeffizienten des Nennerpolynoms des geschlossenen RK vergleicht. Das Vorfilter dient der stationären Genauigkeit bei sprungförmiger Änderung von $w(t)$ und lässt sich deshalb wie folgt bestimmen:

$$\lim_{t\to\infty} y(t) \overset{!}{=} 1 \overset{\text{Endwertsatz}}{\Rightarrow} \lim_{s\to 0} s \cdot Y(s) = \lim_{s\to 0} s G_W(s)\frac{1}{s} \overset{!}{=} 1 \Leftrightarrow q_F = \frac{a_0 + r_1}{b_0} = r_1 J T_{EM}. \tag{8.76}$$

Aperiodischer Grenzfall

In diesem Grenzfall verlangt man, dass alle Pole gleich sind und in der linken s-Halbebene sind.

Wunschpolynom:

$$P_W(s) = (s + \omega_{gR})^3 = s^3 + 3\omega_{gR}s^2 + 3\omega_{gR}^2 s + \omega_{gR}^3 \tag{8.77}$$

Nennerpolynom des geschlossenen RK:

$$N(s) = s^3 + \left(\frac{1}{T_{EM}} + r_3\right)s^2 + r_2 s + r_1 \tag{8.78}$$

Koeffizientenvergleich und Gleichung (8.76) führen zu

$$\mathbf{r}_{AG}^T = \begin{bmatrix} \omega_{gR}^3 & 3\omega_{gR}^2 & 3\omega_{gR} - \frac{1}{T_{EM}} \end{bmatrix} \quad q_{F_{AP}} = \omega_{gR}^3 J T_{EM}. \tag{8.79}$$

Butterworth-Verhalten

Um das Butterworh-Verhalten des geschlossenen RK zu erhalten, wird dem Wunschpolynom das Butterworth-Polynom ($B_3(s)$) zugewiesen und eine Entnormierung mit ω_{gR}^3 vorgenommen.

Wunschpolynom:

$$P_W(s) = s^3 + 2\omega_{gR}s^2 + 2\omega_{gR}^2 s + \omega_{gR}^3 \tag{8.80}$$

Koeffizientenvergleich mit Gleichung (8.78) und Gleichung (8.76) führen zu

$$\mathbf{r}_{BV}^{\mathrm{T}} = \begin{bmatrix} \omega_{gR}^3 & 2\omega_{gR}^2 & 2\omega_{gR} - \dfrac{1}{T_{EM}} \end{bmatrix} \quad q_{F_{BV}} = \omega_{gR}^3 J T_{EM}. \tag{8.81}$$

Beobachterkoeffizienten

In diesem Abschnitt sollen Beobachtungskoeffizienten für den aperiodischen Grenzfall (binominale Polvorgabe) und für das Butterworth-Verhalten bestimmt werden. Für den Zustandsbeobachter wird der Schätzfehler $\tilde{y} = y - \tilde{y}$ (zwischen geschätztem und gemessenem Ausgangswert) auf den Eingang des Prozessmodells mittels noch zu bestimmender Proportionalglieder zurückgeführt. Um den numerischen Aufwand möglichst gering zu halten, wird der Zustandsbeobachter in BNF ausgelegt (Störungen werden hier vernachlässigt)

$$\dot{\tilde{\mathbf{x}}}_B = \mathbf{A}_B \tilde{\mathbf{x}}_B + \mathbf{b}_B u + \mathbf{k}\tilde{y} \quad \mathbf{k} = \begin{bmatrix} k_1 & k_2 & k_3 \end{bmatrix}^{\mathrm{T}}, \tag{8.82}$$

$$\tilde{y} = \mathbf{c}_B^T \tilde{\mathbf{x}}_B, \tag{8.83}$$

wobei $\tilde{\mathbf{x}}_B$ der geschätzte Zustand im Beobachterraum ist. Ähnlich zum Zustandsregler ist $\mathbf{k}$ so zu bestimmen, dass der duale RK stabil und die Schätzfehler hinreichend schnell gegen null gehen. Für das Nennerpolynom des RK vom Zustandsbeobachter ergibt sich analog

$$\det(s\mathbf{I} - (\mathbf{A}_B - \mathbf{k} \cdot \mathbf{c}_B^{\mathrm{T}})) = (a_0 + k_1) + (a_1 + k_2)s + (a_2 + k_3)s^2 + a_3 s^3$$

$$= k_1 + k_2 s + \left(\frac{1}{T_{EM}} + k_3 \right)s^2 + s^3. \tag{8.84}$$

Die Beobachterkoeffizienten lassen sich durch Polvorgabe bestimmen. Ein Vorfilter ist hier nicht notwendig, da vorausgesetzt wird, dass Struktur und Parameter von Regelstrecke und Modell übereinstimmen.

Aperiodischer Grenzfall

Wunschpolynom:

$$P_W(s) = (s + \omega_{gR})^3 = s^3 + 3\omega_{gR}s^2 + 3\omega_{gR}^2 s + \omega_{gR}^3 \tag{8.85}$$

Nennerpolynom des Zustandsbeobachters:

$$N(s) = s^3 + \left(\frac{1}{T_{EM}} + k_3 \right)s^2 + k_2 s + k_1 \tag{8.86}$$

Koeffizientenvergleich führt zu

$$\mathbf{k}_{AG} = \left[\omega_{gR}^3 \quad 3\omega_{gR}^2 \quad 3\omega_{gR} - \frac{1}{T_{EM}}\right]^{\mathrm{T}} = \mathbf{r}_{AG}. \tag{8.87}$$

Dies war zu erwarten, da $\mathbf{A}_B = \mathbf{A}_R^{\mathrm{T}}$ und $\mathbf{c}_B^{\mathrm{T}} = \mathbf{b}_R^{\mathrm{T}}$ (siehe Gleichung (8.70)), ändert sich Determinante im Vergleich zum Entwurf des Zustandsreglers nicht.

Butterworth-Verhalten
Es folgt, dass

$$\mathbf{k}_{BV} = \mathbf{r}_{BV}. \tag{8.88}$$

Zustandsregelung mit Störgrößenbeobachter
In diesem Abschnitt soll eine augmentierte Systembeschreibung unter Berücksichtigung einer sprungförmigen Veränderung der Störgröße erstellt werden. Dafür führen wir zunächst das Zustandsraummodell der Störgröße ein:

$$\dot{x}_z = A_z x_z \overset{\text{sprungförmiger Änderung}}{=} 0 \tag{8.89}$$

$$z = c_z^{\mathrm{T}} \cdot x_z \overset{\text{sprungförmiger Änderung}}{=} x_z. \tag{8.90}$$

Damit lässt sich das Zustandsraummodell (siehe Gleichungen (8.58) und (8.59)) erweitern zu

$$\dot{\mathbf{x}} = \mathbf{A}\mathbf{x} + \mathbf{b}u + \mathbf{b}_z c_z^{\mathrm{T}} x_z = \mathbf{A}\mathbf{x} + \mathbf{b}u + \mathbf{b}_z x_z \tag{8.91}$$

$$\dot{x}_z = 0. \tag{8.92}$$

In Matrixnotation ergibt sich

$$\dot{\mathbf{x}}_s = \begin{bmatrix} \dot{\mathbf{x}} \\ \dot{x}_z \end{bmatrix} = \begin{bmatrix} \mathbf{A} & \mathbf{b}_z \\ \mathbf{0} & 0 \end{bmatrix} \begin{bmatrix} \mathbf{x} \\ x_z \end{bmatrix} + \begin{bmatrix} \mathbf{b} \\ 0 \end{bmatrix} u = \mathbf{A}_s \mathbf{x}_s + \mathbf{b}_s u \tag{8.93}$$

$$y = \begin{bmatrix} \mathbf{c}^{\mathrm{T}} & 0 \end{bmatrix} \mathbf{x}_s = \mathbf{c}_s^{\mathrm{T}} \mathbf{x}_s, \tag{8.94}$$

mit

$$\mathbf{A}_s = \begin{bmatrix} 0 & 1 & 0 & 0 \\ 0 & 0 & \frac{1}{J} & -\frac{1}{J} \\ 0 & 0 & -\frac{1}{T_{EM}} & 0 \\ 0 & 0 & 0 & 0 \end{bmatrix}$$

$$\mathbf{b}_s = \begin{bmatrix} 0 \\ 0 \\ \frac{1}{T_E M} \\ 0 \end{bmatrix}$$

$$\mathbf{c}_s^{\mathrm{T}} = \begin{bmatrix} 1 & 0 & 0 & 0 \end{bmatrix}. \tag{8.95}$$

Entwurf eines vollständigen Zustands- und Störgrößenbeobachter

In diesem Abschnitt soll ein vollständiger Zustands- und Störgrößenbeobachter mit Butterworth- bzw. Binomialverhalten entworfen werden. Das System aus Gleichungen (8.93) und (8.94) wird zunächst auf BNF gebracht:

$$\mathbf{x}_{sB} = \mathbf{T}_{sB}\mathbf{x}_s \quad \mathbf{A}_{sB} = \mathbf{T}_{sB}\mathbf{A}_s\mathbf{T}_{sB}^{-1} \quad \mathbf{b}_{sB} = \mathbf{T}_{sB}\mathbf{b}_s \quad \mathbf{c}_{sB}^{\mathrm{T}} = \mathbf{c}_s^{\mathrm{T}}\mathbf{T}_{sB}^{-1}, \tag{8.96}$$

$$\dot{\mathbf{x}}_{sB} = \mathbf{A}_{sB}\mathbf{x}_{sB} + \mathbf{b}_{sB}u \tag{8.97}$$

$$y = \mathbf{c}_{sB}^{\mathrm{T}}\mathbf{x}_{sB}, \text{ mit} \tag{8.98}$$

$$\mathbf{T}_{sB} = \begin{bmatrix} 0 & 0 & 0 & -\frac{1}{JT_{EM}} \\ 0 & \frac{1}{T_{EM}} & \frac{1}{J} & -\frac{1}{J} \\ \frac{1}{T_{EM}} & 1 & 0 & 0 \\ 1 & 0 & 0 & 0 \end{bmatrix} \quad \mathbf{T}_{sB}^{-1} = \begin{bmatrix} 0 & 0 & 0 & 1 \\ 0 & 0 & 1 & -\frac{1}{T_{EM}} \\ -JT_{EM} & J & -\frac{J}{T_{EM}} & \frac{J}{T_{EM}^2} \\ -JT_{EM} & 0 & 0 & 0 \end{bmatrix} \tag{8.99}$$

$$\mathbf{A}_{sB} = \begin{bmatrix} 0 & 0 & 0 & 0 \\ 1 & 0 & 0 & 0 \\ 0 & 1 & 0 & 0 \\ 0 & 0 & 1 & -\frac{1}{T_{EM}} \end{bmatrix} \quad \mathbf{b}_{sB} = \begin{bmatrix} 0 \\ \frac{1}{JT_{EM}} \\ 0 \\ 0 \end{bmatrix} \quad \mathbf{c}_{sB}^{\mathrm{T}} = \begin{bmatrix} 0 & 0 & 0 & 1 \end{bmatrix}. \tag{8.100}$$

Auch hier lassen sich die Koeffizienten für die Übertragungsfunktion des geschlossenen Regelkreises sehr einfach aus den obigen Matrizen/Vektoren bestimmen (siehe Gleichung (8.70)):

$$a_{3s} = \frac{1}{T_{EM}} \quad a_{4s} = 1 \quad a_{0s} = a_{1s} = a_{2s} = 0. \tag{8.101}$$

Das Nennerpolynom des geschlossenen RK ergibt sich unter Berücksichtigung der noch zu bestimmenden Proportionalglieder des Rückführvektors $\mathbf{k}_s = \begin{bmatrix} k_1 & k_2 & k_3 & k_4 \end{bmatrix}^{\mathrm{T}}$ zu

$$N(s) = a_4 s^4 + (a_3 + k_4)s^3 + (a_2 + k_3)s^2 + (a_1 + k_2)s + (a_0 + k_1)$$

$$= s^4 + \left(\frac{1}{T_{EM}} + k_4\right)s^3 + k_3 s^2 + k_2 s + k_1. \tag{8.102}$$

Die Auslegung des Zustandsbeobachters geschieht nach Polvorgabe. Für eine genauere Erklärung wird auf Aufgabenteil e) verwiesen.

Binomialverhalten

Wunschpolynom:

$$P_W(s) = (s + \omega_{gR})^4 = s^4 + 4\omega_{gR}s^3 + 6\omega_{gR}^2 s^2 + 4\omega_{gR}^3 s + \omega_{gR}^4 \tag{8.103}$$

Durch Koeffizientenvergleich mit Gleichung (8.102) ergibt sich

$$\mathbf{k}_{s_{AG}} = \begin{bmatrix} \omega_{gR}^4 & 4\omega_{gR}^3 & 6\omega_{gR}^2 & 4\omega_{gR} - \frac{1}{T_{EM}} \end{bmatrix}^{\mathrm{T}}. \tag{8.104}$$

Butterworth-Verhalten

Wunschpolynom:

$$P_W(s) = s^4 + \sqrt{4 + 2\sqrt{2}}\omega_{gR}s^3 + (2 + \sqrt{2})\omega_{gR}^2 s^2 + \sqrt{4 + 2\sqrt{2}}\omega_{gR}^3 s + \omega_{gR}^4 \qquad (8.105)$$

Durch Koeffizientenvergleich mit Gleichung (8.102) ergibt sich

$$\mathbf{k}_{s_{BV}} = \begin{bmatrix} \omega_{gR}^4 & \sqrt{4 + 2\sqrt{2}}\omega_{gR}^3 & (2 + \sqrt{2})\omega_{gR}^2 & \sqrt{4 + 2\sqrt{2}}\omega_{gR} - \frac{1}{T_{EM}} \end{bmatrix}. \qquad (8.106)$$

Vorfilterkoeffizienten und erforderliche Transformationsmatrizen

In diesem Abschnitt sollen die Vorfilterkoeffizienten und erforderlichen Transformationsmatrizen berechnet werden. Bei der Störgrößenkompensation wird die Stellgröße u zerlegt durch

$$u = u_R + u_z, \qquad (8.107)$$

wobei u_R der Anteil der Regelung ist, welcher in Aufgabenteil d) berechnet wurde (siehe Gleichung (8.74)). Der zweite Anteil

$$u_z = q_z \cdot \tilde{z} \qquad (8.108)$$

gilt der Störgrößenkompensation. Der Vorfilter q_z dient dazu, stationäre Genauigkeit der Zustandsregelung bei sprungförmiger Änderung der Störgröße einzuhalten. Setzt man o. B. d. A. $w = 0$, folgt

$$\lim_{t \to \infty} y(t) \overset{!}{=} 0 \overset{\text{Endwertsatz}}{\Longrightarrow} \lim_{s \to 0} sY(s) = 0 \qquad (8.109)$$

$$\Leftrightarrow q_z = -\left[\mathbf{c}_R^T(\mathbf{A}_R - \mathbf{b}_R\mathbf{r}^T)^{-1}\mathbf{b}_R\right]^{-1}\mathbf{c}_R^T(\mathbf{A}_R - \mathbf{b}_R\mathbf{r}^T)^{-1}\mathbf{b}_{zR}. \qquad (8.110)$$

Binomialverhalten

$$q_{z_{AG}} = 3\,T_{EM}\,w_{gR} \qquad (8.111)$$

Butterworth-Verhalten

$$q_{z_{BV}} = 2\,T_{EM}\,w_{gR} \qquad (8.112)$$

Erforderliche Transformationsmatrizen

Es ergibt sich der dargestellte Wirkungsplan, wobei noch die Extraktionsmatrix $\mathbf{E}_{\tilde{\mathbf{x}}}$ (dient der Extraktion des geschätzten Zustandvektors) und der Extraktionsvektor $\mathbf{e}_{\tilde{z}}^T$ (dient der Extraktion der geschätzten Störgröße) anzugeben sind:

$$\mathbf{E}_{\tilde{\mathbf{x}}} = \begin{bmatrix} 1 & 0 & 0 & 0 \\ 0 & 1 & 0 & 0 \\ 0 & 0 & 1 & 0 \end{bmatrix} \qquad \mathbf{e}_{\tilde{z}}^T = \begin{bmatrix} 0 & 0 & 0 & 1 \end{bmatrix}. \qquad (8.113)$$

Vollständiger *PI*-Zustandsregler mit Binomialverhalten

In diesem Abschnitt soll ein vollständiger *PI*-Zustandsregler mit Binomialverhalten entworfen werden. Dabei ist die zusätzliche Polstelle durch $s_{NZ} = -a\omega_{gR}$ festzulegen. Anstatt eines Störgrößenbeobachters setzt der *PI*-Zustandsregler auf klassische Vorgehensweise zur Störungsausregelung. Hierbei wird der konstante Zustandsfilter q_F der Zustandsregelung durch einen *PI*-Regler ersetzt. Für das augmentierte System ergibt sich $(w, z = 0)$

$$\dot{x} = \mathbf{A}x + \mathbf{b}u \quad \dot{e} = -\mathbf{c}^{\mathrm{T}}\mathbf{x} \quad y = \mathbf{c}^{\mathrm{T}}\mathbf{x} \tag{8.114}$$

$$\Rightarrow \underbrace{\begin{bmatrix} \dot{\mathbf{x}} \\ \dot{e} \end{bmatrix}}_{\dot{\mathbf{x}}_e} = \underbrace{\begin{bmatrix} \mathbf{A} & 0 \\ -\mathbf{c}^{\mathrm{T}} & 0 \end{bmatrix}}_{\mathbf{A}_e} \underbrace{\begin{bmatrix} \mathbf{x} \\ e \end{bmatrix}}_{\mathbf{x}_e} + \underbrace{\begin{bmatrix} \mathbf{b} \\ 0 \end{bmatrix}}_{\mathbf{b}_e} u, \quad y = \underbrace{\begin{bmatrix} \mathbf{c}^{\mathrm{T}} & 0 \end{bmatrix}}_{\mathbf{c}_e^{\mathrm{T}}} \mathbf{x}_e \tag{8.115}$$

$$\text{mit } u = u_{PI} - u_{ZR} = -\mathbf{r}^{\mathrm{T}}\mathbf{x} - r_p y + r_I e = -\mathbf{r}^{\mathrm{T}}\mathbf{x} - r_p\mathbf{c}^{\mathrm{T}}\mathbf{x} + r_I e. \tag{8.116}$$

Dieses System ist steuerbar, da die Regelstrecke $(\mathbf{A}, \mathbf{b})$ steuerbar ist. Zusätzlich kann der Zustandsvektor $\mathbf{x}$ durch die Schätzung von $\tilde{\mathbf{x}}$ rekonstruiert werden, denn die Regelstrecke $(\mathbf{A}, \mathbf{c}^{\mathrm{T}})$ ist auch beobachtbar. Durch zusätzliches Einführen eines dynamischen[1] Vorfilters

$$Q(s) = \frac{1}{Z_s(s)} = \frac{1}{b_0 + b_1 s + b_2 s^2} = JT_{EM} \tag{8.117}$$

im Vorwärtszweig wird weiterhin der Einfluss des Zählerpolynoms $Z_s(s)$ der Strecke kompensiert. Für die Übertragungsfunktion des geschlossenen Regelkreises ergibt sich dann

$$\begin{aligned} G_w(s) &= \frac{r_p s + r_I}{r_I + (a_0 + r_1 + r_p)s + (a_1 + r_2)s^2 + (a_2 + r_3)s^3 + a_3 s^4} \\ &= \frac{r_p(s - (-\frac{r_I}{r_p}))}{P_R(s) \cdot (s - s_{NZ})}. \end{aligned} \tag{8.118}$$

Indem wir fordern, dass $s_{NZ} = -\frac{r_I}{r_p}$, lässt sich die Nullstelle des Zählers mit der Polstelle des Nenners kürzen. Zusätzlich können wir nachfolgend die weiteren Regelparameter durch die bekannte Polvorgabe berechnen.

Binomialverhalten

Wunschpolynom:

$$P_W(s) = (s + \omega_{gR})^3 = s^3 + 3\omega_{gR}s^2 + 3\omega_{gR}^2 s + \omega_{gR}^3 \tag{8.119}$$

Für Koeffizientenvergleich multiplizieren wir $P_W(s)$ mit $s - s_{NZ}$ und erhalten

---

1 Da $b_1 = b_2 = 0$, handelt es sich hier um einen statischen Vorfilter.

$$\tilde{P}_W(s) = P_W(s) \cdot (s - s_{NZ}) \tag{8.120}$$

$$= s^4 + (3 + a)w_{gR}s^3 + (3a + 3)w_{gR}^2 s^2 + (3a + 1)w_{gR}^3 s + a\,w_{gR}^4. \tag{8.121}$$

Das Nennerpolynom der Übertragungsfunktion lautet:

$$N_W(s) = s^4 + \left(\frac{1}{T_{EM}} + r_3\right)s^3 + r_2 s^2 + (r_1 + r_p)s + r_I. \tag{8.122}$$

Durch Koeffizientenvergleich und die Forderung für s_{NZ} ergibt sich

$$r_I = a\omega_{gR}^4 \Rightarrow s_{NZ} = -\frac{r_I}{r_P} \Rightarrow r_P = -\frac{r_I}{s_{NZ}} = \omega_{gR}^3 \tag{8.123}$$

$$r_p = \omega_{gR}^3 \tag{8.124}$$

$$r_1 = 3a\omega_{gR}^3 \tag{8.125}$$

$$r_2 = (3a + 3)\omega_{gR}^2 \tag{8.126}$$

$$r_3 = (3 + a)\omega_{gR} - \frac{1}{T_{EM}}. \tag{8.127}$$

Die Parametrierung der Zustandsregler wird durch ein MATLAB-Skript durchgeführt (siehe Listing 8.2).

Listing 8.2: Parametrierung der Zustandsregler.

```
 1  clear;
 2  close all;
 3  clc;
 4  % State controller with observer without disturbance
        compensation
 5  m    =   0.5;% sprung mass
 6  c    =   50;% vertical spring stiffness
 7  d    =   0.05;% damping constant
 8
 9  w0        =   sqrt(c/m);% natural frequency
10  delta =   (d/m)/2;% damping ratio
11
12  wgr = 2*w0;% controller bandwidth
13  wgb = 4*w0;% observer bandwidth
14
15  % State representation of the controlled system
16  A = [0 1; -w0^2 -2*delta];% system matrix
17  B = [0; 1/m];% input matrix
18  C = [1 0];% output matrix
19  D = [0];% feedthrough matrix
```

```
20
21  Bz = B; % input matrix for disturbance
22  % State controller without disturbance observer
23
24  % Transformation of the controlled system into RNF
25  ZR.Tr = [m, 0; 0, m];
26  ZR.Ar = ZR.Tr * A * inv(ZR.Tr);
27  ZR.Br = ZR.Tr * B;
28  ZR.Cr = C * inv(ZR.Tr);
29  ZR.Dr = D;
30
31  % Transformation of the controlled system into BNF
32  ZR.Tb = [ 2*delta, 1; 1, 0];
33  ZR.Ab = ZR.Tb * A * inv(ZR.Tb);
34  ZR.Bb = ZR.Tb * B;
35  ZR.Cb = C * inv(ZR.Tb);
36  ZR.Db = D;
37
38  % Controller coefficient parameters
39  ZR.a0 = w0^2;
40  ZR.a1 = 2*delta;
41  ZR.a2 = 1;
42  ZR.b0 = 1/m;
43
44  % State controller parameterization in RNF
45
46  % Pole placement according to Butterworth filter with n
        =2
47  % s^2+sqrt(2)*wg*s+wg^2
48  ZR.wg_R=2*w0; % in rad/s
49
50  ZR.p0_R = ZR.wg_R^2;
51  ZR.p1_R = sqrt(2)*ZR.wg_R;
52  ZR.p2_R = 1;
53
54  % Coefficients ri of the feedback matrix R
55  ZR.r1 = ZR.p0_R/ZR.p2_R*ZR.a2-ZR.a0;
56  ZR.r2 = ZR.p1_R/ZR.p2_R*ZR.a2-ZR.a1;
57  ZR.R=[ZR.r1 ZR.r2];
58
59  % Calculation of the prefilter coefficient q1
60  ZR.q1=(ZR.a0+ZR.r1)/ZR.b0;
```

```
61
62  % Parameterization of the observer in BNF
63
64  % Pole placement according to Butterworth filter with n
       =2
65  % s^2+sqrt(2)*wg*s+wg^2
66  ZR.wg_B=10*w0; % in rad/s
67
68  ZR.p0_B = ZR.wg_B^2;
69  ZR.p1_B = sqrt(2)*ZR.wg_B;
70  ZR.p2_B = 1;
71
72  % Coefficients ki of the feedback matrix K
73  ZR.k1 = ZR.p0_B/ZR.p2_B*ZR.a2-ZR.a0;
74  ZR.k2 = ZR.p1_B/ZR.p2_B*ZR.a2-ZR.a1;
75  ZR.K=[ZR.k1; ZR.k2];
76
77  % Transformation of the controlled system into RNF
78  ZRS.Tr = [m, 0; 0, m];
79  ZRS.Ar = ZRS.Tr * A * inv(ZRS.Tr);
80  ZRS.Br = ZRS.Tr * B;
81  ZRS.Cr = C * inv(ZRS.Tr);
82  ZRS.Dr = D;
83
84  % Augmented state representation
85  ZRS.Az = [0];
86  ZRS.Cz = [1];
87
88  ZRS.As = [A B*ZRS.Cz; 0 0 ZRS.Az];
89  ZRS.Bs = [B; 0];
90  ZRS.Cs = [C 0];
91
92  % Transformation of the controlled system into BNF
93  ZRS.Tb = [0, 0, 1/m; 2*delta, 1, 0; 1, 0, 0];
94  ZRS.Ab = ZRS.Tb * ZRS.As * inv(ZRS.Tb);
95  ZRS.Bb = ZRS.Tb * ZRS.Bs;
96  ZRS.Cb = ZRS.Cs' * inv(ZRS.Tb);
97
98  % Controller coefficient parameters
99  ZRS.a0 = w0^2;
100 ZRS.a1 = 2*delta;
101 ZRS.a2 = 1;
```

```
102  ZRS.b0 = 1/m;
103
104  % State controller parameterization in RNF
105
106  % Pole placement according to Butterworth filter with n
         =2
107  % s^2+sqrt(2)*wg*s+wg^2
108  ZRS.wg_R=2*w0; % in rad/s
109
110  ZRS.p0_R = ZRS.wg_R^2;
111  ZRS.p1_R = sqrt(2)*ZRS.wg_R;
112  ZRS.p2_R = 1;
113
114  % Coefficients ri of the feedback matrix R
115  ZRS.r1 = ZRS.p0_R/ZRS.p2_R*ZRS.a2-ZRS.a0;
116  ZRS.r2 = ZRS.p1_R/ZRS.p2_R*ZRS.a2-ZRS.a1;
117  ZRS.R=[ZRS.r1 ZRS.r2];
118
119  % Calculation of the prefilter coefficient q1
120  ZRS.q1=(ZRS.a0+ZRS.r1)/ZRS.b0;
121
122  % Calculation of the disturbance prefilter coefficient
         qz
123  ZRS.Bzr = ZRS.Tr * Bz;
124  ZRS.qz= -inv(ZRS.Cr*inv(ZRS.Ar-ZRS.Br*ZRS.R)*ZRS.Br)*ZRS
         .Cr*inv(ZRS.Ar-ZRS.Br*ZRS.R)*ZRS.Bzr;
125
126  % Controller coefficient parameters
127  ZRS.a0 = 0;
128  ZRS.a1 = w0^2;
129  ZRS.a2 = 2*delta;
130  ZRS.a3 = 1;
131  ZRS.b0 = 0;
132  ZRS.b1 = 1/m;
133
134  % Parameterization of the observer in BNF
135
136  % Pole placement according to Butterworth filter with n
         =2
137  % s^3+2*wg*s^2+2*wg^2*s+wg^3
138  ZRS.wg_B=10*w0;  % in rad/s
139
```

```
140  ZRS.p0_B = ZRS.wg_B^3;
141  ZRS.p1_B = 2*ZRS.wg_B^2;
142  ZRS.p2_B = 2*ZRS.wg_B;
143  ZRS.p3_B = 1;
144
145  % Coefficients ki of the feedback matrix K
146  ZRS.k1 = ZRS.p0_B/ZRS.p3_B*ZRS.a3-ZRS.a0;
147  ZRS.k2 = ZRS.p1_B/ZRS.p3_B*ZRS.a3-ZRS.a1;
148  ZRS.k3 = ZRS.p2_B/ZRS.p3_B*ZRS.a3-ZRS.a2;
149  ZRS.K=[ZRS.k1; ZRS.k2; ZRS.k3];
150
151  % PI State Controller
152  %
153  % Transformation of the controlled system into RNF
154  ZRPI.Tr = [m, 0; 0, m];
155  ZRPI.Ar = ZRPI.Tr * A * inv(ZRPI.Tr);
156  ZRPI.Br = ZRPI.Tr * B;
157  ZRPI.Cr = C * inv(ZRPI.Tr);
158  ZRPI.Dr = D;
159
160  % Transformation of the controlled system into BNF
161  ZRPI.Tb = [ 2*delta, 1; 1, 0];
162  ZRPI.Ab = ZRPI.Tb * A * inv(ZRPI.Tb);
163  ZRPI.Bb = ZRPI.Tb * B;
164  ZRPI.Cb = C * inv(ZRPI.Tb);
165  ZRPI.Db = D;
166
167  % Controller coefficient parameters
168  ZRPI.a0 = w0^2;
169  ZRPI.a1 = 2*delta;
170  ZRPI.a2 = 1;
171  ZRPI.b0 = 1/m;
172
173  % State controller parameterization in RNF
174  ZRPI.wg_R=2*w0;% in rad/s
175  ZRPI.snz=-ZRPI.wg_R;
176
177  ZRPI.p0_R = -ZRPI.wg_R^2*ZRPI.snz;
178  ZRPI.p1_R = ZRPI.wg_R^2-sqrt(2)*ZRPI.wg_R*ZRPI.snz;
179  ZRPI.p2_R = sqrt(2)*ZRPI.wg_R-ZRPI.snz;
180  ZRPI.p3_R = 1;
181
```

```
182  ZRPI.ri = ZRPI.p0_R/ZRPI.p3_R*ZRPI.a2;
183  ZRPI.rp = -ZRPI.ri/ZRPI.snz;
184
185  % Coefficients ri of the feedback matrix R
186  ZRPI.r1 = ZRPI.p1_R/ZRPI.p3_R*ZRPI.a2-ZRPI.a0-ZRPI.rp;
187  ZRPI.r2 = ZRPI.p2_R/ZRPI.p3_R*ZRPI.a2-ZRPI.a1;
188  ZRPI.R=[ZRPI.r1 ZRPI.r2];
189
190  % Calculation of the dynamic prefilter
191  ZRPI.q= 1/ZRPI.b0;
192
193  % Parameterization of the observer in BNF
194
195  % Pole placement according to Butterworth filter with n
         =2
196  % s^2+sqrt(2)*wg*s+wg^2
197  ZRPI.wg_B=10*w0;  % in rad/s
198
199  ZRPI.p0_B = ZRPI.wg_B^2;
200  ZRPI.p1_B = sqrt(2)*ZRPI.wg_B;
201  ZRPI.p2_B = 1;
202
203  % Coefficients ki of the feedback matrix K
204  ZRPI.k1 = ZRPI.p0_B/ZRPI.p2_B*ZRPI.a2-ZRPI.a0;
205  ZRPI.k2 = ZRPI.p1_B/ZRPI.p2_B*ZRPI.a2-ZRPI.a1;
206  ZRPI.K=[ZRPI.k1; ZRPI.k2];
```

In Abbildung 8.14 ist die Implementierung der Zustandsregler in Simulink dargestellt. Der normale Zustandsregler basiert auf der Rückführung von Zustandsgrößen, um das Systemverhalten zu beeinflussen. Ein Vorteil dieses Ansatzes liegt in seiner Einfachheit und Robustheit. Da er direkt auf Zustandsgrößen reagiert, ist er in der Lage, komplexe Systeme zu stabilisieren. Jedoch kann ein normaler Zustandsregler Schwierigkeiten bei der Kompensation von Störungen und Unsicherheiten im System haben. Seine Effizienz kann bei nichtlinearen Systemen oder stark gestörten Umgebungen eingeschränkt sein.

Ein Zustandsregler mit Störgrößenaufschaltung integriert Mechanismen zur Kompensation von Störungen in den Regelkreis. Dieser Ansatz bietet den Vorteil, dass das System resistenter gegenüber externen Einflüssen wird. Durch die gezielte Aufschaltung von Störgrößen wird die Robustheit des Regelkreises erhöht. Allerdings kann die Implementierung eines solchen Reglers komplex sein, da eine genaue Modellierung

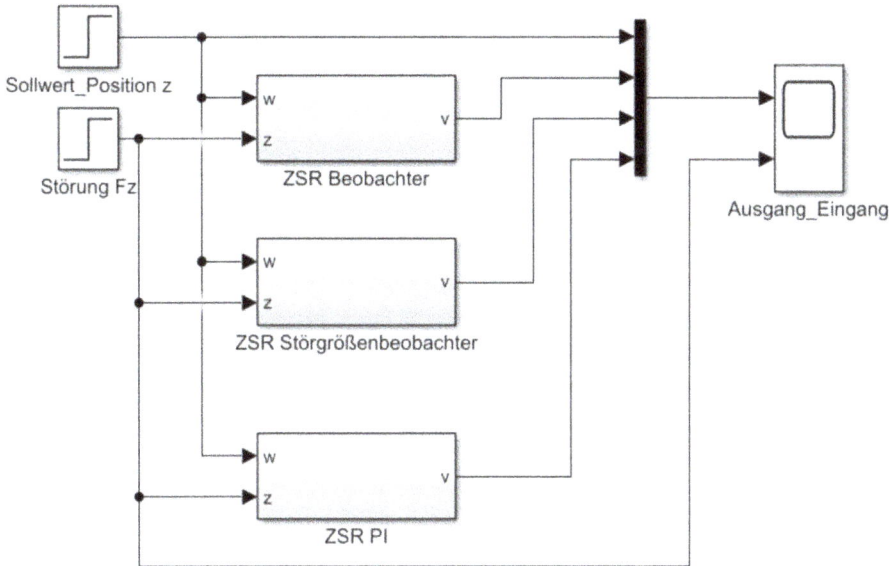

Simulink-Modell der verschiedenen Zustandsregler.

der Störgrößen erforderlich ist. Zudem besteht die Gefahr von Instabilität, wenn die Modellierung nicht präzise genug ist.

Der *PI*-Zustandsregler kombiniert die Proportional- und Integral-Anteile, um eine präzise Regelung zu ermöglichen. Ein klarer Vorteil dieses Ansatzes liegt in seiner Fähigkeit, stationäre Fehler zu eliminieren und eine präzise Nachführung von Sollwerten zu gewährleisten. Allerdings neigt der *PI*-Zustandsregler dazu, in nichtlinearen Systemen an Effizienz zu verlieren. Die richtige Einstellung der Proportional- und Integralparameter kann eine Herausforderung darstellen, und eine falsche Konfiguration kann zu Schwingungen oder instabilem Verhalten führen. Die Ergebnisse der drei Zustandsregler sind in Abbildung 8.15 dargestellt. Es findet nach 0,1 s ein Führungsgrößensprung von 0 auf 1 statt. Der Störgrößenbeobachter und der *PI*-Zustandsregler können sehr gut der Führungsgröße folgen, und das ohne eine bleibende Regelabweichung. Beim einfachen Zustandsregler mit Beobachter bleibt nach einer Störung eine dauerhafte Regelabweichung bestehen.

Die Wahl eines geeigneten Reglers hängt von den spezifischen Anforderungen des Systems ab, einschließlich der Art der Störungen, der Linearität des Systems und der gewünschten Regelgüte.

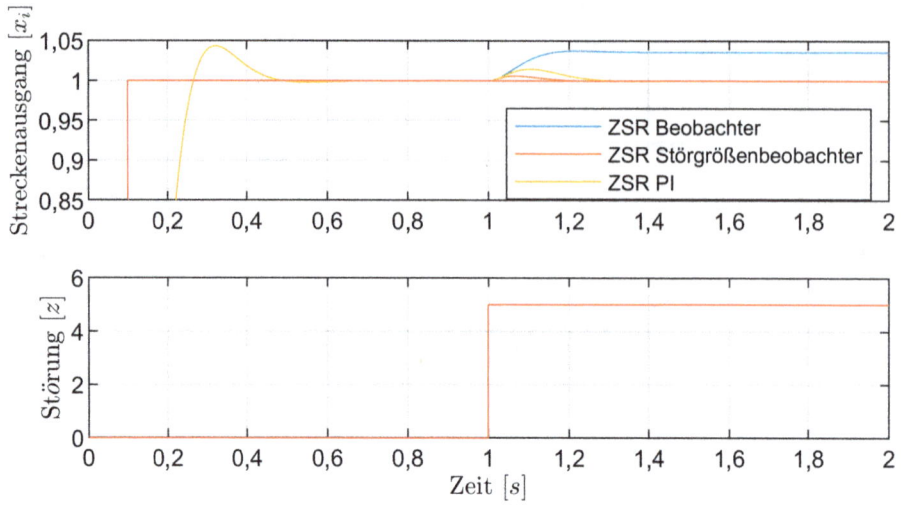

Abb. 8.15: Simulation der verschiedenen Zustandsregler.

Literatur

[1] Bohn, C., Unbehauen, H. (2016). Identifikation dynamischer Systeme. Methoden zur experimentellen Modellbildung aus Messdaten. 9. Auflage. Vieweg, Wiesbaden.

[2] Unbehauen, H. (2009). Regelungstechnik II. 9. Auflage. Vieweg, Wiesbaden.

[3] Haußer, F., Luchko, Y. (2011). Mathematische Modellierung mit Matlab®. Eine praxisorientierte Einführung. 1. Auflage. Spektrum, Heidelberg.

[4] Beitz, W., Grote, K.-H. (2001). Taschenbuch für den Maschinenbau. 20. Auflage. Springer, Heidelberg.

[5] Hagedorn, P., Wallaschek, J. (2017). Technische Mechanik. Band 3: Dynamik. 5. Auflage. Europa-Lehrmittel, Haan-Gruiten.

[6] Schramm, D., Hiller, M., Bardini, R. (2013). Modellbildung und Simulation der Dynamik von Kraftfahrzeugen. 2. Auflage. Springer Vieweg, Heidelberg.

https://doi.org/10.1515/9783111068794-009

Stichwortverzeichnis

https://doi.org/10.1515/9783111068794-010

www.ingramcontent.com/pod-product-compliance
Lightning Source LLC
Chambersburg PA
CBHW081525220326

41598CB00036B/6335